高等学校风景园林教材

园林植物造景

（第2版）

臧德奎　主编

中国林业出版社

图书在版编目（CIP）数据

园林植物造景／臧德奎 主编. —2 版. —北京：中国林业出版社，2013.9（2024.1重印）

ISBN 978-7-5038-7181-8

Ⅰ. ①园…　Ⅱ. ①臧…　Ⅲ. ①园林植物－园林设计　Ⅳ. ①TU986.2

中国版本图书馆 CIP 数据核字（2013）第 210715 号

中国林业出版社

责任编辑：杜　娟　马吉萍

出版咨询：（010）83143595

出版：中国林业出版社（100009　北京西城区刘海胡同 7 号）

网址：http：//www. forestry. gov. cn/lycb. html

印刷：三河市祥达印刷包装有限公司

发行：中国林业出版社发行中心

电话：（010）83223120

版次：2014 年 3 月第 2 版

印次：2024 年 1 月第 11 次

开本：787mm×1092mm　1/16

印张：19

字数：380 千字

定价：48.00 元

《园林植物造景》第2版编委会

第 2 版前言

《园林植物造景》(第 1 版)作为高等学校风景园林教材,于 2008 年出版后受到相关院校广大师生和园林管理部门及园林企业界技术人员的厚爱。

本书第 2 版将体现本学科发展的新内容。第 2 版的体例、章节仍沿袭第 1 版基本未变,但对内容进行了重新组织和修订,并在以下几个方面进行了调整。

第一,增加了园林植物种植设计的内容,对植物种植设计的程序和图纸绘制进行了介绍。植物造景是从植物景观总体规划开始到植物种植设计施工的一个完整、有序的过程,包括设计准备阶段、研究分析阶段、设计构思阶段(提出初步设计理念)、设计表达阶段(设计图纸绘制)和植物景观施工阶段等。

第二,增加了植物专类园建设的内容。专类植物的造景越来越受到重视,本书对植物专类园的植物材料选择和景观营造进行了论述,并介绍了我国著名的植物专类园。

第三,按照《中国植物志》英文版等新的研究成果,对部分植物的学名进行了调整和订正;增加了部分图片以方便教学,全书共有插图和图片 202 幅;补充了部分思考题,以便于读者更全面理解和了解本课程的内容。

本教材面向全国,可供园林、风景园林、城市规划、艺术设计、建筑学等专业的本科生和研究生作为植物造景、园林植物造景等课程的教材,也可供相关专业工作人员参考。

本书虽经过多次审读,错误和遗漏之处在所难免,热情期盼广大读者提出宝贵意见,以便我们再版时进一步提高。

编者

2013 年 5 月

第1版前言

随着时代的发展，人们对生存环境的生态质量和景观质量的需求不断提高，渴望回归自然的呼声趋于强烈，植物在园林中的地位越来越重要，植物造景也成为现代园林发展的主流。

园林植物造景是园林专业和景观艺术设计专业的重要专业课，进行园林和景观规划设计、施工均需具备植物景观设计的相关知识。本教材是根据园林专业创新人才培养的要求编写的。由于没有全国统一的园林植物造景教学大纲，编写中主要参考了近年来国内外相关教材和论著，力求做到在阐述基本概念、基本理论的前提下，努力反映本学科的发展现状和趋势，并注重本学科的系统性以及与其他相关课程的联系。本书适用于园林、城市规划、景观设计、建筑学等专业的本科生及相关专业人员使用。

本书内容主要包括园林植物造景的基本原理、园林植物的观赏特性分析、各类园林植物造景的基本方法以及道路、广场、居住区、建筑、水体等的植物景观设计。绪论介绍了园林植物造景的基本概念、我国植物资源及其对世界园林的贡献，以及园林植物造景的现状和发展趋势。第一章分析了各类园林植物的观赏特性；第二章介绍了园林植物的功能作用，包括建造功能、美学功能和生态功能；第三章论述了园林植物造景的理论基础，探讨园林植物造景的生态学原理、美学原理、植物景观的意境营造，以及中国古典园林的植物配置手法；第四章介绍了乔灌木、攀援植物、花卉、草坪和地被植物的造景设计；第五章到第八章分别从景观设计原则、植物种类选择、造景形式等方面，论述了道路和广场、居住区、建筑和水体的植物景观设计和营造。

本书的插图部分引自已正式出版的有关书刊，主要有吴涤新的《花卉应用与设计》、理查德·L·奥斯汀的《植物景观设计元素》、苏雪痕的《植物造景》、卢圣的《植物造景》、李尚志的《水生植物造景艺术》等，限于篇幅，图中未标出处，在此谨向原作者致谢。

由于编者水平有限，错误和不当之处在所难免，竭诚欢迎广大教师、学生及园林工作者批评指正。

编者
2007 年 9 月

目　录

绪 论

一、园林植物造景的概念和意义

园林植物造景，或称植物景观设计，就是指利用乔木、灌木、藤本及花卉等各种园林植物进行环境景观营造，充分发挥植物本身形体、线条、色彩等自然美，配置成一幅幅美丽动人的画面。园林植物造景是现代园林建设的重要内容，既包括人工植物种植设计与植物群落景观营造，也包括对环境中自然植物景观的保护和利用。

园林植物造景运用植物生态学理论和园林艺术原理，充分利用植物素材来创造各种不同艺术效果的园林空间，它要求在了解园林植物生物学特性和生态习性的基础上，模拟自然群落，设计出与园林规划设计思想、立意相一致的各种空间，创造不同的氛围。因此，园林植物造景是一门融科学和艺术于一体的应用型学科。

人类社会发展到今天，人们对园林的需求已经从单纯的游憩和观赏要求，发展到保护和改善环境、维系城市生态平衡、保护生物多样性和再现自然的高层次阶段。园林的景观构成要素主要包括园林植物、地形以及建筑、道路、水体等，从改善城市生态环境、维持生态平衡和美化城市人居环境等方面来看，园林植物是最重要的要素，这一点已被越来越多的人认识到。英国造园家克劳斯顿（B. Clauston）指出："园林设计归根结底是植物材料的设计，其目的就是改善人类的生态环境，其他的内容只能在一个有植物的环境中发挥作用。"即使从园林美学的角度，一个没有植物的园林空间，也就失去了它作为园林艺术的根本所在。因此，园林设计在很大程度上讲就是园林植物的设计。

植物是有生命的，也是最生动活泼的园林构成要素，园林中其他无生命要素都因此而鲜活；植物有其固有的生命活动周期和生长发育规律，不同的植物、甚至同一种植物在不同生长时期及立地条件下都有着不同的形体，色彩方面更是变化多端，如叶色、花色、果色，可以表现季相变化，由此产生了"春风又绿江南岸"、"霜叶红于二月花"的时间特定景观。植物还可与风、雨、雪、雾等自然因素结合成景，如松涛、雾凇、雨打芭蕉、踏雪寻梅等景观皆因植物而成。

因此，现代城市园林绿地，包括公园、广场、道路以及工厂、学校、机关、科研院所等各类公共庭园，其环境绿化、美化都以植物造景为主，以充分发挥园林环境自然、优美、舒适、清新的特点，为城市居民提供更多、更好的开放空间——自然绿色空间。另外，植物种类的选择及配置方式也常常决定着园林或庭园植物景观的风格面貌，影响着园林艺术和环境绿化美化水平。

对植物景观的欣赏，具有不同的爱好和观点。法国、意大利、荷兰等欧洲国家的古典园林中，植物景观多半是规则式的。树木被整形修剪成各种几何形体及鸟兽形体，以体现植物也服从人们的意志。当然，在总体布局上，这些规则式的植物景观与规则式建筑的线条、外形，乃至体量协调一致，具有很高的人工美的艺术价值。

如用欧洲紫杉（*Taxus baccata*）修剪成壮美的绿墙，与古城堡的城墙非常协调，锦熟黄杨（*Buxus sempervirens*）常被修剪成各种模纹，甚至一些行道树的树冠都被剪成几何形体。规则式的植物景观具有庄严、肃穆的气氛，常给人以雄伟的气魄感。另一种则是自然式的植物景观，模拟自然森林、草原、草甸、沼泽等景观及农村田园风光，结合地形、水体、道路来组织植物景观，体现植物自然的个体美及群体美。自然式植物景观能够体现宁静、深邃、活泼的气氛。随着人们艺术修养不断提高，人们向往自然，追求丰富多彩、变化无穷的植物美，在园林植物造景中提倡自然美、创造自然植物景观已成为新的潮流。

除了供人们欣赏自然美和人工美外，植物景观还能产生巨大的生态效应，创造适合人类生存的环境。自然环境是人类赖以生存的空间，但随着世界人口密度的加大，工业飞速发展，人类赖以生存的生态环境日趋恶化，工业所产生的废气、废水、废渣到处污染环境，危及人类的温室效应造成了很多反常的气候现象。日益严重的公害直接威胁着人类的生存。为此，当今世界上对园林这一概念已不仅是局限在一个公园或风景点中，有些国家从国土规划之时就开始注重植物景观。首先考虑到保护自然植被，并有目的地规划和栽植大片绿带。一些新城镇建立之前，先在四周营造大片森林，创造良好的生态环境，然后在新城镇附近及中心重点美化。

此外，随着居民生活水平的提高及商业性需要，将植物景观引入室内也已蔚然成风。耐荫观叶植物的开发利用和无土栽培技术的发展极大地促进了室内景观的发展。所有这些都体现了人们向往重返自然的心态。

二、我国园林植物种质资源及其对世界园林的贡献

（一）我国丰富的园林植物资源

园林植物资源是植物造景的基础，要创造出丰富多彩的植物景观，首先要有丰富的植物材料。中国既有热带、亚热带、温带、寒温带的观赏植物，又有高山、岩生、沼生以及水生的观赏植物，资源十分丰富，是世界八大观赏植物原产地分布中心之一，被西方称为"世界园林之母"、"花卉王国"。我国仅高等植物就有 30 000 种以上，其中乔灌木约 8 000 种，很多著名的园林植物以我国为分布中心（表 1），而且拥有众多特有植物，如金钱槭属（*Dipteronia*）、青钱柳属（*Cyclocarya*）、拟单性木兰属（*Parakmeria*）、秤锤树属（*Sinojackia*）、独花兰属（*Changnienia*）、蜡梅属（*Chimonanthus*）以及牡丹（*Paeonia suffruticosa*）、金花茶（*Camellia petelotii*）、云南山茶（*C. reticulata*）、猬实（*Kolkwitzia amabilis*）、珙桐（*Davidia involucrata*）、银杏、水杉、金钱松（*Pseudolarix amabilis*）等著名观赏植物均为我国特产。

表 1　我国部分著名园林植物占世界的比例

属名	世界种数	国产种数	国产占世界%	属名	世界种数	国产种数	国产占世界%
刚竹属 *Phyllostachys*	50	50	100.0	卫矛属 *Euonymus*	130	90	69.2
猕猴桃属 *Actinidia*	54	52	96.3	紫堇属 *Corydalis*	440	300	68.2
箬竹属 *Indocalamus*	23	22	95.7	杓兰属 *Cypripedium*	47	32	68.1

（续）

属名	世界种数	国产种数	国产占世界%	属名	世界种数	国产种数	国产占世界%
蜘蛛抱蛋属 Aspidistra	55	49	89.1	牡竹属 Dendrocalamus	40	27	67.5
兰属 Cymbidium	55	49	89.1	八角属 Illicium	40	27	67.5
箭竹属 Fargesia	90	78	86.7	花楸属 Sorbus	100	67	67.0
五味子属 Schisandra	22	19	86.4	蜡瓣花属 Corylopsis	30	20	66.7
溲疏属 Deutzia	60	50	83.3	锦鸡儿属 Caragana	100	66	66.0
木犀属 Osmanthus	30	25	83.3	鹅耳枥属 Carpinus	50	33	66.0
南蛇藤属 Celastrus	30	25	83.3	栒子属 Cotoneaster	90	59	65.6
绿绒蒿属 Meconopsis	45	37	82.2	柃木属 Eurya	130	83	63.9
润楠属 Machilus	100	82	82.0	蓝钟花属 Cyananthus	30	19	63.3
丁香属 Syringa	27	22	81.5	报春花属 Primula	500	300	60.0
山茶属 Camellia	120	97	80.8	女贞属 Ligustrum	45	27	60.0
簕竹属 Bambusa	100	80	80.0	葡萄属 Vitis	60	36	60.0
石蒜属 Lycoris	20	15	75.0	沿阶草属 Ophiopogon	55	33	60.0
胡颓子属 Elaeagnus	90	67	74.4	翠雀属 Delphinium	250	150	60.0
槭属 Acer	129	96	74.4	落新妇属 Astilbe	25	15	60.0
点地梅属 Androsace	100	73	73.0	菊属 Chrysanthemum	37	22	59.5
木莲属 Manglietia	40	29	72.5	杜鹃花属 Rhododendron	1 000	571	57.1
石楠属 Photinia	60	43	71.7	含笑属 Michelia	70	39	55.7
杨属 Populus	100	71	71.0	马先蒿属 Pedicularis	600	329	54.8
绣线菊属 Spiraea	100	70	70.0	乌头属 Aconitum	400	211	52.8

　　同时，由于我国得天独厚的自然环境条件，植物形成了众多变异类型。以杜鹃属为例，其植株习性、形态特点和生态要求等差别极大，变幅甚广。生活型方面，既有极为低矮灌木如高仅 5 ~ 10cm 的平卧杜鹃（*Rhododendron saluenense* var. *prostratum*）、高约 10 ~ 25cm 的牛皮杜鹃（*R. aureum*）、高 1 ~ 3m 的普通灌木如映山红（*R. simsii*）和黄杜鹃（*R. molle*），也有高 8 ~ 10m 的小乔木类如猴头杜鹃（*R. simiarum*）和云锦杜鹃（*R. fortunei*），更有高达 25m 的大树杜鹃（*R. protistum* var. *giganteum*）；生态习性方面，既有耐干旱的如大白花杜鹃（*R. decorum*）和马缨杜鹃（*R. delavayi*），也有喜湿的如凝毛杜鹃（*R. phaeochrysum*）和淡黄杜鹃（*R. flavidum*）。花序、花形、花色、花香等方面差异也很大，既有花单生的一朵花杜鹃（*R. monanthum*）、数朵簇生的映山红和圆叶杜鹃（*R. williamsianum*），也有伞形或总状花序的大树杜鹃和云锦杜鹃；既有花冠管状的管花杜鹃（*R. keysii*）、花冠钟形的花坪杜鹃（*R. chunienii*）、花冠漏斗状的泡泡叶杜鹃（*R. edgeworthii*），也有花冠碟形的碟花杜鹃（*R. aberconwayi*）；既有花色红艳的映山红和马缨杜鹃、花色粉红似霞的云锦杜鹃和美容杜鹃（*R. calophytum*）、花色鲜黄的鲜黄杜鹃（*R. xanthostephanum*），也有花色洁白的大白花杜鹃（*R. decofum*），且拥有众多花香浓郁的种类，如皱叶杜鹃（*R. denudatum*）、大

白花杜鹃、百合花杜鹃（*R. liliflorum*）、云锦杜鹃。叶形方面，凸尖杜鹃（*R. sinogrande*）叶片长达 70～90cm，宽达 30cm，而密枝杜鹃（*R. fastigiatum*）的叶片可小至 6～8mm。

　　很多长期栽培的观赏植物也拥有众多的品种和类型，如桂花（*Osmanthus fragrans*）有金桂、银桂、丹桂和四季桂 4 个类型 150 多个品种，梅花（*Prunus mume*）有直枝梅、垂枝梅、龙游梅、杏梅等多个类型 300 多个品种，凤仙花（*Impatiens balsamina*）有极矮型（20cm）、矮型（25～35cm）、中型（40～60cm）和高型（80cm 以上）200 多个品种，菊花（*Chrysanthemum grandiflorum*）品种多达 3 000 多个。

　　然而，尽管我国植物资源极为丰富，但大量可供观赏的种类仍处于野生状态而未被开发利用。同时，植物景观设计中却存在着植物种类贫乏、园艺品种不足与退化的现象。1987 年 4 月，中国园艺学会观赏园艺专业委员会在贵阳召开了全国观赏植物种质资源研讨会，对野生观赏植物资源的开发利用及植物造景起到了巨大的推动作用。开发利用当地野生观赏植物资源，既能丰富园林植物种类，克服各地园林植物种类单调的缺点，又能突出地方特色。如沈阳园林科学研究所、太原园林科学研究所都对当地的野生植物进行了开发利用，取得了很大成绩。沈阳园林科学研究所引种辽宁地区野生花卉 70 多种获得成功，并在公园推广应用 20 多种。华南植物园、昆明园林科学研究所等对木兰科植物进行了引种，其中华南植物园的木兰园占地 12 hm²，至 1998 年已经收集和栽培木兰科植物 11 属约 130 种，包括华盖木（*Manglietiastrum sinicum*）等珍稀濒危种类 23 种，是世界上收集木兰科植物最多的基地。此外，上海植物园对小檗属和槭属植物的引种，北京植物园对丁香属的引种，广西南宁树木园对山茶属金花茶类的引种都取得了很大成绩。

（二）西方国家引种中国园林植物资源史实

　　自 16 世纪以来，我国大量的园林植物被引种到西方，成为西方园林造景的重要材料，同时，丰富的种质资源也极大地促进了新品种的培育。以英国为例，英国原产的植物只有约 1 700 种，但经过几百年的引种，目前英国皇家植物园——丘园中已拥有 50 000 多种来自世界各地的植物，其中包括大量来自中国的植物。

　　16 世纪葡萄牙人首先从中国引走了甜橙，17 世纪英国人、荷兰人相继而来。专业引种开始于 19 世纪。1803 年，英国皇家植物园——丘园的汤姆斯·埃义斯引走了蔷薇（*Rosa multiflora*）、木香（*R. banksiae*）、棣棠（*Kerria japonica*）、南天竹（*Nandina domestica*）等；1815 年英国植物学家克拉克·艾贝尔引走了 300 种植物，包括著名的梅花（*Prunus mume*）和六道木（*Abelia biflora*）。从 1839 年起，英国多次派人来中国收集园林植物，同时兼顾重要的经济植物资源，使我国珍贵的植物资源流到国外。

　　罗伯特·福琼（R. Fortune）由英国皇家园艺协会派遣，在 1839～1860 年间 4 次来中国调查及引种，他被西方认为是"在中国植物收集史上无可争议的开了新纪元"的人，给西方引去了包括牡丹（*Paeonia suffruticosa*）、芍药（*P. lactiflora*）、映山红（*Rhododendron simsii*）、云锦杜鹃（*R. fortunei*）、山茶（*Camellia japonica*）、银莲花（*Anemone cathayensis*）、蔷薇、忍冬（*Lonicera japonica*）、铁线莲（*Clematis florida*）、棕榈（*Trachycarpus fortunei*）、阔叶十大功劳（*Mahonia bealei*）等大量园林植物和经济植物，其中云锦杜鹃在英国近代杜鹃杂交育种中起了重要作用。

　　亨利·威尔逊(E. H. Wilson)于 1899~1918 年间 5 次来华采集和引种。首次来华走遍了鄂西北、滇西南、长江南北，回国时带回 906 份标本、305 种植物、35 箱球根和宿根花卉，其中有著名的珙桐(*Davidia involucrata*)、中华猕猴桃(*Actinidia chinensis*)、巴山冷杉(*Abies fargesii*)、血皮槭(*Acer griseum*)、山玉兰(*Magnolia delavayi*)、金露梅(*Potentilla fruticosa*)、大喇叭杜鹃(*Rhododendron excellens*)、湖北海棠(*Malus hupehensis*)、红果树(*Stranvaesia davidiana*)、小木通(*Clematis armondii*)、藤绣球(*Hydrangea petiolaris*)、铁线莲、矮生栒子(*Cotoneaster dammerii*)等。第二次来华去了峨眉山、成都平原、川西北及甘肃的边界、鄂西，收集了全缘绿绒蒿(*Meconopsis integrifolia*)、红花绿绒蒿(*M. punicea*)、湖北小檗(*Berberis gagnepainii*)、金花小檗(*B. wilsonae*)、大叶杨(*Populus lasiocarpa*)、华西蔷薇(*Rosa moyesii*)、西南荚蒾(*Viburnum wilsonii*)以及美蓉杜鹃(*Rhododendron calophytum*)、隐蕊杜鹃(*R. intricatum*)、黄花杜鹃(*R. lutescens*)等多种杜鹃花和多种报春花。第三次来华则带走了驳骨丹(*Buddleja asiatica*)、四照花(*Dendrobenthamia japonica* var. *chinensis*)、连香树(*Cercidiphyllum japonicum*)、柳叶栒子(*Cotoneaster salicifolius*)、白鹃梅(*Exochorda racemosa*)、圆叶杜鹃(*Rhododendron williamsianum*)、膀胱果(*Staphylea holocarpa*)和巴东荚蒾(*Viburnum henryi*)等。第四次来华对湖北石灰岩山地植被和四川红色砂岩上植被进行了调查，引走了大量的王百合(*Lilium regale*)球根，还有沙紫百合(*L. sargentiae*)和云杉(*Picea asperata*)。1913 年在英国首次出版他的著作《一个植物学家在华西》，1929 年再版于美国，改名为《中国——花园之母》(China, Mother of Gardens)，书中介绍了中国丰富的园林植物资源及他采集、引种的工作经历，对各国纷纷派人来中国收集和引种园林植物资源起了很大的刺激和推动作用。1918 年，他还从台湾引走了五爪金龙(*Ipomoea cairica*)、台湾马醉木(*Pieris formosa*)、台湾杉(*Taiwania cryptomerioides*)、台湾百合(*Lilium formosanum*)等。

　　乔治·福礼士(G. Forrest)于 1904~1930 年曾 7 次来中国，引走了穗花报春(*Primula deflexa*)、垂花报春(*P. flaccida*)、偏花报春(*P. secundiflora*)等多种报春花，云锦杜鹃、腋花杜鹃(*Rhododendron racemosum*)、鳞腺杜鹃(*R. lepidotum*)、绵毛杜鹃(*R. floccigerum*)、似血杜鹃(*R. haematodes*)、杂色杜鹃(*R. eclecteum*)、大树杜鹃、夺目杜鹃(*R. arizelum*)、绢毛杜鹃(*R. chaetomallum*)、高尚杜鹃(*R. decorum* subsp. *diaprepes*)、乳黄杜鹃(*R. lacteum*)、假乳黄杜鹃(*R. fictolacteum*)、朱红大杜鹃(*R. griersonianum*)、柔毛杜鹃(*R. pubescens*)、火红杜鹃(*R. neriiflorum*)等大量杜鹃花，以及华丽龙胆(*Gentiana sino-ornata*)等。

　　法·金·瓦特(F. K. Ward)是来中国次数最多、时间最长、资格最老的采集者。他于 1911~1938 年间曾 15 次来中国，在云南大理、思茅、丽江及西藏等地采集植物，引走了滇藏槭(*Acer wardii*)、中甸灯台报春(*Primula chungensis*)以及美被杜鹃(*Rhododendron calostrotum*)、金黄杜鹃(*R. rupicola* var. *chryseum*)、羊毛杜鹃(*R. mallotum*)、黄杯杜鹃(*R. wardii*)、大萼杜鹃(*R. megacalyx*)、紫玉盘杜鹃(*R. uvarifolium*)、灰被杜鹃(*R. tephropeplum*)等多种杜鹃花。雷·法雷尔(Regina Farrer)热衷于引种岩石园植物，他从兰州、西宁、大同等地引走了杯花韭(*Allium cyathophorum*)、五脉绿绒蒿(*Meconopsis quinquelinervia*)、圆柱根老鹳草(*Geranium farreri*)以及多种龙

胆等。

19世纪法国也同样派遣了很多植物学家来中国采集和引种。大卫（P. J. P. A. David）首先在中国发现了珙桐，并寄往法国2 000多种植物标本。德拉维（P. J. M. Delavay）在1867年就到中国采集引种植物。他在云南大理东北部山区住了10年，主要在大理和丽江之间寻找滇西北特产的园林植物，一共收集有4 000种，其中1 500种是新种，寄回法国20多万份腊叶标本，他所发现和寄回国的一些植物及种子与其他采集家所收集的相比都更珍贵，更适于在花园中应用，有243种就直接用于露天花园中，如紫牡丹（Paeonia delavayi）、山玉兰、棠叶山绿绒蒿、二色溲疏（Deutzia discolor）、山桂花（Osmanthus delavayi）、豹子花（Nomocharis pardanthina）、偏翅唐松草（Thalictrum delavayi）、萝卜根老鹳草（Geranium napuligerum）、睫毛萼杜鹃（Rhododendron ciliicalyx）、露珠杜鹃（R. irroratum）、小报春（Primula forbesii）、垂花报春等。另外还有108种优秀的温室观赏植物也被引回了法国。法尔格斯（P. G. Farges）在1867年与德拉维同期到中国，1892～1903年活动于四川的大巴山区，采集有4 000种标本，并且引走了很多美丽的观赏植物，如大喇叭杜鹃（Rhododendron excellens）、粉红杜鹃、四川杜鹃、山羊角树（Carrierea calycina）、大花角蒿（Incarvillea mairei var. grandiflora）、猫儿屎（Decaisnea fargesii）。此外，苏利（J. A. Souliei）1886年到西藏采集，10年中收集7 000多种西藏高原的高山植物标本。

俄国人主要在我国西北部采集和引种植物。波尔兹瓦斯基（N. M. Przewalzki）于1870～1873年来到中国，穿越了蒙古国边界、西藏北部、亚洲中部、天山、塔里木河、罗布诺尔、甘肃、山西等地，1883～1885年又到戈壁沙滩、阿尔卑斯、长江源头姆鲁苏河、大同等地采集了1 700种植物共15 000份标本，并且引种了五脉绿绒蒿、甘青老鹳草（Geranium pylzowianum）、金银花、唐古特瑞香（Daphne tangutica）等。波塔宁（G. N. Potanin）也在中国采集了大量的标本及种子。马克西莫维兹（Maximowizi）到峨眉山等地采集并引走了一些美丽的观赏植物，如桦叶荚蒾（Viburnum betulifolium）、红杉（Larix potaninii）和箭竹（Fargesia nitida）等。

美国的植物采集家也不甘落后，纷纷来华采集引种。如迈尔（F. N. Meyer）于1905～1918年间4次来华，足迹遍及东北、华北、西北、长江流域以及西藏，引走了丝棉木（Euonymus maackii）、狗枣猕猴桃（Actinidia kolomikta）、黄刺玫（Rosa xanthina）、茶条槭（Acer ginnala）、毛樱桃（Prunus tomentosa）、七叶树（Aesculus chinensis）、木绣球（Viburnum macrocephalum）、红丁香（Syringa villosa）、翠柏（Sabina squamata 'Meyeri'）等观赏植物。洛克（J. J. Roch）在西藏、云南、喜马拉雅山以及内蒙古一带收集植物，引走了白杆（Picea meyeri）、木里杜鹃（Rhododendron muliens）等。

（三）我国园林植物对世界园林的贡献

几百年来，我国丰富的园林植物被不断传至西方，对西方的园林事业和园艺植物育种工作起了重大作用。我国原产的园林植物在欧洲和北美地区园林中占有十分重要的地位。据苏雪痕1984年统计，英国爱丁堡皇家植物园引自中国的植物就有1 527种，如杜鹃花属306种、枸子属56种、报春花属40种、蔷薇属32种、小檗属30种、忍冬属25种、花楸属21种、槭属20种、樱属17种、荚蒾属16种、龙胆属 14 种、卫矛属 13 种、百合属 12 种、绣线菊属 11 种、芍药属 11 种、醉鱼草属 10 种、虎耳草属 10 种、桦木属 9 种、溲疏属 9 种、丁香属 9 种、绣球属 8 种、山梅花属 8 种。大量的中国植物装点着英国园林，并以其为亲本，培育出许多观赏品种，连英国人自己都承认，没有中国的植物，就没有英国的花园。正因如此，在花园中常展示中国稀有、珍贵的植物，建立了诸如墙园、杜鹃园、蔷薇园、槭树园、花楸园、牡丹芍药园、岩石园等众多专类园，增添了公园中四季景观和色彩。如丘园近60 种墙园植物中有 29 种来自中国，重要的有紫藤（*Wisteria sinensis*）、迎春（*Jasminum nudiflorum*）、素方花（*J. officinale*）、火棘（*Pyracantha fortuneana*）、连翘（*Forsythia suspensa*）、蜡梅（*Chimonanthus praecox*）、藤绣球、盖冠藤（*Pileostegia viburnoides*）、钻地风（*Schizophragma integrifolium*）、狗枣猕猴桃、小木通、女萎（*Clematis apiifolia*）、木通（*Akebia quinata*）、黄脉金银花（*Lonicera japonica* 'Aureo-reticulata'）、华中五味子（*Schisandra sphenanthera*）、东北雷公藤（*Tripterygium regelii*）、凌霄（*Campsis grandiflora*）、粉叶藤山柳（*Clematoclethera integrifolia*）、绞股蓝（*Gynostemma pentaphylla*）等；槭树园中收集了近 50 种来自中国的槭树，成为园中优美的秋色树种，如血皮槭、青皮槭（*Acer cappadocium*）、青榨槭（*A. davidii*）、疏花槭（*A. laxifllrum*）、茶条槭、地锦槭（*A. mono*）、桐状槭（*A. platanoides*）、红槭（*A. rubescens*）、鸡爪槭（*A. palmatum*）等；岩石园中常用原产中国的栒子属植物和其他球根、宿根花卉及高山植物来重现高山植物景观，如匍匐栒子（*Cotoneaster adpressa*）、平枝栒子（*C. horizontalis*）、黄杨叶栒子（*C. buxifolius*）、小叶黄杨叶栒子（*C. buxifolius* f. *vellaeus*）、矮生栒子、长柄矮生栒子（*C. dammerii* var. *radicans*）、小叶栒子（*C. microphyllus*）、白毛小叶栒子（*C. microphyllus* var. *cochleatus*）等。

英国公园的春景是由大量的中国杜鹃花、报春花和玉兰属植物美化的。仅木兰属植物的花期就可从 2～3 月直到初夏，如 2～3 月开花的滇藏木兰（*Magnolia campbellii*），3～5 月开花的玉兰（*M. denudata*），4～7 月开花的紫玉兰（*M. liliflora*），6 月开花的圆叶玉兰（*M. sinensis*）和厚朴（*M. offinalis*），5～8 月开花的天女花（*M. sieboldii*）等。冬天开花的木本观赏植物几乎都来自中国，著名的有金缕梅（*Hamamelis mollis*）、迎春、蜡梅、郁香忍冬（*Lonicera fragrantissima*）、香荚蒾（*Viburnum farreri*）等。

中国植物在世界园林植物新品种培育中也发挥了巨大的作用。杂种维氏玉兰（*Magnolia × veitchii*）的亲本就是原产中国的滇藏木兰和玉兰；杂种荚蒾的亲本则是原产中国的香荚蒾和喜马拉雅的大花荚蒾（*Viburnum grandiflorum*）；很多杂种杜鹃的亲本都是原产中国的高山杜鹃，如云锦杜鹃、隐蕊杜鹃和密枝杜鹃（*Rhododendron fastgiatum*）。

现代月季品种多达 2 万余个，但回顾育种历史，原产中国的蔷薇属植物起了极为重大的作用。欧洲各国原产的蔷薇属植物只有夏季开花的法国蔷薇（*Rosa gallica*）、突厥蔷薇（*R. damascens*）和百叶蔷薇（*R. centifolia*）等。亨利于 1889 年在华南和西南发现了巨蔷薇（*R. gigantea*）、1900 年在华中发现了四季开花的中国月季（*R. chinensis*），并都引入欧洲，其中包括 4 个重要的中国月季品种矮生红月季、宫粉月季、彩晕香水月季和黄花香水月季。这些种类和品种的引进不仅大大丰富了欧洲蔷薇园的色彩，延长了蔷薇园的花期，而且更为重要的是，欧洲园艺工作者利用这些品种和伊朗的麝香蔷薇（*R. moschata*）杂交，形成了著名的努瓦赛蒂蔷薇品种群，与突厥蔷薇杂交形成了波邦蔷薇品种群，与法国蔷薇杂交、回交就形成了新型的杂种长春月季和杂种香水月季品种群。这些杂交品种群直到今日还是欧洲和世界各地花园中最重要的观赏品种。

原产中国的野蔷薇和光叶蔷薇（*Rosa wichuriana*）是欧洲攀援蔷薇杂交品种的祖先，此外，还有木香、华西蔷薇、刺梗蔷薇（*R. setipoda*）、大卫蔷薇（*R. davidii*）、黄刺玫、黄蔷薇（*R. hugonis*）、报春刺玫（*R. primula*）和峨眉蔷薇（*R. omeiensis*）等都曾引入欧洲和北美洲栽培或进行种间杂交培育新品种。

中国原产的醉鱼草属植物驳骨丹，花序长达 25cm，冬季开花，洁白而芳香，是优良的冬季花木，我国园林中至今鲜见应用，而英国早在 1876 年就从台湾引入，并与产自马达加斯加的黄花醉鱼草杂交，育成杂种蜡黄醉鱼草（*Buddleja × lewisiana*），继而选育出不少新品种，如玛格丽特（'Margaret Pike'），冬季开淡黄色花，1953 年和 1954 年分别荣获英国皇家园艺协会优秀奖和一级证书奖。

1937 年后，一些重瓣的山茶园艺品种从中国沿海口岸传到西欧。近年来，在欧洲最流行的则是从云南省引入的怒江山茶（*Camellia saluenensis*）及怒江山茶与山茶的一些杂交种。这些杂交种比山茶花更为耐寒，花朵较多，花期较长，且更美丽动人，深受欧洲和北美人士喜爱。美国搜集了我国大量山茶属及其近缘属的许多野生种与栽培品种，利用这批包括山茶属 20 个种和 4 个近缘属植物 71 个引种材料作为主要杂交亲本，经过 10 多年的努力，终于在全世界首次育成了抗寒和芳香的山茶新品种。在这项工作中，我国丰富的山茶种质资源所起作用很大。比如培育芳香山茶品种的杂交育种中，我国的茶梅（*C. sasanqua*）、连蕊茶（*C. fraterna*）、油茶（*C. oleifera*）和希陶山茶（*C. tsaii*）都起了巨大作用。自从 1965 年我国发现金花茶（*C. petelotii*）后，世界各国竞相获得金黄色山茶花的原始种质资源。

正如亨利·威尔逊在《中国——花园之母》的序言中所说："中国确是花园之母，因为我们所有的花园都深深受惠于她所提供的优秀植物，从早春开花的连翘、玉兰；夏季的牡丹、蔷薇；到秋天的菊花，显然都是中国贡献给世界园林的珍贵资源。"

三、园林植物造景的现状与发展趋势

植物景观既能创造优美的环境，又能改善人类赖以生存的生态环境，这一点是公认的。

中国传统的古典园林是写意自然山水园，山水是园林的骨架，挖湖堆山理所当然。但仔细分析表明，中国古典园林尤其是私人宅园中，各园林要素比例的形成是有其历史原因的。私人宅园的面积较小，园主人往往是一家一户的大家庭，需要大量居室、客厅、书房等，因此常常以建筑来划分园林空间，建筑比例当然很大。园中造景及赏景的标准常重意境，不求实际比例，着力画意，常以一花一木、一石一草构图，一方叠石代巍峨高山，一泓碧水示江河湖泊，室内案头置以盆景玩赏，再现咫尺山林。植物景观的欣赏则以个体美及人格化含义为主，如松、竹、梅为岁寒三友，梅、兰、竹、菊喻四君子，玉兰、海棠、牡丹、桂花表示玉堂富贵等，因此

植物用量很少。这固然满足了一家一户的需要，但不是当今园林中植物造景的方向。

而今人口密度、经济建设、环境条件、甚至人们的爱好与古代相比已相去甚远。故而，现代园林植物造景中除应保留古典园林中一些园林艺术的精华外，还应提倡和发扬符合时代潮流的植物造景内容，提倡以植物景观为主。现代园林发展推崇园林生态化、景观大地化，园林的服务对象是大众。人类对环境破坏的后果日渐显露，人们正面临着日益恶化的居住环境，这就要求园林中要有一定的绿色数量，生态园林是恢复和重建城市居民生活环境的重要途径。

生态园林是以生态学原理为指导所建设的园林绿地系统。在这个系统中，乔木、灌木、草本和藤本植物被因地制宜地配置在一起，种群间相互协调，有复合的层次和相宜的季相色彩，构成一个和谐有序而稳定的群落。同时，现代园林的植物造景重视植物物种多样性和园林景观多样性，物种多样性是景观多样化的基础。应在造景的四大艺术原则——统一、调和、均衡、韵律的指导下，巧妙运用植物的自然属性，创造出"源于自然、高于自然"、步移景异、时移景异的优美、多样的时空植物景观序列。

植物景观是最优美的、具有生命的画面，而且投资少。自从我国实施对外开放政策后，很多人有机会了解西方国家园林建设中植物景观的水平，深感仅依靠我国原有传统的古典园林已满足不了当前游人游赏及改善环境生态效应的需要了。因此在园林建设中已有不少有识之士呼吁要重视植物景观。植物造景的观点愈来愈为人们所接受。近年来不少地方积极营造森林公园，有的已进行植物群落设计。另一方面园林工作者与环保工作者协作，对植物抗污、吸毒及改善环境的功能作了大量研究。

与国外园林水平相比，我国还存在着较大差距。尽管资源丰富，也有着悠久的观赏植物栽培历史，但我国园林中用在植物造景上的植物种类很贫乏。如国外公园中观赏植物种类近千种，而我国广州也仅用了300多种，杭州、上海200余种，北京100余种，兰州不足百种。除了西双版纳植物园，我国植物园中所收集的活植物没有超过5 000种的，这与我国资源大国的地位极不相称。难怪一些外国园林专家在谈到中国园林时对我国园林工作者置丰富多彩的野生园林植物资源而不用，感到迷惑不解。其次是观赏园艺水平较低，尤其体现在育种及栽培养护水平上。一些以我国为分布中心的花卉，如杜鹃花、报春花、山茶、丁香、百合、月季、翠菊(*Callistephus chinensis*)等，不但没有加以很好利用并培育优良品种，有的甚至退化得不宜再用了。再者，在植物造景的科学性和艺术性上也相差很远，我们不能满足于现有传统的植物种类及配置方式，应结合植物分类、植物生态、地植物学等学科，提高园林植物造景的科学性。

思考题

1. 试述植物在现代园林景观中的重要性。

2. 通过查阅资料，以一个属为例(如蔷薇属、芍药属、山茶属、杜鹃花属、木兰属、槭属等)，论述我国园林植物资源的特点、对世界园林的贡献以及我国园林造景的利用现状及存在的问题，并谈谈你对解决这些问题的看法。

3. 比较中国传统古典园林的植物景观与现代城市园林植物景观的异同，并分析其原因。

4. 通过查阅资料，了解我国主要园林城市植物景观的特点。

第一章　园林植物的观赏特性

植物作为有生命的园林设计要素，在景观设计中具有多重功能。园林植物以其生命的活力、自然美的素质作为园林素材，既可以其形态、色彩、风韵等特征创造园林主景和意境主题，还可以其季相变化构成四时演变的时序景观。

园林植物种类繁多、姿态各异。按照习性和自然生长发育的整体形状，从使用上可以分为乔木、灌木、藤木、花卉、草坪草和地被植物等几类。欣赏园林植物景观的过程是人们视觉、嗅觉、触觉、听觉、味觉五大感官媒介审美感知并产生心理反应与情绪的过程。视觉、嗅觉、触觉在审美中发挥主导作用，它们分别感知植物景观的形状、颜色、香味、质地等；而听觉在某种程度上发挥着不可忽视的辅助作用，如"雨打芭蕉"就是园林中以"听"而感知的典型景观。

园林植物有五个重要的观赏特性，即植物的体量（整体类型）、姿态、色彩、质感和芳香，它们犹如音乐中的音符，绘画中的色彩、线条、形体，是情感表现的语言。植物正是通过这些特殊的语言向人们表现自己，体现美感。作为设计者，应努力去理解体会这些语言，研究能使主观产生美感的植物景观的内在规律，设计出符合人的心理生理需求的植物景观。

第一节　园林植物的类别

植物的大小即体量，是最重要的观赏特性之一，因为体量直接影响到景观构成中的空间范围、结构关系、设计构思与布局。不同类别的植物，体量上差别很大。

一、乔木

乔木指树体高大的木本植物，通常高度在 5m 以上，具有明显而高大的主干。依成熟期的高度，乔木可分为大乔木、中乔木和小乔木。大乔木高 20m 以上，如毛白杨（*Populus tomentosa*）、雪松（*Cedrus deodara*）、柠檬桉（*Eucalyptus citriodora*）等；中乔木高 11～20m，如合欢（*Albizia julibrissin*）、玉兰、垂柳（*Salix babylonica*）等；小乔木高 5～10m，如海棠花（*Malus spectabilis*）、紫丁香（*Syringa oblata*）、梅花等。依生活习性，乔木还可分为常绿乔木和落叶乔木；依叶片类型则可分为针叶乔木和阔叶乔木。

各类乔木在自然界的分布，取决于生长季节的长短和水分供应情况。在无霜期太短的地区或缺雨的沙漠半沙漠地区，乔木一般都不能生长。乔木的形态因种类不同而有很大差别，气候、土壤以及小环境的不同也可影响乔木的形态。例如生长于森林中的乔木，其树冠形态与生长于开阔地的不同，一般后者更为宽阔。乔木的寿命和高度、粗度差别也很大。如一株生长于美国内华达州的芒松（*Pinus arisfafa*），据认为树龄已达 4 600 多年，而园林中常见的垂柳由于长期采用无性繁殖，往往寿命只有 20 ~ 30 年；最高大的乔木可高达 100m 以上，如红杉（*Sequoia sempervirens*）和蓝桉（*Eucalyptus globulus*），而猴面包树（*Adansonia digitata*）直径可达 7.5m，墨西哥落羽杉（*Taxodium mucronatum*）和巨杉（*Sequoiadendron giganteum*）胸径则可达 10m 以上。

乔木是植物景观营造的骨干材料，具有明显高大的主干，枝叶繁茂，绿量大，生长年限长，景观效果突出，在植物造景中占有最重要的地位。所以在很大程度上来说，熟练掌握乔木在园林中的造景方法是决定植物景观营造成败的关键（图 1-1、图 1-2）。

图 1-1　高大乔木在体量上占有优势
（引自 Norman K. Booth）

大中型乔木是城市植物景观体系的基本结构，也是构成园林空间的骨架，在空间划分、围合、屏障、装饰、引导及美化方面都起着决定性的作用。因此，在进行植物景观设计时，应首先确立大中型乔木的位置。大中型乔木在园林景观中易形成视线焦点，并在建筑群或地形所构成的空间中起围合功能，统一与软化建筑立面，还可作较大园林建筑的背景或障景，遮挡建筑西北面的西晒与北风，为停放车辆及行人提供荫凉等（图 1-3）。

小乔木可从垂直面和顶平面两方面限制小空间，但该空间的封闭程度受小乔木分枝点高低的影响。如果分枝点过

图 1-2　高大乔木在庭院中作主景树
（引自 Norman K. Booth）

低，其树冠顶端形成的顶平面有压抑感；当小乔木的树冠低于视平线时，则在垂直面封闭空间；当视线能透过树干和枝叶时，人们能见的空间有深远感。由于小乔木树冠形成的室外空间顶平面犹如天花板，给人以亲切感，因而常用于景观分隔、空间限制与围合。当然，小乔木也可作为焦点和构图中心，往往以形状突出、花色优美或果实累累的树种为主。

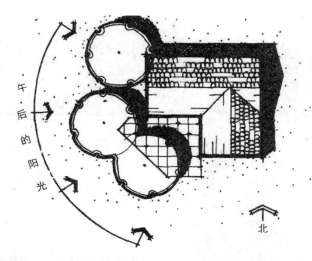

图 1-3　大型乔木种植在建筑西南和西侧可阻挡下午炎热的太阳（引自 Norman K. Booth）

乔木除了自身的观赏价值以及作为植物景观的骨架外，对其他植物景观的营造也有很大的作用。高大的乔木可以为其他植物的生长提供生态上的支持，例如，一些喜阴的花灌木和草本植物如绣球（*Hydrangea macrophylla*）、玉簪（*Hosta plantaginea*）、吉祥草（*Reineckea carnea*）需要在适当遮阴的条件下才能生长良好，而一些附生植物如鹿角蕨（*Platycerium bifurcatum*）需要以乔木为栖息地，在乔木树体上生长，乔木的枝干就成了它们生长的"土壤"。

二、灌木

灌木指树体矮小、主干低矮或无明显主干、分枝点低的树木，通常高 5m 以下。有些乔木树种因环境条件限制或人为栽培措施可能发育为灌木状。灌木也有常绿和落叶、针叶和阔叶，以及大灌木和中灌木、小灌木之分。

大灌木一般高 2m 以上，在景观构成中犹如垂直墙面，可构成闭合空间或屏蔽视线，其顶部可开敞，还能将人的视线与行动引向远处。如果采用的灌木为落叶树种，则围合的空间性质随季节而变化；如果采用常绿树种，则空间保持不变。如珊瑚树（*Viburnum odoratissimum*）常用于屏蔽园林中的厕所、垃圾桶等不良视线，或用于分隔园林景区。大灌木也可用于构图中心和视线焦点，作为主景或引导视线之用，如入口附近、道路尽头、转弯处、通往空间的标志、突出的景点；还可作为某一景物的背景，如雕塑或花灌木的背景（图 1-4、图 1-5）。由于落叶和常绿的特性，设计时应考虑背景的色彩与搭配。

中灌木的空间尺度最具亲人性，能围合空间或作为高大灌木与小乔木、矮小灌木之间的视线过渡，并且易于与其他高大物体形成对比，从而增强前者的体量感。同时，中灌木的高度与视平线平齐或更低，在空间设计上具有形成矮墙、篱笆及护栏的功能。花色优美的种类可通过孤植或丛植来创造视觉的兴奋点，在自然式配置中应用很多，如山茶、映山红、栀子花（*Gardenia jasminoides*）、黄杨（*Buxus sinica*）等。

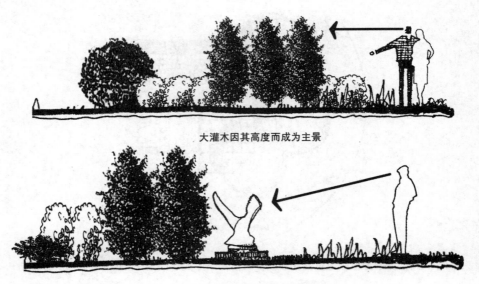

大灌木因其高度而成为主景

大灌木作为突出主景的背景

图 1-4 大灌木作主景和背景(引自 Norman K. Booth)

小灌木的最高高度不及1m，有些种类可低至 10cm 左右。小灌木可以在不遮挡视线的情况下分割或限制空间，从而形成开敞空间。所以，在道路景观中广泛运用，能不影响行人视线而又起到限制人的行动范围的作用。在构图上，小灌木具有视觉上的连接作用(图 1-6)，一般还以连续绿篱形式进行种

图 1-5 大灌木作局部空间的主景

植，结合修剪形成规整的景观效果，既可以作为花坛、绿地的界定，又可单独作为隔离绿带。小灌木还常用于与较高物体的对比。如行道树与小灌木绿篱的结合，大灌木与小灌木的对比，都能获得较佳的观赏效果。但需要注意，小灌木的运用要避免过于琐碎的种植，以免影响构图的整体感。

根据外形，灌木还可分为<u>丛生灌木</u>、匍匐灌木、拱垂灌木和半灌木等类别。丛生灌木无主干而由近地面处多分枝，如千头柏(*Platycladus orientalis* ' Sieboldii ')、棣棠、丰花月季，但也与栽培方式有关。匍匐灌木的主要干枝均匍地生长，高度有限，是园林中优良的木本地被植物，如铺地柏(*Sabina procumbens*)、平枝枸子等。拱垂灌木指枝条细长拱垂的类型，如连翘、迎春。半灌木的茎枝上部越冬枯死，仅基部为多年生并木质化，如富贵草(*Pachysandra terminalis*)、金粟兰(*Chloranthus spicatus*)、苦参(*Sophora flavescens*)和茅莓(*Rubus parvifolius*)。

园林中应用的灌木通常具有美丽芳香的花朵、色彩丰富的叶片或诱人可爱的果实等观赏性状，种类繁多，形态各异。在园林植物群落中，灌木处于中间层，起着

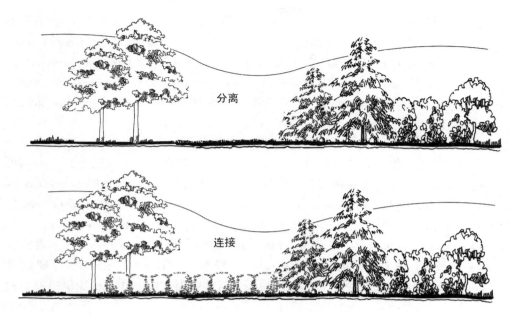

图1-6 小灌木的连接作用

乔木与地面、建筑物与地面之间的连贯和过渡作用。因大多数灌木的平均高度基本与人的平视高度一致，极易形成视觉焦点，在园林景观营造中具有极其重要的作用。灌木作为低矮的障碍物，还可用来强调道路的线型和转折点、引导人流、作为低视点的平面构图要素，与中小乔木一起加强空间的围合，并可作为较小前景的背景。大面积种植灌木，还可以形成群体植物景观。

三、藤本植物

藤本植物也称攀援植物，其自身不能直立生长，需要依附它物。在园林造景中，藤本植物可以装饰建筑、棚架、亭廊、拱门、园墙，点缀山石，可形成独立的景观或起到画龙点睛的作用。凉廊、棚架用攀援植物覆盖后，不但可供观赏，同时可以遮挡夏日骄阳，供人们休息、乘凉。

由于适应环境而长期演化，藤本植物形成了不同的攀援习性，攀援能力各不相同。从园林造景的角度，根据攀援习性的不同，可以将其分为缠绕类、吸附类、卷须类和蔓生类。有些植物具有两种以上的攀援方式，称为复式攀援，如倒地铃（*Cardiospermum halicacabum*）和西番莲（*Passiflora edulis*）既具有卷须，又能自身缠绕它物。

缠绕类攀援植物依靠自身缠绕支持物而向上延伸生长。此类攀援植物最多，常见的种类中木质的有紫藤、藤萝（*Wisteria villosa*）、中华猕猴桃、金银花（*Lonicera japonica*）、橙黄忍冬（*L. brownii*）、铁线莲、五味子（*Schisandra chinensis*）、素馨（*Jasminum officinale* var. *grandiflorum*）、鸡血藤（*Millettia reticulata*）、常春油麻藤（*Mucuna sempervirens*）、使君子（*Quisqualis indica*）、葛藤（*Pueraria lobata*）等，草质的则有茑萝（*Quamoclit pennata*）、牵牛花（*Ipomoea nil*）、月光花（*Calonyction aculeatum*）、海金沙（*Lygodium japonica*）、何首乌（*Polygonum multiflorum*）、红花菜豆（*Phaseolus coccineus*）、落葵（*Basella rubra*）、豌豆（*Pisum sativum*）等。缠绕类植物的攀援能力都很强。

卷须类攀援植物依靠特殊的变态器官——卷须而攀援。大多数种类的卷须由茎演变而来，称茎卷须，如葡萄（*Vitis vinifera*）、山葡萄（*V. amurensis*）、蛇葡萄（*Ampelopsis brevipedunculata*）、乌蔹莓（*Cayratia japonica*）、扁担藤（*Tetrastigma planicaule*）、小葫芦（*Lagenaria sicerania var. microcarpa*）、西番莲、龙须藤（*Bauhinia championoii*）。有些种类的卷须由叶变态而来，称叶卷须，如炮仗花（*Pyrostegia ignea*）、香豌豆（*Lathyrus odoratus*）、菝葜（*Smilax china*）、嘉兰（*Gloriosa superba*）。尽管卷须的类别、形式多样，但这类植物的攀援能力都较强。

吸附类攀援植物依靠吸附作用而攀援。这类植物具有气生根或吸盘，二者均可分泌粘胶将植物体黏附于它物之上。具有吸盘的植物主要有爬山虎（*Parthenocissus tricuspidata*）、五叶地锦（*P. quinquefolia*）；具有气生根的则有常春藤（*Hedera helix*）、中华常春藤（*H. nepalensis var. sinensis*）、凌霄、扶芳藤（*Euonymus fortunei*）、络石（*Trachelospermum jasminoides*）、薜荔（*Ficus pumila*）、球兰（*Hoya carnosa*）、螟蚣藤（*Pothos repens*）、龟背竹（*Monstera deliciosa*）、绿萝（*Epipremnum aureum*）、麒麟叶（*E. pinnatum*）等，它们的茎蔓可随处生根，并借此依附它物。此类植物攀援能力最强，尤其适于墙面和岩石等垂直面的绿化。

蔓生类（攀附类）植物没有特殊的攀援器官，为蔓生悬垂植物，仅靠细柔而蔓生的枝条攀援，有的种类枝条具有倒钩刺，在攀援中起一定作用，个别种类的枝条先端偶尔缠绕。常见的有蔷薇、木香、叶子花（*Bougainvillea glabra*）、藤本月季、蔓胡颓子（*Elaeagnus glabra*）、酢酱（*Rubus commensonii*）、软枝黄蝉（*Allemanda cathartica*）、云实（*Caesalpinia decapetala*）等。相对而言，此类植物的攀援能力最弱。

四、草花

花卉是园林中重要的造景材料，包括一、二年生花卉和多年生花卉，后者又可分为宿根花卉和球根花卉，有常绿的，也有冬枯的。花卉种类繁多，高度上可从几厘米至高达 2~3m，色彩、株型、花期变化很大，在园林造景中，是重要的装饰材料，多用于花坛、花境等造景形式。

一、二年生花卉在一个或两个生长季内完成生命周期。一年生花卉春季播种，当年开花，如鸡冠花（*Celosia cristata*）、万寿菊（*Tagetes erecta*）、百日草（*Zinnia elegans*）；二年生花卉秋季播种，翌春开花，如金盏菊（*Calendula officinalis*）、雏菊（*Bellis perennis*）、金鱼草（*Antirrhinum majus*）。宿根花卉为多年生，地下部分不发生变态，能多次开花结实，如菊花（*Chrysanthemum grandiflorum*）、鸢尾（*Iris tectorum*）、芍药、蜀葵（*Althaea rosea*）等。球根花卉也是多年生草本花卉，其地下茎或根膨大呈球状或块状，如美人蕉（*Canna indica*）、晚香玉（*Polianthes tuberosa*）、水仙（*Narcissus tazetta var. chinensis*）、郁金香（*Tulipa gesneriana*）、风信子（*Hyacinthus orientalis*）、大丽花（*Dahlia pinnata*）、百合（*Lilium brownii var. viridulum*）、番红花（*Crocus sativus*）等。

五、草坪草和地被植物

草坪草是可形成各种人工草地的生长低矮、叶片稠密、叶色美观、耐践踏的多年生草本植物，具有美化和观赏效果。草坪草大多为禾本科，一般根据适应性分为暖季型和冷季型草坪草，前者如狗牙根（*Cynodon dactylon*）、结缕草（*Zoysia japonica*），后者如草地早熟禾（*Poa pratensis*）、苇状羊茅（*Festuca arundinacea*）。

　　地被植物指用于覆盖地面的矮小植物，既有草本植物，也包括一些低矮的灌木和藤本植物，高度一般不超过 0.5m，如土麦冬（*Liriope spicata*）、小叶扶芳藤（*Euonymus fortunei f. minimus*）、紫金牛（*Ardisia japonica*）等。地被植物的用途十分广泛，由于种类繁多，因而有着极其丰富的质感与色彩，可作为绿地空间的"铺地"材料，在设计中具有多种功能。对人们的视线及运动不产生任何屏障和障碍作用，能引导视线，形成或指示空间边缘。

　　从视觉效果上，运用草坪草和地被植物能将孤立或多组造景要素形成一个"统一"的整体，将各组互不相关的乔木、灌木等整合在同一个空间内，减少孤立与琐碎景观的出现。草坪草和地被植物本身或与铺地硬质材料结合使用，还也可形成所设计的图案。尤其是色叶植物或开花草本，可以提供观赏情趣，能形成一些独特的平面构图。大部分草本花卉的视觉效果通过图案的轮廓及阳光下的阴影效果对比表现。因此，该类植物在应用上重点突出体量上的优势。

第二节　园林植物的形态美

　　植物的外形，尤其是园林树木的树形是重要的观赏要素之一，对园林景观的构成起着至关重要的作用，对乔木树种而言更是如此。不同的树形可以引起观赏者不同的视觉感受，因而具有不同的景观效果，若经合理配置，树形可产生韵律感、层次感等不同的艺术效果。草本植物的外形在造景中也应考虑，但与栽培方式关系密切。

一、树形

（一）树形的作用

　　树形影响景观的统一和多样性。人类对植物的情感具有倾向性，按照植物生长在高、宽、深三维空间的延伸中得以体现，对植物的姿态加以感情化。不同姿态的树种给人以不同的感觉，或高耸入云或波涛起伏，或平和悠然或苍虬飞舞，与不同地形、建筑、溪石相配，则景色万千（图1-7）。

　　垂直向上型有明显的垂直轴线，挺拔向上的生长势引导观赏者的视线直达天空，突出空间的垂直感，强调群体和空间的高度感，并使人产生一种超越空间的幻觉。该类树形包括柱形、圆锥形、尖塔形、纺锤形等。若与低矮植物，特别是圆球形的植物交互配置，对比强烈，最易成为视觉中心。而且，这类植物宜于表达严肃或庄严的气氛，如在陵园、墓地等纪念性空间应用，可因其强烈的向上动势，别具升腾形象，使人在其形成的空间氛围内充分体验对死者的哀悼之情或对纪念人物的崇敬之感。但在设计中应用过多会造成强烈的视线跳跃感。

　　一般水平式的展开类型会产生平和、舒展恒定的积极表情，但又具有疲劳、空旷的气氛。其积极或消极会因设计者的思路、应用以及欣赏者的心绪而变，应用时

圆球形植物在布置中易突出，圆锥形植物在圆球形和扁平植物前易突出

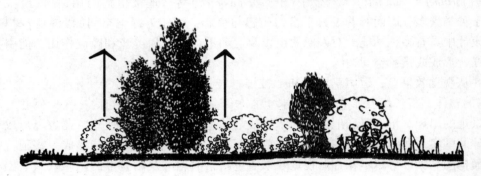

纺锤形植物增强了高度的变化

图 1-7 · 树形的类别与作用（引自 Norman K. Booth）

不必疑虑太多。在空间上，水平展开型的植物可以增加景观的宽广度，使植物产生外延的动势，并引导视线前进。与垂直类植物共用可产生纵横发展的强烈对比。另外，此类植物还能形成平面效果，可与地形的变化之势结合，在坡地和山石间作地被，让其自然蔓延，可给人一种轻松放任的自然美，或用于建筑物的遮掩等。

无方向型在几何学中是指以圆、椭圆或者以弧形、曲线为轮廓的构图。树形中的圆形、卵圆形、广卵圆形、倒卵球形、钟形、倒钟形、扁球形、半球形、馒头形、伞形、丛生形、拱枝形等均属于无方向型。除自然形成外，亦有人工修整而形成的，如黄杨球等。该类植物是园林中数量较多的类型，在引导视线方面既无方向性，也无倾向性，性格平和、柔顺、稳定，在整个构图中容易统一与调和其他外形强烈的树形。

在应用树木姿态时还应注意，植物姿态随季节及年龄的变化而具有不确定性。以植物姿态为景观构图中心时，注意把握人对不同植物姿态的重量感，一般经修剪成规则形状如球体的植物在感觉上显得重，而自然生长的植物感觉较轻；注意单株与群体之间的关系，群体效果会掩盖单体的独特景象，如欲表现单体，应避免同类植物或同姿态植物的群植。

（二）影响树形的因素

树形由树干和树冠两方面决定，树冠由一部分主干、主枝、侧枝和叶幕组成。不同树种各有其独特树形，主要由树种的遗传特性决定，如分枝方式、萌芽力和成枝力等，但也受外界环境因子的影响。

树木的分枝方式包括总状分枝、合轴分枝和假二叉分枝 3 种类型。总状分枝又称单轴分枝，自幼苗开始，主茎的顶芽活动始终占优势，形成明显而且粗壮的直立主干。因侧枝发育的程度，可形成柱状、塔形或圆锥形等树冠，如大多数裸子植物、毛白杨、玉兰、柠檬桉。合轴分枝的树种，顶芽活动一段时间后，生长变得极慢甚至死亡，或顶芽分化为花芽或发生变态，由靠近顶芽的侧芽发展为新枝代替主茎的位置。由此发育的主干虽然明显但往往较弯曲，大多侧枝的开张角度较大，多形成球形或卵球形等较为开阔的树冠，如垂柳、桃（*Prunus persica*）、杏（*P. armeniaca*）、核桃（*Juglans regia*）、柿树（*Diospyros kaki*）等；如果侧枝开张角度较小，则可形成接近于单轴分枝的树冠。假二叉分枝与合轴分枝相似，但顶芽停止生长后由两侧对生的两个侧芽同时发育为新枝，总体上也形成较为开阔的树冠，如丁香、梓树（*Catalpa ovata*）、泡桐（*Paulownia fortunei*）等。

分枝习性中枝条的角度和长短也会影响树形。大多数树种的分枝斜出，但有些树种分枝近平展，如雪松；有的枝条纤长柔软而下垂，如垂柳；有的枝条贴地平展生长，如铺地柏等；有的则近于直立，如柱形红花槭（*Acer rubrum* 'Columnare'）。

此外，树形也受环境因子的影响，而且同一树种的树形往往随着树木生长发育过程而呈现有规律的变化。生长于高山和海岛的树木，树冠常因风吹而偏向一侧；银杏（*Ginkgo biloba*）的树形从幼年期到老年期可呈现尖塔形、圆锥形、圆球形的变化。植物景观设计者必须掌握这些变化的规律，对其变化有一定的预见性。

（三）乔木的树形

总体而言，针叶乔木类的树形以尖塔形和圆锥形居多，加上多为常绿树，故多有严肃端庄的效果，园林中常用于规则式配置；阔叶乔木的树形以卵圆形、圆球形等居多，多有浑厚朴素的效果，常作自然式配置。乔木常见的树形有以下几种（图1-8、图1-9）。

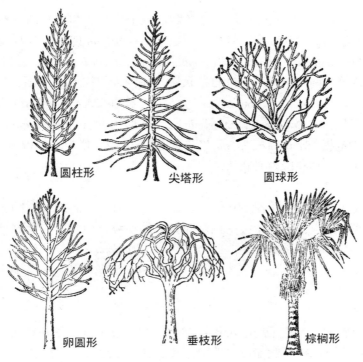

图1-8 树形示意图

圆柱形：塔柏　　圆柱形：箭杆杨　　塔形：雪松　　圆锥形：大叶南洋杉

圆球形：榔榆　　　　垂枝形：垂柳　　　　棕榈形：椰子

图1-9　部分乔木的树形

1. 圆柱形

中央领导干较长，分枝角度小，枝条贴近主干生长。圆柱状的狭窄树冠，多有高耸、静谧的效果，尤其以列植时最为明显。如杜松（*Juniperus rigida*）、塔柏（*Sabina chinensis* 'Pyramidalis'）、新疆杨（*Populus alba* var. *pyramidalis*）、箭杆杨（*P. nigra* var. *thevestina*）等。国外培育了大量的柱状树木品种，如柱形红花槭、柱形美洲花柏（*Chamaecyparis lawsoniana* 'Columnaris'）、塔形银槭（*Acer saccharinum* 'Pyramidalis'）、直立紫杉（*Taxus baccata* 'Standishi'）、塔形柏木（*Cupressus glabra* 'Pyramidalis'）、塔形铅笔柏（*Sabina virginiana* 'Pyramidiformis'）、塔形云杉（*Picea abies* 'Pyramidalis'），部分品种在国内有栽培。

2. 尖塔形

主枝平展，与主干几乎呈90°角，基部主枝最粗长，向上逐渐细短。尖塔形树冠不但有端庄的效果，而且给人一种刺破青天的动势。如雪松、窄冠侧柏（*Platycladus orientalis* 'Zhaiguancebai'）、日本金松（*Sciadopitys verticillata*）、日本扁柏（*Chamaecyparis obtusa*）、辽东冷杉（*Abies holophylla*）以及幼年期的银杏和水杉（*Metasequoia glyptostroboides*）。

3. 圆锥形

主枝向上斜伸，与主干约呈45°～60°角，树冠较丰满，呈狭或阔圆锥体状。圆锥形树冠从底部逐渐向上收缩成尖顶状，其总轮廓非常明显。有严肃、端庄的效果，可以成为视线焦点，尤其是与低矮的圆球形植物配置在一起时，对比强烈。若植于小土丘上方，还可加强小地形的高耸感。常绿树如圆柏（*Sabina chinensis*）、侧柏（*Platycladus orientalis*）、北美香柏（*Thuja occidentalis*）、柳杉（*Cryptomeria japonica var. sinensis*）、竹柏（*Podocarpus nagi*）、云杉、马尾松（*Pinus massoniana*）、华山松（*P. armandi*）、罗汉柏（*Thujopsis dolabrata*）、广玉兰（*Magnolia grandiflora*）、厚皮香（*Ternstroemia gymnanthera*）等，落叶树如华北落叶松（*Larix principis-rupprechtii*）、金钱松、水杉、落羽杉（*Taxodium distichum*）、鹅掌楸（*Liriodendron chinense*）、毛白杨、灯台树（*Bothrocaryum controversum*）等。

4. 卵圆形和圆球形

中央领导干不明显，或至有限高度即分枝。卵圆形或圆球形的树冠外形柔和，多有朴实、浑厚的效果，给人以亲切感，并且可以调和外形较强烈的植物类型。常绿树如樟树（*Cinnamomum camphora*）、苦槠（*Castanopsis sclerophylla*）、桂花（*Osmanthus fragrans*）、榕树（*Ficus microcarpa*），落叶树如元宝枫（*Acer truncatum*）、重阳木（*Bischofia polycarpa*）、梧桐（*Firmiana simplex*）、黄栌（*Cotinus coggygria*）、黄连木（*Pistacia chinensis*）、无患子（*Sapindus saponaria*）、乌桕（*Sapium sebiferum*）、枫香（*Liquidambar formosana*）、丝棉木、白榆（*Ulmus pumila*）、杜仲（*Eucommia ulmoides*）、白蜡（*Fraxinus chinensis*）、杏树等。与此相类似的树形还有扁球形、倒卵形、钟形和倒钟形等。

5. 伞形和垂枝形

伞形树冠的上部平齐，呈伞状展开；垂枝形植物具有明显悬垂、下弯的枝条，具有引导人们视线向下的作用。伞形和垂枝形树冠具有优雅和平的气氛，给人以轻松、宁静之感，适植于水边、草地等安静休息区。如合欢、幌伞枫（*Heteropanax fragrans*）、凤凰木（*Delonix regia*）、千头赤松（*Pinus densiflora* 'Umbraculifera'）、榉树（*Zelkova schneideriana*）、鸡爪槭、红豆树（*Ormosia hosiei*）、千头椿（*Ailanthus altissima* 'Qiantouchun'）的树冠一般呈伞形，而垂柳、龙爪槐（*Sophora japonica* f. *pendula*）、垂枝黄栌（*Cotinus coggygria* 'Pendula'）、垂枝桑（*Morus alba* 'Pendula'）、垂枝桦（*Betula pendula* 'Tristis'）、垂枝北非雪松（*Cedrus atlantica* 'Pendula'）、垂枝柳叶梨（*Pyrus salicifolia* 'Pendula'）、垂枝榆（*Ulmus pumila* 'Tenue'）等枝条下垂。

6. 棕榈形

主干不分枝，叶片大型，集生于主干顶端。棕榈形树冠也多呈伞形，树体特异，可展现热带风光，如棕榈（*Trachycarpus fortunei*）、蒲葵（*Livistona chinensis*）、大王椰子（*Roystonea regia*）、椰子（*Cocos nucifera*）等棕榈科植物，苏铁（*Cycas revoluta*）等苏铁科植物，桫椤（*Alsophila spinulosa*）等木本蕨类植物。

7. 风致形

该类植物形状奇特，姿态百千。如黄山松（*Pinus taiwanensis*）常年累月受风吹雨打的锤炼，形成特殊的扯旗形，还有一些在特殊环境中生存多年的老树、古树，具有或歪或扭或旋等不规则姿态。这类植物通常用于视线焦点，孤植独赏。

(四) 灌木的树形

园林中应用的灌木，一般受人为干扰较大，经修剪整形后树形往往发生很大变化。但总体上，可分为四大类（图1-10）。

匍匐形：砂地柏

丛生球形：杜鹃

柱状：帚形木桃

图1-10 部分灌木的树形

1. 丛生球形

树冠团簇丛生，外形呈圆球形、扁球形或卵球形等，多有朴素、浑实之感，造景中最宜用于树群外缘，或装点草坪、路缘和屋基。常绿的如海桐（*Pittosporum tobira*）、球柏（*Sabina chinensis* 'Globosa'）、千头柏、千头柳杉（*Cryptomeria japonica* 'Vilmoriniana'）、洒金珊瑚（*Aucuba japonica* 'Variegata'）、金边胡颓子（*Elaeagnus pungens* 'Aurea'）、大叶黄杨（*Euonymus japonicus*）等，落叶的如榆叶梅（*Prunus triloba*）、绣球、棣棠等多数花灌木。

2. 柱形和长卵形

枝条近直立生长而形成的狭窄树形。除了柱形和长卵形外，有的为长倒卵形或长椭圆形。尽管明显没有主干，但该类树形整体上有明显的垂直轴线，具有挺拔向上的生长势，能突出空间垂直感。如木槿（*Hibiscus syriacus*）、海棠花、西府海棠（*Malus micromalus*）、树锦鸡儿（*Caragana arborescens*），以及碧桃的帚形品种照手红和照手白等。

3. 偃卧及匍匐形

植株的主干和主枝匍匐地面生长，上部的分枝直立或否。如铺地柏、砂地柏（*Sabina vulgaris*）、偃柏（*S. chinensis* var. *sargentii*）、鹿角桧（*S. chinensis* 'Pfitzriana'）、匍地龙柏（*S. chinensis* 'Kaizuca Procumbens'）、偃松（*Pinus pumila*）、平枝栒子、匍匐栒子等，适于用作木本地被或植于坡地、岩石园。这类树冠属于水平展开型，具有水平方向生长的习性，其形状能使设计构图产生一种广阔感和外延感，引导视线沿水平方向移动。因此，常用于布局中从视线的水平方向联系其他植物形态，并能与平坦的地形、平展的地平线和低矮水平延伸的建筑物相协调。

　　4. 拱垂形

　　枝条细长而拱垂，株形自然优美，多有潇洒之姿，能将人们的视线引向地面。如连翘、云南黄馨（*Jasminum mesnyi*）、迎春、探春（*J. floridum*）、笑靥花（*Spiraea prunifolia*）、枸杞（*Lycium chinense*）、胡枝子（*Lespedeza bicolor*）、柽柳（*Tamarix chinensis*）等。拱垂形灌木不仅具有随风飘洒、富有画意的姿态，而且下垂的枝条引力向下，构图重心更加稳定，还能活跃视线。

　　为能更好地表现该类植物的姿态，一般将其植于有地势高差的坡地、水岸边、花台、挡土墙及自然山石旁等处，使下垂的枝条接近人的视平线，或者在草坪上应用构成视线焦点。

　　（五）人工树形

　　除自然树形外，造景中还常对一些萌芽力强、耐修剪的树种进行整形，将树冠修剪成人们所需的各种人工造型，以增加植物的观赏性（图 1-11、图 1-12）。造型形式多种多样，如修剪成球形、柱状、立方体、梯形、圆锥形等各种几何形体，或者修剪成孔雀开屏、花瓶、亭、廊等，用于园林点缀。选用的树种应该是枝叶密集、萌芽力强的种类，否则达不到预期的效果，常用的有黄杨、雀舌黄杨（*Buxus bodinieri*）、小叶女贞（*Ligustrum quihoui*）、大叶黄杨、海桐、枸骨（*Ilex cornuta*）、金叶假连翘（*Duranta repens* 'Golden Leaves'）、龙柏、六月雪等。

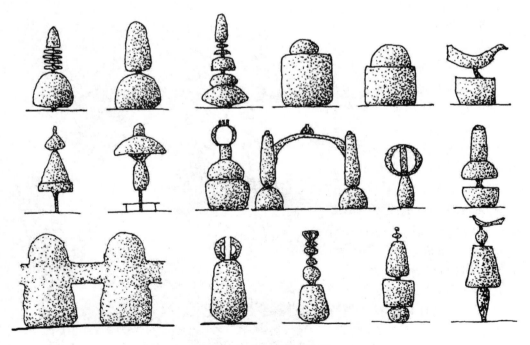

图 1-11　人工树形示意图

图 1-12　部分树木人工造型

二、草本植物的形态

相对于木本植物而言，草本植物多以群体形式出现，因而其个体形态往往被群体形态所掩盖(图 1-13)。而且，草本植物的形态在营养生长期和花期往往会有较大差别，并与栽培方式密切相关，因而在造景应用中一般涉及较少。

具有优美形态的草本观赏植物大多是观叶植物，整株植物的形态美主要是叶的着生方式形成的。有些植物枝叶较柔软，集生或簇生，叶直立而向四周开展，外形上形成圆球形或半圆球形，如春兰(*Cymbidium goeringii*)、玉簪、竹芋(*Maranta arundinacea*)以及肾蕨(*Nephrolepis auriculata*)、波士顿蕨(*Nephrolepis exaltata* 'Bostoniensis')、铁线蕨(*Adiantum capillus-veneris*)、鸟巢蕨(*Neottopteris nidus*)等蕨类植物，而仙人球(*Echinopsis tubiflora*)、金琥(*Echinocactus grusonii*)等植物则是自然圆球形。有些植物枝较坚实，较高而直立生长，如美人蕉、凤梨科植物、旱伞草(*Cyperus involucratus*)、蜀葵、虎尾兰(*Sansevieria trifasciata*)

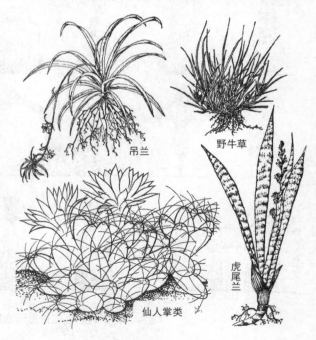

图 1-13　部分草本植物的姿态

等。有些植物叶基生、开展如扇形，如君子兰（*Clivia miniata*）、鸢尾类、朱顶红（*Hippeastrum rutilum*）等。有些植物枝叶下垂，如吊兰（*Chlorophytum capense*）、吊竹梅（*Zebrina pendula*）等。有些植物匍匐生长，如垂盆草（*Sedum sarmentosum*）、狗牙根。

此外，有些草本观赏植物形态特殊，花叶分布的空间较大，如荷花的形态美，既包括荷叶、荷花等单个部分，也包括叶、莲蓬、花、莲藕所组成的整体形态美。

三、园林植物各部分的姿态

（一）叶的形态美

园林植物叶的形状、大小以及在枝干上的着生方式各不相同。以大小而言，小的如侧柏、柽柳的鳞形叶长 2～3mm，大的如棕榈类的叶片可长达 5～6m 甚至 10m 以上。一般而言，叶片大者粗犷，如泡桐、臭椿（*Ailanthus altissima*）、悬铃木（*Platanus hispanica*），小者清秀，如黄杨、胡枝子、合欢等。

叶片的基本形状主要有：针形，如油松（*Pinus tabuliformis*）、雪松；条形，如冷杉（*Abies fabri*）、红千层（*Callistemon rigidus*）；披针形，如夹竹桃（*Nerium indicum*）、柠檬桉；椭圆形，如柿树、白鹃梅；卵形，如女贞（*Ligustrum lucidum*）、梅花；圆形，如中华猕猴桃、紫荆（*Cercis chinensis*）；三角形，如加拿大杨（*Populus × canadensis*）、白桦（*Betula platyphylla*）等。而且还有单叶、复叶之别，复叶又有羽状复叶、掌状复叶、三出复叶等类别。

另有一些叶形奇特的种类，以叶形为主要观赏要素，如银杏呈扇形、鹅掌楸呈马褂状、琴叶榕（*Ficus lyrata*）呈琴肚形、槲树（*Quercus dentata*）呈葫芦形、龟背竹形若龟背，其他如龟甲冬青（*Ilex crenata* 'Mariesii'）、变叶木（*Codiaeum variegatum* var. *pictum*）、龙舌兰（*Agave americana*）、羊蹄甲（*Bauhinia variegate*）等亦叶形奇特，而芭蕉（*Musa basjoo*）、长叶刺葵（*Phoenix canariensis*）、苏铁、椰子等大型叶具有热带情调，可展现热带风光（图1-14）。

（二）花的形态美

花朵的绽放是植物生活史中最辉煌的时刻。花朵的观赏价值表现在花的形态、色彩和芳香等方面，另外，为了更好地进行景观设计，也必须了解不同植物的花期。

花的形态美既表现在花朵

图 1-14　叶形奇特的植物

或花序本身的形状，也表现在花朵在枝条上排列的方式。花朵有各式各样的形状和大小，有些树种的花形特别，极为优美。如金丝桃(*Hypericum monogynum*)的花朵金黄色，细长的雄蕊灿若金丝；珙桐头状花序上2枚白色的大苞片如同白鸽展翅，被誉为"东方鸽子树"；吊灯花(*Hibiscus schizopetalus*)花朵下垂，花瓣细裂，蕊柱突出，宛如古典的宫灯；蝴蝶荚蒾(*Viburnum plicatum* f. *tomentosum*)花序宽大，周围的大型不孕花似群蝶飞舞，中间的可孕花如同珍珠，故有"蝴蝶戏珠花"之称；红千层的花序则颇似实验室常用的试管刷(图1-15)。

图1-15　几种植物的花和花序

花或花序在树冠、枝条上的排列方式及其所表现的整体状貌称为花相，有纯式和衬式两大类，前者开花时无叶，后者开花时已经展叶或为常绿树。花相主要有以下类型(图1-16)。

①独生花相：花序一个，生于干顶，如苏铁。

②干生花相：花或花序生于老茎上，如紫荆、槟榔(*Areca catechu*)、木菠萝(*Artocarpus heterophyllus*)、火烧树(*Mayodendron igneum*)。

③线条花相：花或花序较稀疏地排列在细长的花枝上，如迎春、连翘、蜡梅、亮叶蜡梅(*Chimonanthus nitens*)。

④星散花相：花或花序疏布于树冠的各个部分，如华北珍珠梅(*Sorbaria kirilowii*)、鹅掌楸。

独生花相　　　　　　　　　　　　干生花相

线条花相　　　　　　　　　　　　星散花相

团簇花相　　　　　　　　　　　　覆被花相

图 1-16　花相

⑤团簇花相：花或花序大而多，密布于树冠各个部位，具有强烈的花感，如玉兰、木绣球。

⑥覆被花相：花或花序分布于树冠的表层，如合欢、泡桐、七叶树、金银木（*Lonicera maackii*）。

⑦密满花相：花或花序密布于整个树冠中，如毛樱桃、樱花（*Prunus serrulata*）。

就花期而言，春季是万紫千红的季节，大多数植物盛花，如迎春、玉兰、深山含笑（*Michelia maudiae*）、樱花、梅、杏、笑靥花、麻叶绣球（*Spiraea cantonensis*）、白梨（*Pyrus bretschneideri*）、海棠花、贴梗海棠（*Chaenomeles speciosa*）、棣棠、榆叶梅、郁李（*Prunus japonica*）、金钟花（*Forsythia viridissima*）、连翘、蜡瓣花（*Corylopsis sinensis*）、山茶、结香（*Edgeworthia chrysantha*）、映山红、牡丹、紫荆、紫丁香、碧桃、紫藤、木绣球等，以及二年生花卉和秋植球根花卉。

初夏和夏季开花的植物有：海仙花（*Weigela coraeensis*）、锦带花（*W. florida*）、山梅花（*Philadelphus incanus*）、溲疏（*Deutzia crenata*）、含笑（*Michelia figo*）、木莲

（*Manglietia fordiana*）、玫瑰（*Rosa rugosa*）、夏蜡梅（*Calycanthus chinensis*）、珍珠梅、柽柳、木荷（*Schima superba*）、紫茎（*Stewartia sinensis*）、夹竹桃、石榴（*Punica granatum*）、金丝桃、广玉兰、紫薇（*Lagerstroemia indica*）、栾树（*Koelreuteria paniculata*）、合欢、凤凰木、栀子、糯米条（*Abelia chinensis*）、大花曼陀罗（*Datura arborea*）、醉鱼草（*Buddleja lindleyana*）等，以及部分一年生花卉、春植球根花卉。

秋季有桂花、胡枝子、油茶、柳叶蜡梅（*Chimonanthus salicifolius*）、浙江蜡梅（*C. zhejiangensis*）、木芙蓉（*Hibiscus mutabilis*）、紫羊蹄甲（*Bauhinia purpurea*）、十大功劳（*Mahonia fortunei*）、胡颓子（*Elaeagnus pungens*）等，以及大多数一年生花卉和春植球根花卉。

冬季有蜡梅、八角金盘（*Fatsia japonica*）、枇杷（*Eriobotrya japonica*）、金花茶、阔叶十大功劳、以及梅花和山茶的早花品种等。有些植物花期很长，如月季、木槿、紫薇、垂花悬铃花（*Malvaviscus penduliflorus*）、扶桑（*Hibiscus rosa-sinensis*）、叶子花、白兰花（*Michelia alba*）、鹰爪花（*Artabotrys hexapetatus*）等。

（三）果实的形态美

果实和种子的观赏特性主要表现在形态和色彩两个方面。果实形态一般以奇、巨、丰为标准。

奇者，果形奇特也，如铜钱树（*Paliurus hemsleyanus*）的果实形似铜币，滨枣（*P. spina-christi*）果实草帽状，腊肠树（*Cassia fistula*）的果实形似香肠，秤锤树（*Sinojackia xylocarpa*）的果实形似秤锤，紫珠（*Callicarpa japonica*）的果实宛若晶莹透亮的珍珠。其他果形奇特的还有佛手（*Citrus medica* var. *sarcodactylus*）、黄山栾树（*Koelreuteria bipinnata*）、杨桃（*Averrhoa carambola*）、木通马兜铃（*Aristolochia mandshuriensis*）等（图 1-17）。

图 1-17　果实的形态

巨者，单果或果穗巨大也，如柚子（*Citrus maxima*）单果径达 15～20cm，重达 3kg，其他如石榴、柿树、苹果（*Malus pumila*）、木瓜（*Chaenomeles sinensis*）等均果实较大，而火炬树（*Rhus typhina*）、葡萄、南天竹虽果实不大，但集生成大果穗。

丰者，指全株结果繁密，如火棘、紫珠、花楸（*Sorbus pohuashanensis*）、金橘等。

（四）枝干的形态美

乔灌木的枝干也具重要的观赏要素。树木主干、枝条的形态千差万别、各具特色（图 1-18），或直立、或弯曲，或刚劲、或细柔。如酒瓶椰子（*Hyophorbe lagenicaulis*）树干状如酒瓶、佛肚树（*Jatropha podagrica*）的树干状如佛肚。

图 1-18　植物的枝干美

常见的枝干具有特色的树种还有：树皮不开裂、干枝光滑的柠檬桉、槟榔、假槟榔（*Archontophoenix alexandrae*）、紫薇、光皮梾木（*Swida wilsoniana*）等；树皮呈片状剥落、斑驳的番石榴（*Psidium guajava*）、白皮松（*Pinus bungeana*）、木瓜、悬铃木、榔榆（*Ulmus parvifolia*）等；小枝下垂的垂柳、垂枝桦、龙爪槐、龙爪榆（*Ulmus pumila* 'Tortuosa'）等；小枝蟠曲的龙爪柳（*Salix matsudana* f. *tortuosa*）、龙桑（*Morus alba* 'Tortuosa'）、龙爪枣（*Ziziphus jujuba* 'Tortuosa'）等；枝干具有刺毛的楤木（*Aralia chinensis*）、峨眉蔷薇、红腺悬钩子（*Rubus sumatranus*）等。此外，榕树的气生根和支柱根、落羽杉和池杉（*Taxodium distichum* var. *imbricatum*）的呼吸根、人面子（*Dracontomelon duperreranum*）的板根均极为奇特，而龟甲竹（*Phyllostachys edulis* 'Heterocycla'）竹秆下部或中部以下节间极度缩短、肿胀交错成斜面，呈龟甲状，圣音竹（*Phyllostachys edulis* 'Tubaeformis'）竹秆向基部逐渐增大呈喇叭状，节间也逐渐缩短，形似葫芦。

第三节　园林植物的色彩美

渲染园林色彩、表现园林季相特征是植物特有的观赏功能。艺术心理学家认为视觉最敏感的是色彩，其次才是形体和线条等。因而令人赏心悦目的植物，首先是色彩动人，色彩是园林植物最引人注目的观赏特征。植物的色彩还被看作情感的象征，直接影响着环境空间的气氛和情感。鲜艳的色彩给人以轻快欢乐的气氛，深暗的色彩则给人异常郁闷的气氛。由于色彩易于被人看见，因而它也是构图的重要因素。植物的色彩通过植物的各个部分呈现出来，如叶片、花朵、果实、大小枝条以及树皮。

一、枝干的色彩美

枝干的色彩虽然不如叶色、花色那么鲜艳和丰富，但也有多样的可赏性。尤其是冬季，乔灌木的枝干往往成为主要的观赏对象。

枝干绿色的有棣棠、迎春、梧桐、青榨槭、桃叶珊瑚（*Aucuba chinensis*）、绿萼梅、枸橘（*Poncirus trifoliata*）、野扇花（*Sarcococca ruscifolia*）、檫木（*Sassafras tzumu*）、木香，以及大多数竹类植物。枝干黄色的有美人松（*Pinus sylvestris* var. *sylvestriformis*）、金枝垂柳（*Salix alba* var. *tristis*）、黄金槐、多枝绢毛椋木、黄桦（*Betula alleghaniensis*）、黄皮京竹（*Phyllostachys aureosulcata* 'Aureocaulis'）、金竹（*P. sulphurea*）、佛肚竹（*Bambusa ventricosa*）等。枝干白色的有白桦、垂枝桦、纸皮桦（*Betula papyrifera*）、粉箪竹（*Bambusa chungii*）、银白杨（*Populus alba*）、银杏、胡桃、少花桉（*Eucalyptus pauciflora*）、柠檬桉等，山茶、榉树、朴树（*Celtis sinensis*）的树干也可呈现灰白色。枝干红色和紫红色的有红桦（*Betula albo-sinensis*）、红瑞木（*Swida alba*）、偃伏梾木（*S. stolonifera*）、山桃（*Prunus davidiana*）、斑叶稠李（*P. maackii*）、赤松、柽柳、红槭、云实等。尤其是几种桦木的树皮或白色或橘红色，层层如纸状剥落，极为美丽。

此外，在竹类植物中，许多观赏竹的竹秆具有异色条纹或斑点，如竹秆黄色并具绿色条纹的黄金间碧玉竹（*Bambusa vulgaris* 'Vittata'），竹秆绿色并具黄色条纹的黄槽竹（*Phyllostachys aureosulcata*），竹秆绿色并具紫色斑点的湘妃竹（*P. reticulata* 'Lacrina-deae'）等。

二、叶的色彩美

在植物的生长周期中，叶片出现的时间最久。叶色与花色及果色一样，也是重要的观赏要素。

（一）绿色

绿色是自然界中最普遍的色彩，是生命之色，象征着青春、和平和希望，给人以宁静、安详之感。大多数植物的叶为绿色，但深浅各有不同，而且与发育阶段有关，如垂柳初发叶时由黄绿逐渐变为淡绿，夏秋季为浓绿。

一般而言，常绿针叶树和阔叶树的叶色较深，落叶树尤其是其春季新叶叶色较浅。多数阔叶树早春的叶色为嫩绿色，如馒头柳（*Salix matsudana* f. *umbraculifera*）、刺槐（*Robinia pseudoacacia*）；银杏、悬铃木、合欢、落叶松（*Larix gmelini*）、水杉等一些落叶阔叶树和部分针叶树为浅绿色；大叶黄杨、女贞、枸骨、柿树、樟树等叶色深绿；油松、华山松、侧柏、圆柏等多数常绿针叶树以及山茶等常绿阔叶树为暗绿色。此外，翠柏为蓝绿色，桂香柳（*Elaeagnus angustifolia*）、胡颓子为灰绿色。

除了常见的绿色以外，许多植物尤其是园林树木的叶片在春季、秋季，或在整个生长季内甚至常年呈现异样的色彩，像花朵一样绚丽多彩。利用园林植物的不同叶色可以表现各种艺术效果，尤其是运用秋色叶树种和春色叶树种可以充分表现园林的季相美。

(二) 色叶植物

色叶植物也称彩叶植物，是指叶片呈现红色、黄色、紫色等异于绿色的色彩，具有较高观赏价值，以叶色为主要观赏要素的植物。色叶植物的叶色表现主要与叶片中叶绿素、胡萝卜素和叶黄素以及花青素的含量和比例有关。气候因素如温度，环境条件如光强、光质，栽培措施如肥水管理等，均可引起叶内各种色素尤其是胡萝卜素和花青素比例的变化，从而影响色叶植物的色彩。

就树种而言，在园林应用上，根据叶色变化的特点，可以将其分为春色叶树种、常色叶树种、斑色叶树种和秋色叶树种等几类。

春色叶树种春季新发生的嫩叶呈现红色、紫红色或黄色等。常见的有石楠（*Photinia serrulata*）、山麻杆（*Alchornea davidii*）、樟树、山杨（*Populus davidiana*）、马醉木（*Pieris polita*）、臭椿等。"一树春风千万枝，嫩于金色软于丝"，白居易的《杨柳枝词》把早春垂柳枝条的那种纤细柔软、嫩黄似金的色彩描绘得生动可人。

秋色叶树种指秋季树叶变色比较均匀一致，持续时间长、观赏价值高的树种。如秋叶红色的枫香、鸡爪槭、黄连木、黄栌、乌桕、槲树、盐肤木（*Rhus chinensis*）、连香树、卫矛（*Euonymus alatus*）、花楸等；秋叶黄色的银杏、金钱松、鹅掌楸、白蜡、无患子、黄檗（*Phellodendron amurense*）等；秋叶古铜色或红褐色的水杉、落羽杉、池杉、水松（*Glyptostrobus pensilis*）等。"停车坐爱枫林晚，霜叶红于二月花"，杜牧描绘秋叶的诗句脍炙人口、流传至今。

常色叶树种大多数是由芽变或杂交产生、并经人工选育的观赏品种，其叶片在整个生长期内或常年呈现异色。如红色的红枫（*Acer palmatum* 'Atropurpureum'）、红羽毛枫（*Acer palmatum* 'Dissectum Ornatum'），紫色和紫红色的紫叶李（*Prunus cerasifera* f. *atropurpurea*）、紫叶小檗（*Berberis thunbergii* 'Atropurpurea'），黄色的金叶女贞（*Ligustrum* × *vicary*）、金叶假连翘、金叶风箱果（*Physocarpus opulifolium* 'Lutens'）。

斑色叶树种是指绿色叶片上具有其他颜色的斑点或条纹，或叶缘呈现异色镶边（可统称为彩斑）的树种，资源极为丰富，许多常见树种都有具有彩斑的观赏品种。常见的有洒金珊瑚、金心大叶黄杨（*Euonymus japonica* 'Aureus'）、金边瑞香（*Daphne odora* 'Marginata'）、银边海桐（*Pittosporum tobira* 'Variegatum'）、金边女贞（*Ligustrum ovalifolium* 'Aurueo-marginatum'）、花叶锦带花（*Weigela florida* 'Variegata'）、变叶木、金边胡颓子（*Elaeagnus pungens* 'Aurea'）、佛拉门戈花叶槭（*Acer negundo* 'Flamingo'）等。

在草本植物中，也有不少重要的彩叶植物，其中最为著名的是彩叶草（*Coleus scutellarioides*）和五色苋（*Alternanthera bettzickiana*）。其他常用的还有羽衣甘蓝（*Brassica oleracea* var. *capitata* f. *tricolor*）、苋（*Amaranthus tricolor*）、金叶过路黄（*Lysimachia nummularia* 'Aurea'）、银叶菊（*Senecio cineraria*）、红草五色苋（*Alternanthera amoena*）、黄叶五色苋（*A. bettzickiana* 'Aurea'）、花叶五色苋（*Alternanthera bettzickiana*

'Tricolor')、血苋(*Iresine herbstii*)、尖叶红叶苋(*I. lindenii*)、银边翠(*Euphorbia marginata*)、红叶甜菜(*Beta vulgaris* var. *cicla*)、冷水花(*Pilea cadierei*)、花叶玉簪(*Hosta plantaginea* 'Fairy Variegata')、红叶甜菜(*Beta vulgaris* var. *cicla*)、紫叶鸭跖草(*Tradescantia pallida*)、花叶竹芋(*Maranta bicolor*)、斑叶竹芋(*M. arundinacea* var. *variegata*)、花叶万年青(*Dieffenbachia picta*)、花叶芋(*Caladium bicolor*)、吊竹梅(*Zebrina pendula*)等。

三、花的色彩美

自然界中植物的花色多种多样,除了红色、白色、黄色、蓝紫色等单色外,还有很多植物的花具有两种甚至多种颜色;而经人类培育的不少栽培品种的花色变化更为丰富。

(一)红色

红色是令人振奋鼓舞、热情奔放之色,对游人的心理易产生强烈的刺激,具有极强的注目性、诱视性和美感,但红色也能引发恐怖和动乱、血腥与战斗的心理联想,令人视觉疲劳。园林植物中红花种类很多,而且花色深浅不同、富于变化。如樱花、榆叶梅、石榴、合欢、紫荆、凤凰木、扶桑、夹竹桃、木棉(*Bombax malabarica*)、红千层、贴梗海棠、牡丹、玫瑰、山茶、映山红、日本绣线菊(*Spiraea japonica*)、羊蹄甲、美蕊花(*Calliandra surinamensis*)、龙船花(*Ixora chinensis*)、一品红(*Euphorbia pulcherrima*)、炮仗花、凌霄、一串红(*Salvia splendens*)、鸡冠花、千日红(*Gomphrena globosa*)、矮牵牛(*Petunia hybrida*)、翠菊、毛地黄(*Digitalis purpurea*)、美人蕉、美女樱(*Verbena hybrida*)、芍药、大丽花、红花酢浆草(*Oxalis corymbosa*)等。

(二)黄色

黄色给人庄严富贵、明亮灿烂和光辉华丽之感,其明度高,诱目性强,是温暖之色。开黄花的植物主要有蜡梅、金缕梅、迎春、连翘、金钟花、黄蔷薇、棣棠、金丝桃、金桂、黄蝉(*Allemanda schottii*)、黄杜鹃(*Rhododendron molle*)、黄刺玫、金露梅(*Potentilla fruticosa*)、山茱萸(*Cornus officinale*)、栾树、锦鸡儿(*Caragana sinica*)、黄槐(*Cassia surattensis*)、伞房决明(*C. corymbosa*)、决明(*C. tora*)、黄兰(*Michelia champaca*)、云南黄馨、黄花马缨丹(*Lantana camara* 'Flava')、菊花、花菱草(*Eschscholtzia californica*)、金盏菊、月见草(*Oenothera biennis*)、大花金鸡菊(*Coreopsis grandiflora*)、麦秆菊(*Helichrysum bracteatum*)、黄羽扇豆(*Lupinus luteus*)、金鱼草、美人蕉、黄菖蒲(*Iris pseudacorus*)、萱草(*Hemerocallis fulva*)、金针菜(*H. citrina*)、万寿菊等。

(三)蓝紫色

蓝色有冷静、沉着、深远宁静和清凉阴郁之感;紫色给人以高贵庄重、优雅神秘之感,均适于营造安静舒适而不乏寂寞的空间。园林中开纯蓝色花的植物相对较少,一般是蓝堇色、紫堇色。如紫丁香、紫藤、苦楝(*Melia azedarach*)、绣球、木槿、蓝花楹(*Jacaranda acutifolia*)、紫玉盘(*Uvaria macrophylla*)、醉鱼草、泡桐、荷兰菊(*Aster novi-belgii*)、紫菀(*A. tataricus*)、紫罗兰(*Matthiola incana*)、藿香蓟(*Ager-*

atum conyzoides)、蓝羽扇豆(*Lupinus hirsutus*)、翠雀(*Delphinium grandiflorum*)、蓝花鼠尾草(*Salvia farinacea*)、一串紫(*S. splendens* var. *atropurpura*)、二月兰(*Orycho-phragmus violaceus*)、婆婆纳(*Veronica didyma*)、风信子、薰衣草(*Lavandula angusti-folia*)、瓜叶菊(*Senecio cruentus*)、三色堇(*Viola tricolor*)、紫花地丁(*V. philippica*)、桔梗(*Platycodon grandiflorus*)、紫茉莉(*Mirabilis jalapa*)等。

(四)白色

白色给人以素雅、明亮、清凉、纯洁、神圣、高尚、平安无邪的感觉,但使用过多会有冷清和孤独萧然之感。白色系开花植物主要有:木绣球、白丁香(*Syringa oblata* var. *alba*)、山梅花、玉兰、珍珠梅、栀子、茉莉(*Jasminum sambac*)、麻叶绣球、珍珠绣线菊(*Spiraea thunbergii*)、白杜鹃、白牡丹、广玉兰、日本樱花(*Prunus yedoensis*)、白碧桃、白鹃梅、刺槐、白梨、溲疏、红瑞木、七叶树、石楠、鸡麻(*Rhodotypos scandens*)、女贞、海桐、天目琼花(*Viburnum opulus* var. *calvescnes*)、石竹(*Dianthus chinensis*)、霞草(*Gypsophila elegans*)、瓣蕊唐松草(*Thalictrum petaloi-deum*)、百合、银莲花(*Anemone coronaria*)等。

除了单一的花色外,还有杂色和花色变化。有些植物的同一植株、一朵花甚至一个花瓣上的色彩也往往不同,如桃、梅、山茶均有"洒金"类品种,而金银花、金银木等植物的花朵初开时白色,不久变为黄色,绣球花的花色则与土壤酸碱度有关,或白或蓝或红色。五色梅(*Lantana camara*)的一个花序上有三四种颜色;大部分菊科植物舌状花与管状花两种颜色;二乔玉兰(*Magnolia soulangeana*)的花瓣外紫色,里面白色,表现出表里不一的特征。

四、果实的色彩美

果实成熟于盛夏或凉秋之际,体现着成熟与丰收。在观赏上,果色以红紫为贵,黄色次之。苏轼诗曰,"一年好景君须记,最是橙黄橘绿时",说明了果实成熟时的景色。就果色而言,一般以红紫为贵,以黄次之。

常见的观果树种中,红色的有石榴、桃叶珊瑚、南天竹、铁冬青(*Ilex rotunda*)、山楂(*Crataegus pinnatifida*)、紫金牛、朱砂根(*Ardisia crenata*)、虎舌红(*A. mamillata*)、柿树、樱桃、荚蒾、火棘、金银木、火炬树、花楸、枸杞、小檗、珊瑚树、花椒(*Zanthoxylum bungeanum*)、卫矛、接骨木(*Sambucus williamsii*)、天目琼花、石楠、红果仔(*Eugenia uniflora*)、冬珊瑚等;黄色的有柚子、佛手、柑橘(*Citrus reticulata*)、柠檬(*C. limonia*)、梨、杏、木瓜、沙棘(*Hippophae rhamnoides* var. *sinensis*)、枇杷、杧果(*Mangifera indica*)、金橘等;白色的有红瑞木、球穗花楸(*Sorbus glomerulata*)、湖北花楸(*S. hupehensis*)、雪果(*Symphoricarpos albus*)等;紫色的有葡萄、紫珠、海州常山(*Clerodendrum japonicum*)、十大功劳等。

草本植物中,果色鲜艳、常用于观赏的有五色椒(*Capsicum frutescens*)、乳茄(*Solanum mammosum*)、冬珊瑚(*S. pseudocapsicum*)、观赏南瓜(*Cucurbita pepo* var. *ovifera*)、万年青(*Rohdea japonica*)等。

第四节　园林植物的意境美

　　花木之美，除了表现在其本身的形态和色彩等观赏特性外，还包括意境美，或曰风韵美，即人们赋予花木的一种感情色彩。这是花木自然美的升华，往往与不同国家、地区的风俗和文化有关。中国历史悠久，文化灿烂，很多古代诗词及民俗中都留下了赋予植物人格化的优美篇章。意境是中国古典园林的灵魂，通过比拟、联想、象征，可以丰富园林观赏植物美的内涵，这比形式美更广阔、深刻，可以超越时空的限制，较感官美更持久、无限。如听到植物的枝叶因风吹而沙沙作响、被雨滴打击发出的不同声响，总是令人遐想沉思，"庭院皆植松，每闻其响，必欣然为乐"，自古就有松涛阵阵、雨打芭蕉，引人入胜。文人特意"留得残荷听雨声"，从而加强和渲染园林的氛围。光影变化亦会令人产生联想，又如当林中的阴影与通过"林窗"透入林地的光斑交相辉映时，会使人感到新奇，给人带来欢愉与乐趣，"云破月来花弄影"就是描写植物的光影美。

　　中国园林植物造景深受我国文学、诗画、音乐、哲学思想、生活习俗的影响，在材料选择上十分重视其"品格"，在形式上注重色、香、韵、秀、美、胜、意，要具画意，意境上求"深远"、"含蓄"、"内秀"。触景生情、寓情于景、情景交融，这使得园林景观具备"诗中有画、画中有诗"的诗情画意和文化意境。园林植物的意境美主要通过以下方法来表现。

一、比德

　　比德是儒家的自然审美观，主张从伦理道德（善）的角度来体验自然美。大自然的山水花木、鸟兽鱼虫等之所以能引起欣赏者的美感，就在于它们的形态或生态上的特点，以及神态上所表现出的内在意蕴与人的本性等发生同构、对位与共振，也就是说有与人类好的本质、本质力量相似的形态、性质、精神的花木可以与审美主体的人（君子）比德，亦即从山水花木欣赏中可以体会到某种人格美。

　　传统的松、竹、梅谓之"岁寒三友"，因为它们具有共同的坚韧品格。松苍劲古雅，不畏霜雪风寒的恶劣环境，能在严寒中挺立于高山之巅，具有坚贞不屈、高风亮节的品格。《论语·子罕》有"岁寒，然后知松柏之后凋"，《荀子》也有"岁不寒无以知松柏，事不难无以知君子"。这里很清楚地把松、柏的耐寒特性比德于君子的坚强性格。魏·刘桢有"亭亭山上松，瑟瑟谷中风；风声一何盛，松枝一何劲；冰霜正惨凄，终岁恒端正；岂不罹凝寒？松柏有本性"的诗句；唐·白居易的"岁暮满山雪，松色郁青苍，彼如君子心，秉操贯冰霜"也赞美了松的品格。松柏类因此也常用于纪念性园林如烈士陵园，以此象征革命先烈永世长存。古往今来，我国人民视竹子为圣洁高雅、刚强正直的象征，对它给予极高的评价，因其"未出土时先有节，纵凌云处也虚心"，唐代文人刘言夫在《植竹记》中更总结了竹子的"刚、柔、忠、义、谦、恒"六点美德，"劲本坚节，不受雪霜，刚也；绿叶萋萋，翠筠浮浮，柔也；虚心而直，无所隐蔽，忠也；不孤根而挺耸，必相依以擢秀，义也；虽春阳气王，终不与众木斗荣，谦也；四时一贯，容衰不殊，恒也。"苏轼《于潜僧绿筠轩》

中对竹子的雅逸美说到了极致："宁可食无肉，不可居无竹。无肉令人瘦，无竹令人俗。……"将有竹与无竹提高到雅与俗之分，可以说是苏轼对竹子雅逸精神的最大挖掘，并为以后所有文人所公认。梅花也是一种具有"标格清逸"精神属性美的花木。范成大赞美"梅以韵胜，以格高"，洪璐曰"性姿素朴，仪容古雅"。正由于梅花具有雅逸美的气节秉性，因此最受文人雅士的喜爱。张磁提了六条梅的荣宠之道："为烟尘不染；为铃索护持；为除地径净落瓣不溜；为王公旦夕留盼；为诗人阁笔评量；为妙妓淡妆雅歌。"按此标准，赏梅就格外超尘了。

桂花枝繁叶茂，四季常青，加上有关的传说，桂花便具有了仙质、素韵、丹心、妍姿、芳意、凌霜等品格。如屈原有"嘉南洲之炎德兮，丽桂树之冬荣"（《远游》）、南朝范云有"南中有八桂，繁华无四时。不识风霜苦，安知零落期?"（《咏桂树》）等。唐代李白《咏桂》诗曰，"世人种桃李，皆在金张门。攀折争捷径，及此春风暄。一朝天霜下，荣耀难久存。安知南山桂，绿叶垂芳根。"题物言志，既评价了桂花的高贵品格，又抒发了作者洁身自好、蔑视权贵的情感。周敦颐《爱莲说》更把荷花"比德"于君子，他认为荷花出淤泥而不染的特性，正是君子洁身自好的品格的写照，是人们品格磨练的极好榜样。荷花，"可以嗅清香而折醒，可以玩芳华而自逸"，是颇具雅逸精神美的花木。兰被认为最雅。"清香而色不艳"，为"香祖"。兰，绿叶幽茂，柔条独秀，无矫柔之态，无媚俗之意，香最纯正，幽香清远，馥郁袭衣，堪称清香淡雅。菊花耐寒霜，晚秋独吐幽芳，具有不畏风霜恶劣环境的君子品格。宋·陆游诗曰："菊花如端人，独立凌冰霜……高情守幽贞，大节凛介刚"，可谓"幽贞高雅"。陶渊明更有"芳菊开林耀，青松冠岩列；怀此贞秀姿，卓为霜下杰"，赞美菊花不畏风霜的君子品格。

宋朝张景修的十二客之说，以牡丹为贵客、梅花为清客、菊花为寿客、瑞香为佳客、丁香为素客、兰花为幽客、莲花为净客、桂花为仙客、茉莉为远客、蔷薇为野客、芍药为近客、酴醾为雅客。曾瑞伯则有十友之说，以酴醾为韵友、茉莉而雅友、瑞香为殊友、荷花为净友、桂花为仙友、海棠为名友、菊花为佳友、芍药为艳友、梅花为清友、栀子为禅友。

不同立地条件下的观赏植物也会表现出不同的风貌，令人产生不同联想。如扎根山体裸石，危崖陡壁的苍松，多悬根露爪，枝干屈曲，显逆境求生之气魄；而寄身平原沃土的青松，则高耸挺拔，亭如华盖，具万古不朽之神魂。

二、比兴与象征

比德侧重于通过花木形象寄托，推崇某种高尚的道德人格，而比兴是借花木形象含蓄地传达某种情趣、理趣，诸如牡丹代表富贵，古人称牡丹为"花王"；"石榴有多子多福之意"；"紫荆象征兄弟和睦"；"竹报平安"；"玉棠富贵"；"前榉后朴"等。善用比兴，赋予花草观赏植物以一定象征寓意，其内涵多是"福"、"禄"、"平安"、"富贵"、"如意"、"和谐美满"等吉祥的祝愿之意，如皇家园林中常用玉兰、海棠、迎春、牡丹、芍药、桂花象征"玉堂春富贵"。这是中国传统赏花的一个突出特点。现代，人们常用紫藤表示欢迎，用凌霄表示声誉和名声，忍冬表示高洁和忠实的爱情等。

象征是指用某种符号示意某个对象，符号自身与原事物之间存在着比较普遍的联想规则。例如在柏林的苏联红军纪念碑，一个主题为"悲伤的母亲"的雕塑后，有两种不同形态的植物：一种是垂直向上的姿态，它象征着那些烈士们的崇高，渲染出一种庄严的气氛；另一种是弯曲向下的姿态，它垂下的枝条与母亲雕像的垂头相呼应，深切的渲染出一份深深的哀思。在我国，香椿（*Toona sinensis*）象征着长寿。《庄子逍遥游》"上古有大椿者，以八千岁为春，八千岁为秋。"古人称父为"椿庭"，祝寿称"椿龄"。柳树枝条细柔、随风依依，象征着情意绵绵，且"柳"与"留"谐音，故而古人常以柳喻别离，《诗经·小雅》有"昔我往矣，杨柳依依。"桑梓代表故乡。《诗经·小雅》有"维桑与梓，必恭敬止"，意为家乡的桑树与梓树是父辈种植的，对他们应表示敬意。自古以来桑树与梓树均常植于庭院，故以"桑梓"指家乡。红豆表示相思、恋念。唐代王维《红豆诗》云："红豆生南国，春来发几枝，愿君多采撷，此物最相思。"桃、李表示门生，古有"桃李不言，下自成蹊"。在欧洲，"许多树木和花卉在基督教传统仪式中也起了重要作用"（《布留沃成语与寓言词典》），许多植物最初用于宗教活动，如栎树是主神朱庇特的象征，百合花是主神朱庇特妻子朱诺的象征，月桂是太阳神阿波罗的象征……。

三、诗词歌颂

中国历史悠久，文化灿烂，我国对园林植物的美感，多以诗词来表达其深远意境。从欣赏植物景观形态美到意境美是欣赏水平的升华。我国历代文人墨客留下了大量描绘花木的诗词歌赋。刘禹锡吟咏栀子、桃花、杏花，杜牧常以杏花、荔枝为题，而扬州琼花之名满天下，实因文人的大量咏颂而起。《花经》云："夫人之生于斯世，衣食住行四要素外，当再别谋精神之寄托；顾寄托之道多端，其可以朝对而夕赏，悦心目，快朵颐者，其惟花木乎？种菊东篱下，此陶靖节之精神寄托于数茎黄花也；不可一日无此君，此王子猷之精神寄托于几竿箓竹也；他如林君复之植梅，周濂溪之爱莲，延及有清……"如桂花花虽小，但花期长，香气浓郁，且有别于兰花的幽香、梅花的淡香、水仙的清香、荷花的微香，既是浓郁的，又是清淡的，让人难忘而记忆深刻，故古人赞之曰"清可绝尘、浓能溢远"，因其有"韵"，便是仙香了。古人描写桂花的诗词极多，著名的有宋代邓肃《木犀》诗，"雨过西风作晚凉，连云老翠入新黄。清风一日来天阙，世上龙涎不敢香。"描写桂花开时，连名贵香料龙涎也不香了。杨万里还有"不是人间种，移从月里来。广寒香一点，吹得满山开"、"衣溅蔷薇与水麝，韵和月杵应霜砧。余芬熏入旃檀骨，从此人间有桂沉"等描写桂香的诗句。词人杨无咎有《蓦山溪·木犀》词云："浓香馥郁，庭户宜熏透。十里远随风，又何必、凭阑细嗅。明犀一点，暗里为谁通？秋夜水，月华寒，无寐听残漏。"辛弃疾作《清平乐·木犀》，口语入词，清新平易，"月明秋晓，翠盖团团好。碎剪黄金敷恁小，都着叶儿遮了。折来休似年时，小窗能有高低。无顿许多香处，只消三两枝儿。"这些诗词，使得桂花称为我国传统的著名香花植物。宋代理学大师朱熹的"亭亭岩下桂，岁晚独芬芳。叶密千层绿，花开万点黄"也是一首很有名气的咏桂诗，语言自然朴实，不但描绘了桂花秋季"独芬芳"的品格，而且把桂花的习性、物候以及挺拔的主干、层叠的枝叶和稠密的花朵描绘得淋漓尽致。

梅花花开占百花之先，凌寒怒放，六朝时梅花便以花而著名，经过唐宋，则居于众花之首。描写梅花的诗词，较早的有南北朝时期梁·何逊的"衔霜当路发，映雪拟寒开"、陈·阴铿的"春近寒虽转，梅舒雪尚飘"等。唐朝留下了大量咏颂梅花的诗篇，如刘言史的《竹里梅》"竹里梅花相并枝，梅花正发竹枝垂。风吹总向竹枝上，直似王家雪下时"；吴融的《旅馆梅花》"清香无为敌寒梅，可爱他乡独见来。为忆故溪千万树，几年辜负雪中开"；韩偓的"湘浦梅花两度开，直应天意别栽培。玉为通体依稀见，香号返魂容易回"等。而宋朝林逋的"众芳摇落独暄妍，占尽风情向小园。疏影横斜水清浅，暗香浮动月黄昏"和明朝杨维桢的"万花敢向雪中开，一树独先天下春"则都是梅花的传神之作，被千古咏诵。而说起白梅，几乎人人都能吟诵"梅须逊雪三分白，雪却输梅一段香。"陆游喜爱梅花，以梅比作自己，当年在浣花溪，一定种了许多梅花，因为他在诗中写到"当年走马锦城西，曾为梅花醉似泥。二十里中香不断，青阳宫到浣花溪"；"闻道梅花坼晓风，雪堆遍满四山中。何方可化身千亿，一树梅花一放翁"。

宋代石《西湖荷花》一诗对于月夜赏荷的意境美写得如画如歌，"夜深人静月明中，方识荷花有真趣；水天倒浸碧琉璃，净质芳姿澹相顾；亭亭翠盖拥群仙，轻风微颤凌波步；酒晕潮红浅渥唇，肤如凝脂腰束素；一捻香骨薄裁冰，半破芳心娇泣露；湖光花气满衣襟，月落波寒浸香雾；恍然人在蕊珠宫，便欲移家临水住"。宋代周敦颐《爱莲说》令荷花成为君子的代名词，并且传颂于今，"予独爱莲之出淤泥而不染，濯清涟而不妖，中通外直，不蔓不枝，香远益清，亭亭净植，可远观而不可亵玩焉……莲，花之君子者也。"杨万里的两首诗："接天莲叶无穷碧，映日荷花别样红"描述的是荷花的色彩美及观赏到此景时愉悦的心情。

颂兰的诗词也很多，张羽（明）诗中"能白更兼黄，无人亦自芳，寸心原不大，容得许多香"，表达了兰色与兰香。郑燮（清）诗曰"兰草已成行，山中意味长。坚贞还自抱，何事斗群芳"则说明了幽兰在深山中独自芳香，不为喧闹烦恼。菊花因其色黄，又称为黄花，"吾家满山种秋色，黄金为地香为国"描写了菊花花开时节的色彩美与时空观。陆游诗曰："菊花如端人，独立凌冰霜……高情守幽贞，大节凛介刚"，可谓"幽贞高雅"。陶渊明诗曰"芳菊开林耀，青松冠岩列。怀此贞秀姿，卓为霜下杰"。优良庭园树槐树，唐代白居易便在《庭槐》一诗中写道："蒙蒙碧烟叶，袅袅黄花枝，人生有情感，遇物牵所思"。从上述诗中，我们看出，古代人赏花追求自然天趣，更推崇物我两忘的赏花境界，以花自喻，以花抒情。而现代诗对植物的描写更多的是表达对人民的热爱，如对梅花，有毛主席诗词"俏也不争春，只把春来报，待到山花烂漫时，她在丛中笑"；陈毅诗中"隆冬到来时，百花迹已绝，红梅不屈服，树树立风雪"，象征其坚贞不屈的品格。描写松树是"大雪压青松，青松挺且直，要知松高洁，待到雪化时"。兰与菊也有陈毅诗："幽兰在山谷，本自无人识，不为馨香重，求者遍山隅"；"秋菊能傲霜，风霜重重恶，本性能耐寒，风霜奈其何"。

四、民间传说

我国园林植物栽培历史悠久，很多植物具有优美的传说，形成了意境美的重要内容。以桂花为例，农历八月古称桂月，是赏桂的最佳月份。桂花与明月，很早就联系在一起，因此"桂魄"、"桂轮"、"桂月"、"桂窟"等都成为月亮的代称，"嫦娥奔月"、"吴刚伐桂"等神话传说也早已脍炙人口，而借喻仕途得志、飞黄腾达的"蟾宫折桂"，更是一般文人向往的目标。唐代段成式《酉阳杂俎》云："旧言月中有桂，有蟾蜍。故异书言，月桂高五百丈，下有一人常斫之，树创随合。人姓吴名刚，西河人，学仙有过，谪令伐树。"从此为冷清的月亮增添了勃勃生机，桂花也成为月宫的一大象征。李商隐的"月中桂树高多少，试问西河斫树人"，白居易的"遥知天上桂花孤，试问嫦娥更要无？月宫幸有闲田地，何不中央种两株"以及杜甫的"斫却月中桂，清光应更多"等诗句描写的都与这个神话有关。南朝的陈后主（583～589）则按照这一神话，专为爱妃张丽华造桂宫，"于光昭殿后，作圆门如月，障以水晶，后庭设素粉罘罳（即素色屏风），庭中空洞无他物，惟植一桂树，树下置药杵臼，使丽华恒驯一白兔，时独步于中，谓之月宫。"正是由于月宫中有桂树的传说，便由此也有了"蟾宫折桂"的说法，折桂成为中举的象征。据《晋书·郤诜传》记载，"（诜）以对策上第，拜议郎……累迁雍州刺史。武帝于东堂会送，问诜曰：卿自以为何如？诜对曰：臣举贤良对策，今为天下第一，犹桂林之一枝，昆山之片玉。帝笑。"此后，"桂林一枝"成为出类拔萃、独领风骚的同义词，再联系到月宫中的桂树，便又有了"蟾宫折桂"一说。

再如，我国古代将桃树尊为神树、圣树，因为传说东海有度索山，山有巨大桃树，屈曲盘旋三千里（东方朔《十洲记》）。桃还是长命百岁的象征，这与王母娘娘蟠桃园的传说有关，南朝·宋时王俭的《汉武故事》载："王母曰：此桃三千年开花，三千年结实。"《神农经》中也有"玉桃服之，长生不死"的记载。而在欧洲古代美丽的神化传说中，月季是与希腊爱神维纳斯同时诞生的，因而象征着爱情真挚、情浓、娇羞和艳丽，而且不同的花色还各有含义。如红月季代表热情与贞洁，象征热恋；粉红月季代表爱心与特别的关怀，也预示着初恋的开始；白月季代表尊敬和崇高；黄月季代表嫉妒和不贞；绿月季代表纯真和俭朴；橙红色的月季则象征着富有青春气息。

五、园林题咏

即运用匾额、楹联、诗文、碑刻等内容的提示来揭示植物景观更深层次的文化内涵，这些手法可称为"点景"，在艺术上起到画龙点睛、点石成金、锦上添花之作用。匾额、楹联、诗文、碑刻借助语言的表达功能能够让欣赏者从眼前的物象，通过形象思维，展开自由想象升华到精神的高度，产生"象外之象"、"景外之景"、"弦外之音"的境界即意境。古典园林特别是私家园林，可以说主要是用这种手法来达到造园者对自然、社会、人生的深刻理解，并借此获得精神上的一种超脱与自由境界的目的。

如拙政园中的远香堂、留听阁都是以荷花为主景，但运用匾额的形式使两处景观截然不同而又各有特色。远香堂前池中浓墨重彩植满荷花突出主题，匾额取咏荷花意境最高远的北宋周敦颐的《爱莲说》中"香远益清"句意命名，从而使人联想到主人在污浊的世界里仍能洁身自好保持君子品格；而留听阁则不一样，它以残荷为主景，如果没有取唐朝诗人李商隐的"秋阴不散霜飞晚，留得枯荷听雨声"之意的"留听阁"匾额点题，我们是很难体会到园主在此的用心良苦，更不知道园主所要表达的那种坚贞不败的永不放弃精神，一个"留听阁"命名就让人由荷花的一个自然特征想到人的本质力量：荷花水上部分秋天枯掉，但藕仍具生命力，来年必然新枝嫩叶焕然一新，也就是说，叶枯是表面现象，藕是本体，只要本体不死，就永远有希望，这就是通过命名可以想象到的园主那种坚贞不败的精神。扬州个园四季假山游园一周，如度一年之感，这些都是通过比拟和联想手法而达到预期的意境空间拓展。园林中许多景观的形成都与花木有直接或间接的联系，如"万壑松风"、"松壑清月"、"梨花伴月"、"金莲映月"，都是以花木作为景观的主题而命名。

六、光影色香声及四季变化

光与影可以使园林植物景观富于层次、富于深度。泰山普照寺内有一株古老、高大的松树，最美的景观是当月亮升起来时，月光被枝叶分割成无数的光束洒在地面上，古人在此竖立了一块山石，上面镌刻两个中国字"筛月"。多么富于诗意，这就是光的艺术。所以植物一旦与日光、月光、烛光、水面、冰面、镜面等结合起来，就会形成各色各样的光影美，如诗如画，妙不可言。如檐下的阴影、梅旁的疏影、树下花下的碎影，以及水中的倒影，最富诗情画意的首推粉壁影和水中倒影。而粉壁作为竹石花木的背景，在自然光线作用下，或在日月之照耀下，便花木摇曳，落影斑斑，"粉墙花影自重重"。水中倒影在园林中更为多见，倒影比实景更具空灵之美。如岸边垂柳的倒影、水中荷花的倒影、岸畔高大乔木的倒影都给人无限的诗情画意之感受。

色彩是丰富园林植物景观艺术的精髓，可以引起、产生丰富的联想。利用植物色彩渲染空间气氛，烘托主题，可给人一种或淡雅幽静、清馨和谐，或富丽堂皇、宏伟壮观之感，极大地丰富了意境空间。在承德避暑山庄中的"金莲映日"一景，大殿前植金莲万枝，枝叶高挺，花径二寸余，阳光漫洒，似黄金布地。康熙题诗云"正色山川秀，金莲出五台，塞北无梅竹，炎天映日开。"可见当年金莲盛开时的色彩，所呈现的景色气氛，使诗人诗情焕发。

声响也是园林中激发诗情的重要媒介。《园冶》中"鹤声送来枕上"，"夜雨芭蕉，似鲛人之泣泪"，杭州西湖的"柳浪闻莺"，避暑山庄的"万壑松风"，拙政园中的"留得枯荷听雨声"的留听阁及"听雨入秋竹"的听雨轩等都极富诗意。

赏花时更喜闻香，所以如木香、月季、菊花、桂花、梅花、白兰花、含笑、夜合、米兰、九里香、木本夜来香、暴马丁香、茉莉、鹰爪花、柑桔类备受欢迎。香气能诱发人们的精神，使人振奋，产生快感，因而香气亦是激发诗情的媒介，形成意境的因素。例如拙政园"远香堂"，南临荷池，每当夏日，荷风扑面，清香满堂，可以体会到周敦颐《爱莲说》中"远香益清"的意境。苏州网师园中的"小山丛桂轩"庭院，呈狭长形，庭中以桂花为主间以蜡梅、白玉兰、槭树、西府海棠、鸡爪槭等，突出"小山丛桂"主题同时也做到四季有景，桂花开时，异香袭人，意境十分高雅。

植物随着年龄和季节的变化，各种美的表现形式均会不断地丰富和发展，在时空上处于动态变化之中。我国很早就注意到花木配植的季相景观，素有"花信风"的说法。"花信风"是与"候"相对应的，而"候"是指我国农历自小寒至谷雨共四月八气、一百二十日，每五日为一候，共计二十四候。每候应一种花信，即为二十四番花信风。宋代文人欧阳修在守牧滁阳期间，筑醒心、醉翁两亭于琅琊幽谷，他命其幕客"杂植花卉其间"，使园能够"浅深红白宜相间，先后仍须次第栽；我欲四时携酒去，莫教一日不开花！"诗中明确提出了不管栽种何种花木，一定要实现"四时携酒"皆能赏花的目标，也就是花木配植的季相原则。植物四季的变化会给人带来不同的心理感受，产生深远的意境。早春三月，新叶展露、繁花竞放，使人欢愉；仲夏时节，群树葱茏、片片绿荫，令人神往；秋高气爽，果实累累、霜叶绚丽，让人陶醉；隆冬腊月，雪压枝冠、松高枝洁，令人肃然。

宋吴自牧在《梦粱录》中记载杭州西湖的四时之景，"春则花柳争妍，夏则荷榴竞放，秋则桂子飘香，冬则梅花破玉，瑞雪飞瑶"。《园冶》中有许多诗句，也多涉及花木的开谢与时令的变化以及花木配置的句子。如"衣不耐新凉，池荷香绾，梧叶忽惊秋落，虫草鸣幽"。"但觉篱残菊晚，应探岑暖梅先"。又如"梧荫匝地，槐荫当庭"，"插柳沿堤，栽梅绕屋"，"院广堪梧，堤湾宜柳"，"风生寒峭，溪湾柳间栽桃；月隐清征，屋绕梅余种竹，似多幽趣，更入深情"。明代刘侗所著《帝京物略》，其中"白石庄"一园有这样描叙："庄所取韵皆柳，柳色时变，闻着惊之；声亦时变也，静着省之。春，黄浅而芽，绿浅而眉；春老，絮而白；夏，丝迢迢以风，阴隆隆以日；秋，叶黄而落，而坠条当当，而霜柯鸣于树"。这是就垂柳四时之景的生动描写。清陈淏子在《花镜》序中曰，"春时梅呈人艳，柳破金茅，海棠红媚，兰瑞芳绮，梨梢月浸，桃浪风斜，树头蜂抱花须，香径捷迷林下。一庭新色，遍地繁华；夏日榴花烘天，葵心倾日，荷盖摇风，杨花舞雪，乔木郁翁，群葩敛实。簧清三径之凉，槐荫两阶之灿。紫燕点波，锦鳞跃浪；秋时金风播爽，云中桂子，月下梧桐，篱边丛菊，沼上芙蓉，霞升枫柏，雪泛荻芦。晚花尚留冻捷，短砌犹噪寒颤；冬至于众芳摇落之时，而我圃不谢花，尚有枇杷累压，腊瓣舒香，茶苞含五色之葩，月季呈现四时之丽。檐前碧草，窗外松筠"。把一年四季庭园花木景色，描写得如诗如画。安徽歙县"檀干园"景亭上有一楹联"喜桃露春浓，荷云夏净，桂风秋馥，梅雪冬妍，地偏历俱忘，四时且凭花事告"，描绘了花木四季时序之景。

西湖景区的四季植物景观也是典范。苏堤和白堤突出春景，苏堤为反映"苏堤春晓""六桥烟柳"的意境，主要栽种垂柳和碧桃，并增添日本晚樱、海棠、迎春、溲疏等开花乔灌木，配以艳丽的花卉及碧草；白堤为体现桃柳主景，就以碧桃，垂柳沿岸相间栽植。曲院风荷突出夏景，充分利用水面，并在"荷"字上作文章。为体现"接天莲叶无穷碧，映日荷花别样红"的意境，选择了荷花、木芙蓉、睡莲，及荷花玉兰作为主景植物，并配植紫薇、鸢尾等，使夏景的色彩不断。平湖秋月突出秋景，要达到赏月、闻香、观色。在景区中种植了红枫、鸡爪槭、柿树、乌桕等秋色叶树种以观色，再植以众多的桂花，体现"月到中秋桂子香"的意境，此外，还配植了含笑、栀子等花灌木及芳香的晚香玉。孤山放鹤享，伴随着优美动人的"梅妻鹤子"传说，成片栽植梅花，体现香雪海的冬景。由于夏日梅花叶片易卷曲、凋落，故配植些蜡梅、迎春、美人蕉等植物予以补偿。扬州个园为烘托四季假山，春景配竹子、迎春、芍药、海棠；夏山有蟠根垂蔓，池内睡莲点点，山顶种植广玉兰、紫薇等高大乔木，营造浓荫覆盖之夏景；秋景以红枫、四季竹为主；冬山则配植斑竹和梅。

第五节　园林植物的质感

　　植物的质感景观是人们对植物整体上、直观的感觉，也是植物重要的观赏特性之一，但往往被人们忽视。它不如色彩那么引人注目，也不像姿态、体量为人们所熟悉，但却是一个能引起丰富心理感受，对景观的协调性、多样性、空间感，对设计的协调、观赏情感与气氛有着很深影响的因素。因此，在植物景观设计中非常重要。

　　质感是植物材料可视或可触的表面性质，如单株或群体植物直观的粗糙感和光滑感。植物的质感由两方面决定：一是植物本身的因素，即叶片大小、表面粗糙程度、叶缘形状、枝条长短与排列、树皮外形、综合生长习性等；另一方面是外界因素，如观赏距离、环境中其他材料的质感等。

　　一般而言，叶片较大、枝干疏松而粗壮、叶表面粗糙多毛、叶缘不规整、植物的综合生长习性较疏松者，质感也粗壮，如构树（*Broussonetia papyrifera*）、泡桐；反之，则质感细腻，如合欢、文竹（*Asparagus plumosus*）。

　　植物的质感有较强的感染力，不同质感给人们带来不同的心理感受。如纸质或膜质的叶片，呈半透明状，给人以恬静之感；革质叶片厚而色深，具有较强的反光能力，有光影闪烁的感觉；粗糙多毛的叶片给人以粗野之感。

一、植物质感的类型

　　不同质感的植物在景观中具有不同的特性。根据植物的质地在景观中的特性与潜在用途，可将植物分为三类质地型：粗质型、中质型、细质型（图1-19）。

图1-19　质感的类型

（一）粗质型

　　粗质型植物通常具有大而多毛的叶片、粗壮而稀疏的枝干（无细小枝条）、疏松的树形。常见的有：构树、木芙蓉、棕榈、泡桐、悬铃木、槲树、火炬树、广玉兰、梓树、枇杷、核桃、柿树、红鸡蛋花（*Plumeria rubra*）、梧桐、刺桐（*Erythrina variegata*）、欧洲七叶树（*Aesculus hippocastanum*）、木棉、栲树（*Castanopsis fargesii*）、龙舌兰、苏铁、绣球等。

粗质型植物给人以强壮、刚健之感。当其置于中粗或细质型植物丛中，会具有强烈的对比，产生"跳跃"感，从而引入注目。因此，在景观设计中常作为突出景物或视线焦点，吸引观赏者的注意力。但宜适度使用，以免它在布局中喧宾夺主，造成主次不分，或使人们过多地注意零乱的景观。

粗质型植物组成的园林空间有粗鲁、疏松、空旷、模糊之感，缺少细致的情调。多用于不规则的景观中，不宜配置在要求有整洁形式和鲜明轮廓的规则景观中。

粗质型植物有使景物趋向赏景者的动感，造成观赏距离与实际距离短的幻觉，使空间显得狭窄而拥挤。因此，宜用在那些超过人们正常舒适感的现实范围中，即具有高的或广阔的空间中，而在狭小空间中如小庭院、宾馆内庭、小区宅旁绿地中应慎用。

(二)中质型

中质型植物指具有中等大小叶片、枝干及具有适度密度的植物。多数植物属于此类。如女贞、国槐(*Sophora japonica*)、银杏、刺槐、紫薇、木槿、朴树、榕树、无患子、紫荆、金盏菊等。同为中粗型植物质感上仍然有较大的差别，如紫荆在质感上比紫薇粗犷。

与粗质型植物相比，该类型植物透光性较差，轮廓较明显。在植物景观设计中，中粗型植物往往充当粗质型和细质型植物的过渡成分，使整个景观布局统一和谐。因此，作为各布局的连接成分，中质型植物具有统一整体的能力。

(三)细质型

细质型植物具有许多小叶片和微小脆弱的小枝，以及具有整齐密集而紧凑的冠型特性。如文竹、天门冬(*Asparagus cochinchinensis*)、榉树、鸡爪槭、红枫、合欢、金凤花(*Caesalpinia pulcherrima*)、菱叶绣线菊(*Spiraea vanhouttei*)、龟甲冬青、黄杨、珍珠梅、迎春、地肤(*Kochia scoparia*)、沿阶草(*Ophiopogon japonicus*)、酢浆草及刈剪后的草坪。

细质型植物看起来柔软纤细，在风景中极不醒目。因此具有一种远离赏景者的倾向，从而有扩大空间距离之感，在布局中往往为人们最后观赏到，而最先在观赏视线中消失。这一特征，在紧凑狭小的空间中使用效果显著。

细质型植物叶小而枝浓密，轮廓非常清晰，外观文雅而密实，有些植物耐人工修剪，可形成不同的观赏形式，表现出多种观赏特性。如作背景材料，可呈现出整齐、清晰规整的背景特征，也是组成花坛以及道路分车带、绿带的主要类型。

二、植物质感的特性与应用

(一)植物质感的特性

植物的质感具有可变性和相对性。

1. 质感的可变性

质感的可变性指某些植物的质感会随着季节和观赏距离的远近而表现出不同的质感类型。如乌桕在夏季呈现轻盈细腻的质感，而在冬季落叶后具有疏松粗糙的质感。对于落叶植物而言，在冬季植物的质感取决于茎干、小枝的数量和位置；在有叶的季节，则首先取决于叶子的大小、形状、数量和排列。不同季节植物色彩的变化也会影响质感，如樟树在早春时呈现嫩绿、嫩红的轻盈柔嫩的质感，而在冬末展新叶前，深绿和红褐色的老叶给人厚重的中粗质感。

同时，植物的质感也随观赏距离而改变。在近距离时，单个叶片的大小、形状、外表以及小枝条的排列都影响着质感；而从远距离观赏时，这些细节消失了，枝干的密度和植物的一般生长习性决定着质感。如火炬树，近观时叶片柔软，薄而透明，质感较细腻；远观时，由于枝干粗壮稀疏，有粗壮感。有些植物近观时美感度高，远观时由于质感的变化，美感度降低，如天门冬、虞美人（*Papaver rhoeas*）等宜近距离观赏。相反，木芙蓉宜远距离观赏。

2. 质感的相对性

植物质感的相对性是指受相邻植物、建筑物和构筑物等外界因素的影响，植物的质感会发生相对的改变。如万寿菊与质感粗壮的构树种植在一起，具有细质感；与地肤或文竹等同植，则显得粗壮。同样是孔雀草，在大理石墙前比在毛石墙前具有较粗壮的质感。

（二）植物质感的应用

不同植物具有不同质地，且相同植物在不同生长季节与环境中具有可变的质感。因此，设计者首先应把握住所用植物的质感特征。

植物质感会影响到设计布局的协调性、多样性、空间感及空间氛围与情调。因此，应遵循美学原理，巧妙合理地应用质感来营造景观。

（1）注意统一与协调。包括与植物组群之间、周围环境之间及空间大小之间的协调。同种植物的应用是一种很好的质感调和。大空间内可以粗质型植物居多，空间显得粗糙刚健，而具有良好配合；小空间则以细质型植物居多，显得整齐而愉悦。如在小鹅卵石路边的配置麦冬，则质感协调统一。

（2）注意质感的多样性。均衡使用三种不同质感类型的植物，质感种类少，布局显得单调，种类太多，则又显得杂乱。

（3）过渡自然，比例合适。空间与空间的过渡与相连处采用质地相近的材料作过渡与衔接，可使景观相互交融。如果不同质地植物的小组群过多，或从粗质型到细质型植物的过渡太突然，则易使布局显得凌乱。

（4）在质感的选取和使用上必须结合植物的体量、姿态和色彩，以便增强质感的功能。如果一个布局中立意要突出某个体的姿态或色彩，那么其他个体宜选细质型植物作背景衬托。

（5）善于利用质感对比来创造重点，达到突出景物的效果。如在林缘，由近至远依次是丝兰（*Yucca filamentosa*）、小叶女贞、山茶、樟树，这样质感的强烈对比，而突出了丝兰的粗质质感，拉开了景观层次。又如，苔藓的光滑柔软与石头的坚硬强壮的配合，由于质感的对比效果，比草坪和石头的对比更优越，从而从质感对比中创造了美。

第六节　园林植物的芳香

一般艺术的审美感知强调视觉和听觉的感赏，只有植物中的嗅觉感赏具有独特的审美效应。"疏影横斜水清浅，暗香浮动月黄昏"道出了玄妙横生、意境空灵的梅花清香之韵。人们通过感赏园林植物的芳香，得以绵绵柔情，引发种种回味，产生心旷神怡、情绪欢愉之感，如邓肃赞木犀曰"清风一日来天阙，世上龙涎不敢香"，朱淑真有"最是午窗初睡醒，熏笼赢得梦魂香"来描写瑞香。

熟悉和了解园林植物的芳香种类，包括绿茵似毯的草坪芬芳，远香益清的荷香，尤其是编排好香花植物开花的物候期，充分发挥嗅觉的感赏美，配置成月月芬芳满园、处处浓郁香甜的香花园，是植物造景的一个重要手段。

花香可以刺激人的嗅觉，从而给人带来一种无形的美感——嗅觉美。自然界中有大量植物的花具有芳香，且香味有浓有淡，给人不同的心理美感。如茉莉之清香，桂花之甜香，含笑、白兰之浓香，玉兰、蔷薇之淡香，米兰（*Aglaia odorata*）之幽香。清香怡人，浓香醉人，而棕榈、肉桂（*Cinnamomum cassia*）、松针的芳香具有杀菌驱蚊的功效。目前，香花植物越来越受到重视，在园林植物造景和室内装饰中逐步得到了应用。

植物的芳香可随着温度和湿度的变化而变化。一般而言，温度高、阳光强烈，则香味浓郁，但夜来香（*Telosma cordata*）、晚香玉、夜合花（*Magnolia coco*）等在夜晚和阴雨天空气湿度大时才散发芳香。

一、香花植物

常见的香花植物有：桂花、茉莉、蜡梅、柳叶蜡梅、金粟兰、米兰、伊兰（*Cananga odorata*）、鹰爪花、栀子（*Gardenia jasminoides*）、夜来香、九里香（*Murraya exotica*）、含笑、白兰花、黄心夜合（*Michelia martini*）、玫瑰、野蔷薇、木香、梅花、香雪山梅花（*Philadelphus* × *lemoinei*）、月季、代代花（*Citrus auratium* var. *amara*）、丁香、夹竹桃、鸡蛋花、络石、菊花、瑞香（*Daphne odora*）、结香、刺槐、散沫花（*Lawsonia inermis*）、野茉莉（*Styrax japonica*）、山矾（*Symplocos sumuntia*）、香茶藨（*Ribes odoratum*）、臭牡丹（*Clerodendrum bungei*）、海桐、糠椴（*Tilia mandshuruca*）、夜香树（*Cestrum nocturnum*）、珊瑚树、香龙血树（*Dracaena fragrans*）、扁叶香荚兰（*Vanilla planifolia*）、荷花（*Nelumbo nucifera*）、水仙、兰花、晚香玉、玉簪、马蹄莲（*Zantedeschia aethiopica*）、昙花（*Epiphyllum oxypetalum*）等。

二、分泌芳香物质的植物

常见分泌芳香物质的植物有：樟树、浙江樟（*Cinnamomum chekiangense*）、肉桂、月桂（*Laurus nobilis*）、山苍子（*Litsea cubeba*）、山胡椒（*Lindera glauca*）等大多数樟科植物，柑橘类、枸橘、花椒等芸香科植物，八角（*Illicium verum*）、红茴香（*I. henryi*）等八角科植物，藿香（*Agastache rugosa*）、薄荷（*Mentha haplocalyx*）、紫苏（*Perilla frutescens*）等唇形科植物；各种松柏类，菖蒲（*Acorus calamus*）、浙江蜡梅、胡桃、柠檬桉、白千层（*Melaleuca leucadendra*）、桂香柳、蒙古荻（*Caryopteris mongolica*）、兰香草（*C. incana*）、万寿菊、香叶万寿菊（*Tagetes lucida*）、香椿（*Toona sinensis*）等。

思考题

1. 从园林造景应用的角度，分析乔木和灌木的类型和景观作用。

2. 调查当地常见园林树木的树形，探讨它们在造景中的功能作用。

3. 对当地重要园林植物的观赏期和观赏要素进行总结。

4. 质感景观是植物重要的观赏特性之一，但往往被人们忽视。选择一个植物景观，对其植物质感的运用进行分析。

5. 素描速写当地主要乔灌木的树形。

6. 通过查阅资料，总结中国十大传统名花及其他著名观赏植物如紫薇、桃花、苏铁、梧桐、竹子等的栽培历史和其代表的文化特点。

7. 什么是色叶植物（色叶树种）？对当地的色叶植物种类进行调查，总结其色彩类型、变色期及色彩呈现的时间。

第二章　园林植物的功能作用

在植物景观设计中，植物主要具有三大基本功能，即生态环境功能、建造功能和美学功能。所谓生态环境功能是指植物能改善小气候、防止水土流失、涵养水源、防风、减噪、遮阴等功能，可为园林创造良好的空间环境质量。建造功能是指植物能在景现中充当像建筑物的地面、天花板、墙面等限制和组织空间的因素，这些因素影响和改变着人们视线的方向，从而形成心理上各种空间感。美学功能除了指植物的美学特性外，还包括植物的完善作用、统一作用、强调作用、识别作用、软化作用等。在一个设计中，孤植或群植的植物至少同时体现出两种或两种以上功能。

第一节　园林植物的建造功能

植物不仅具有诸多的观赏特性，同时还具有建造功能。所谓植物的建造功能是指植物可以用来构成很多建筑设计形式。基本的建筑形式是墙、顶棚和地面。植物能在景观中充当像建筑物的地面、天花板、墙面等限制和组织空间的因素。植物的建造功能主要体现在三个方面，即构成空间、障景和控制私密性。

植物的建造功能对室外环境的总体布局和室外空间的形成非常重要。在植物景观设计过程中，植物的建造功能是首先要考虑和研究的因素之一。确定它们在设计中的建造功能以后，才能考虑其观赏特性。

从构成角度而言，植物是室外环境的空间围合物（图2-1），然而，"建造功能"一词并非是将植物的功能仅局限于机械的、人工的环境中。在自然环境中，植物同样能成功地发挥它的建造功能。

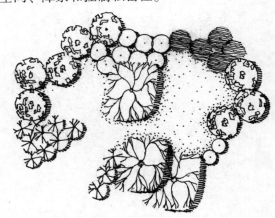

图 2-1　由植物材料限制室外空间
（引自 Norman K. Booth）

一、植物构成空间

所谓空间感是指由地平面、垂直面以及顶平面单独或共同组合成的、具有实在的或暗示性的空间围合。植物可以用于空间中的任何一个平面，即地平面、垂直面和顶平面。

（一）空间的三个构成面

1. 地平面——地板

园林的地面有如建筑地面，为我们提供了园林的基本信息——场地的性质、功能和规格都可以在地面的纹样、质地和材料中体现出来。地面可以由石材、木料、沙砾组成，也可以由不同的植物材料组成。例如草坪草、低矮的地被、模纹花坛的作用都犹如地平面。而在地平面上，可以用不同高度和不同种类的地被植物或矮灌木来暗示空间的边界。在此情形中，植物虽不是以垂直面上的实体来限制着空间，但它确实在较低的水平面上筑起了一道分界线(图 2-2)。例如，在草坪上布置地被植物，二者之间的交界处虽不具有实体的视线屏障，但却暗示着空间范围的不同。就运用植物表达非直接性暗示空间的方式而言，这仅体现了植物构成空间的一个方面。

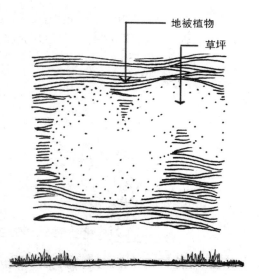

图 2-2　地被和草坪暗示虚空间的边缘
(引自 Norman K. Booth)

2. 垂直面——墙壁

在垂直面上，植物能通过几种方式影响着空间感。

首先，树干如同直立于外部空间中的支柱，多以暗示的方式、而不仅仅是以实体限制着空间(图 2-3)。其空间的封闭程度随着树干的大小、疏密以及种植形式不同而不同。树干越多，那么空间围合感就越强，如自然界中的森林。树干暗示空间的例子在种满行道树的道路、路旁的绿篱以及小块林地中都可以见到。即使对于落叶树而言，冬天无叶的枝干同样能暗示着空间的界限。

图 2-3　树干构成虚空间的边缘

植物的枝叶是影响空间围合的第二个因素。枝叶的疏密度和分枝的高度都影响着空间的闭合感。枝叶越浓密、体积越大，其围合感越强烈。常绿树在垂直面上能形成周年稳定的空间封闭效果，其围合空间四季不变；而落叶树围合空间的封闭程度随着季节的变化而不同(图 2-4)。夏季长满浓密树叶的树丛能形成一个个闭合的空间，从而给人一种内向的隔离感；而在冬季，同是一个空间，则比夏季显得更大、更空旷，因为植物落叶后，人们的视线能够延伸到所限制的空间范围以外的地方。

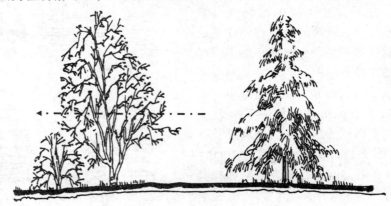

图 2-4　落叶树冬季可以透出视线

3. 顶平面——天花板

植物同样能限制、改变一个空间的顶平面。植物的枝叶犹如室外空间的天花板，限制了伸向天空的视线，并影响着垂直面上的尺度（图 2-5）。由攀援植物构成的棚架、花廊的空间效果更好，可以成为园林中的"绿色客厅"（图 2-6）。当然，此空间也存在着许多可变因素，例如季节、枝叶密度以及树木本身的种植形式等。当树木树冠相互覆盖、遮蔽了阳光时，其顶面的封闭感最强烈。一般而言，用于围合顶平面的树木间距应为 3~5m，如果超过 9m，便会失去视觉效应，顶平面的形成会受到影响。

图 2-5　树冠的底部形成顶平面

图 2-6　由攀援植物构成的棚架的空间效果"绿色客厅"

总之，空间的三个构成面（地平面、垂直面、顶平面）在室外环境中，以各种变化方式互相组合，形成各种不同的空间形式。但不论在何种情况中，空间的封闭度都是随围合植物的高矮、大小、株距、密度以及观赏者与周围植物的相对位置而变化的。例如，当围合植物高大、枝叶密集、株距紧凑，并与赏景者距离近时，会显得空间非常封闭。

(二)利用植物构成和限制空间

在运用植物构成室外空间时，如利用其他设计因素一样，应首先明确设计的目的和空间性质(开旷、封闭、隐密、雄伟等)，然后才能相应地选择和配置设计所要求的植物。

利用植物可构成的基本空间类型有开敞空间、半开敞空间、覆盖空间、完全封闭空间、垂直空间等。

1. 开敞空间

仅用低矮灌木及地被植物作为空间的限制因素而形成的空间为开敞空间。这种空间四周开敞、外向，无隐密性，并完全暴露于天空和阳光之下(图2-7)。

图 2-7　低矮植物形成开阔空间(引自 Norman K. Booth)

2. 半开敞空间

半开敞空间与开敞空间相似，它的空间一面或部分受到较高植物的封闭，限制了视线的穿透。这种空间与开敞空间有相似的特性，但开敞程度较小，其方向性指向封闭性较差的开敞面。这种空间通常适于用在一面需要隐密性，而另一面又需要景观衬托的居民住宅或其他环境中(图2-8)。

3. 覆盖空间

覆盖空间包含两种形式：一种是利用具有浓密树冠的遮阴树，构成顶部覆盖而四周开敞的空间(图2-9)。一般说来，该空间为夹在树冠和地面之间的宽阔空间，人们能穿行或站立于树冠之下。利用覆盖空间的高度，能形成竖向的、垂直的感觉。从建筑学角度来看，犹如我们站在四周开敞的建筑物底层中或有开敞面的车库内。在风景区中，这种空间犹如一

图 2-8　半开敞空间

个去掉低层植被的城市公园。由于光线只能从树冠的枝叶空隙及侧面渗入，因此该空间在夏季显得阴暗，而冬季落叶后显得较明亮开敞。这类空间给人较凉爽的感觉，视线开阔。

另一种类似于此种空间的是"隧道式"(绿色走廊)空间，是由道路两旁的行道树

交冠遮阴形成。这种布置增强了道路直线前进的运动感，使人们的注意力集中在前方(图2-10)。

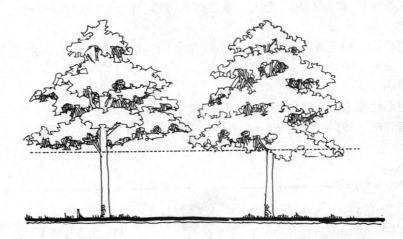

图2-9 覆盖空间(仿 Norman K. Booth)

图2-10 隧道式覆盖空间

4. 全封闭空间

这种空间形式与前面的覆盖空间相似，但最大的差别在于，这类空间的四周均被中小型植物所围合。这种空间常见于森林中，它相当荫蔽，无方向性，具有极强的隐密性和隔离感(图2-11)。

5. 垂直空间

运用高而细的植物能构成一个垂直向上的、朝天开敞的室外空间(图2-12)。该空间垂直感的强弱，取决于四周开敞的程度。在此空间，树木不仅仅作为装饰元素，而且营造了竖向与上部的围合感，就像歌德式教堂，令人翘首仰望，将视线导向空中。设计这种空间，尽可能选用圆锥形植物，因为圆锥形植物越高则显得空间越大，而树冠则越来越小。

图 2-11　完全封闭空间

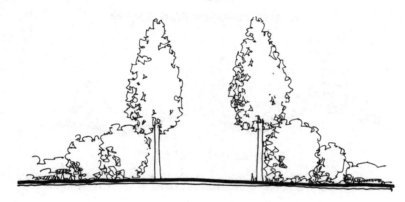

图 2-12　封闭垂直面、开敞顶平面的垂直空间

　　简而言之，仅借助于植物材料作为空间限制的因素，就能建造出许多类型不同的空间。

　　除了运用植物材料营造出各种具有特色的空间外，也能用植物构成相互联系的空间序列。如图 2-13 所示，植物就像一扇扇门，一堵堵墙，引导游人进出和穿越一个个空间。在发挥这一作用的同时，植物一方面改变空间的顶平面的遮盖，一方面有选择性地引导和阻止空间序列的视线。植物能有效地"缩小"空间和"扩大"空间，形成欲扬先抑的空间序列。可

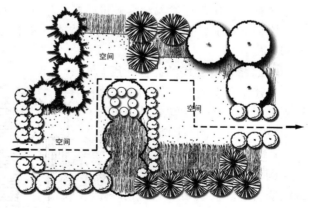

图 2-13　植物以建筑方式构成和连接空间序列
（引自 Norman K. Booth）

以在不变动地形的情况下，利用植物来调节空间范围内的所有方面，从而能创造出丰富多彩的空间序列。

　　不过，在具体进行植物景观设计时，植物通常是与其他要素相互配合共同构成

空间轮廓的。例如，植物可以与地形相结合，强调或消除由于地平面上地形的变化所形成的空间(图 2-14)。如果将植物植于凸地形或山脊上，便能明显地增加地形凸起部分的高度，随之增强了相邻的凹地或谷地的空间封闭感。与之相反，植物若被植于凹地或谷地内的底部或周围斜坡上，将减弱和消除最初由地形所形成的空间。因此，为了增强由地形构成的空间效果，最有效的办法就是将植物种植于地形顶端、山脊和高地，与此同时，让低洼地区更加透空，最好不要种植物。

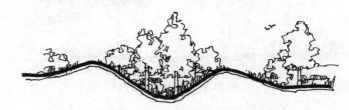

植物减弱和消除由地形所构成的空间

植物增强由地形所构成的空间

图 2-14 植物可以减弱或增强地形所形成的空间(仿 Norman K. Booth)

植物还能改变由建筑物所构成的空间。植物的主要作用，是将各建筑物所围合的大空间再分割成许多小空间。例如在城市环境和校园布局上，在楼房建筑构成的硬质的主空间中，用植物材料再分割出一系列亲切的、富有生命的次空间。如果没有植物材料，城市环境无疑会显得冷酷、空旷、无人情味。乡村风景中的植物，同样有类似的功能，在那里的林缘、小林地、灌木树篱等，都能将乡村分割成一系列空间。

(三)植物对空间的完善作用

从建筑角度而言，植物也可以被用来完善由楼房建筑或其他设计因素所构成的空间范围和布局。

1. 围合

围合的意思就是完善由建筑物或围墙所构成的空间范围。当一个空间的两面或三面是建筑和墙时，剩下的开敞面则用植物来完成或完善整个空间的围合效果(图 2-15)。

2. 连接

连接是指在景观中，通过植物

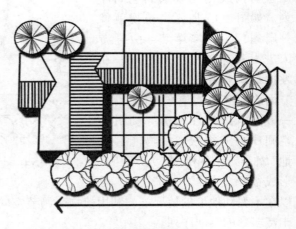

图 2-15 植物的围合作用

将其他孤立的因素从视觉上将其连接成一完整的室外空间。

　　像围合那样，这种连接是合理运用植物材料将其他孤立因素所构成的空间给予更多的围合面（图2-16）。该图是一个庭院图示。该庭院最初由建筑物所围成，但最后的完善，是以大量的乔灌木，将各孤立的建筑有机地结合起来，从而构成连续的空间层次。

　　因此，连接是在一定的园林构思下，运用线型的种植植物的方式，将孤立的因素有机地连接在一起，配置得宜并完善地构出庭院景观的空间层次，从而充分地表达庭院功能。

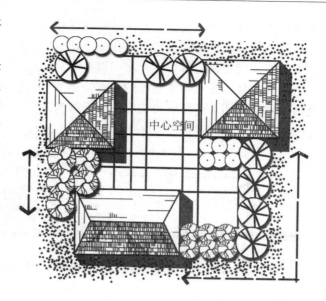

图 2-16　连接作用（引自 Norman K. Booth）

二、障景

　　构成室外空间是植物建造功能之一，它的另一建造功能为障景。植物材料如直立的屏障，不但能控制人们的视线，遮掩不雅观的景物，而且能创造出不同特色的景观。障景的效果依景观的要求而定，若使用不通透植物，能完全屏障视线通过，而使用不同程度的通透植物，则能达到漏景的效果。

　　为了取得一个有效的植物障景，必须首先分析观赏者所在位置、被障物的高度、观赏者与被障物的距离以及地形等因素。所有这些因素都会影响所需植物屏障的高度、分布以及配置。

　　就障景而言，较高的植物虽在某些景观中有效，但它并非占绝对的优势。因此，研究植物屏障各种变化的最佳方案，就是沿预定视线画出区域图（图2-17）。然后将

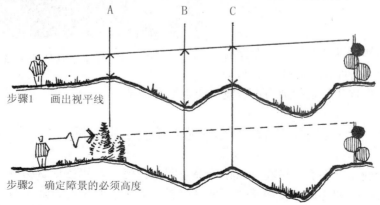

图 2-17　利用植物进行障景的制作（引自 Norman K. Booth）

水平视线长度和被障物高度准确地标在区域内。最后，通过切割视线，就能定出屏障植物的高度和恰当的位置了。在图 2-17 中，A 点为最佳位置。当然，假如视线内需要更多的前景，B 和 C 点也是可以考虑的。

除此之外，另一需要考虑的因素是季节。若需要在各个变化的季节中，植物都能成为障景的话，则常绿植物能达到这种永久性的屏障作用（图 2-18）。

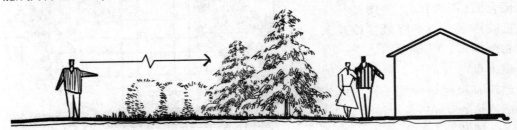

图 2-18　常绿树冬季的屏障作用一样良好（仿 Norman K. Booth）

三、控制私密性

控制私密性的功能与障景功能大致相似。私密性控制就是利用阻挡人们视线高度的植物，对所限区域进行围合。私密控制的目的，就是将空间与其环境完全隔离开。私密控制与障景间的区别在于，前者围合并分割一个独立的空间，从而封闭了所有出入空间的视线，而后者则是慎重种植植物屏障，有选择地屏障视线。私密空间杜绝任何在封闭空间内的自由穿行，而障景则允许在植物屏障内自由穿行。在进行私密场所或居民住宅的设计时，往往要考虑到私密控制。

由于植物具有屏蔽视线的作用，因而私密控制的程度，将直接受植物的影响。如果植物的高度高于 2m，则空间的私密感最强；齐胸高的植物能提供部分私密性（当人坐于地上时，则具有完全的私密感）；而齐腰的植物是不能提供私密性的，即使有也是微乎其微的（图 2-19）。空间的

图 2-19　矮篱不能提供私密性

私密性与人们视线所及的远与近、宽与窄也很有关系。

第二节　园林植物的美学功能

从美学的角度来看，植物可以在外部空间内，将一幢房屋形状与其周围环境联结在一起，统一和协调环境中其他不和谐因素，突出景观中的景点和分区，减弱构筑物粗糙呆板的外观，以及限制视线。因此，应该指出，不能将植物的美学作用仅仅局限在将其作为美化和装饰材料的意义上。

一、完善作用

植物通过重现房屋的形状和块面的方式，或通过将房屋轮廓线延伸至其相邻的周围环境中的方式，而完善某项设计和为设计提供统一性。例如，一个房顶的角度和高度均可以用树木来重现。这些树木具有房顶的同等高度，或将房顶的坡度延伸融汇在环境中（图2-20）。

反过来，室内空间也可以直接延伸到室外环境中，方法就是利用种植在房屋侧旁、具有与天花板同等高度的树冠（图2-21）。所有这些表现方式，都能使建筑物和周围环境相协调，从视觉上和功能上看上去像是一个统一体。

图2-20 植物的完善作用

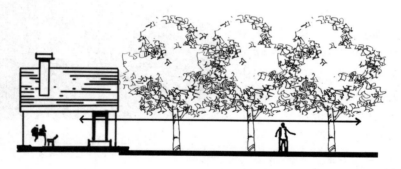

图2-21 室内空间可以直接延伸到室外环境中（引自 Norman K. Booth）

二、统一作用

植物的统一作用，就是充当一条普通的导线，将环境中所有不同的成分从视觉上连接在一起。在户外环境的任何一个特定部位，植物都可以充当一种恒定因素，其他因素变化而自身始终不变。正是由于它在此区域的永恒不变性，便将其他杂乱的景色统一起来。

这一功能运用的典范，体现在城市中沿街的行道树。在这里，每一间房屋或商店门面都各自不同，但行道树可充当与各建筑有关联的联系成分，从而将所有建筑物从视觉上连接成一个统一的整体，从而利用行道树的共同性将街景统一起来（图2-22）。如果沿街没有行道树，街景就会被分割成凌乱的建筑物。

图 2-22　植物的统一功能（引自 Norman K. Booth）

三、强调作用

强调作用，就是在户外环境中突出或强调某些特殊的景物。植物的这一功能是借助它截然不同的大小、形态、色彩或与邻近环绕物不同的质地来完成的。植物的这些相应的特性格外引人注目，它能将观赏者的注意力集中到其所在的位置。因此，鉴于植物的这一美学功能，它极其适合用于公共场所出入口、交叉点、房屋入口附近，或与其他显著可见的场所相互联合起来（图 2-23）。

图 2-23　植物的强调作用

四、识别作用

植物的识别作用，或称标识作用，与它的强调作用极其相似。识别作用，就是指出或"认识"一个空间或环境中某景物的重要性和位置（图 2-24）。植物能使空间或景物更加显而易见，更易被认识和辨明。植物特殊的大小、形状、色彩、质地或排列都能发挥识别作用，这就如种植在一件雕塑作品之后的高大树木。

图 2-24　植物的识别作用

五、软化作用

植物可以用在户外空间中软化或减弱形态粗糙及僵硬的建筑和构筑物。无论何种形态、质地的植物，都比那些呆板、生硬的建筑物、构筑物和无植被的环境更显得柔和。被植物所柔化的空间，比没有植物的空间更诱人，更富有人情味(图2-25)。

图 2-25　植物的软化作用

六、框景作用

植物对可见或不可见景物，以及对展现景观的空间序列，都具有直接的影响。

植物以其大量浓密的叶片、有高度感的枝干屏蔽了两旁的景物，为主要景物提供开阔的、无阻拦的视野，从而达到将观赏者的注意力集中到景物上的目的。在这种方式中，植物如同众多的遮挡物，围绕在景物周围，形成一个景框，如同将照片和风景油画装入画框一样(图2-26)。

图 2-26　植物的框景作用(仿 Norman K. Booth)

第三节　园林植物的生态功能

植物是城市生态环境的主体，在改善空气质量、除尘降温、增湿防风、蓄水防洪以及维护生态平衡、改善生态环境中起着主导和不可替代的作用。植物的生态效益和环境功能是众所公认的，因此植物造景最具价值的功能是生态环境功能。建设"生态园林"的观点也正是基于这一点。应当了解植物的生态习性，合理应用植物造园，充分发挥植物的生态效益，以改善我们的生存环境。

一、净化空气

(一)维持空气中二氧化碳和氧气的平衡

绿色植物在进行光合作用时，大量吸收二氧化碳，放出氧气，是氧气的天然加工厂。通常情况下，大气中的二氧化碳含量约为 0.032%，但在城市环境中，有时高达 0.05%~0.07%。绿色植物每积累 1 000kg 干物质，要从大气中吸收 1 800kg 二氧化碳，放出 1 300kg 氧气，对维持城市环境中的氧气和二氧化碳的平衡有着重要作用。计算表明，一株叶片总面积为 1 600m^2 的山毛榉可吸收二氧化碳约 2 352g/h、释放氧气 1 712g/h。生长良好的草坪，可吸收二氧化碳 15kg/hm^2·h，而每人呼出二氧化碳约为 38g/h，在白天如有 25m^2 的草坪就可以把一个人呼出的二氧化碳全部吸收。

(二)吸收有害气体

城市环境尤其是工矿区空气中的污染物很多，最主要的有二氧化硫、酸雾、氯气、氟化氢、苯、酚、氨及铅汞蒸汽等，这些气体虽然对植物生长是有害的，但在一定浓度下，有许多植物对它们亦具有吸收能力和净化作用(表 2-1)。在上述有害气体中，以二氧化硫的数量最多、分布最广、危害最大。绿色植物的叶片表面吸收二氧化硫的能力最强，在处于二氧化硫污染的环境里，有的植物叶片内吸收积聚的硫含量可高达正常含量的 5~10 倍，随着植物叶片衰老和凋落、新叶产生，植物体又可恢复吸收能力。夹竹桃、广玉兰、龙柏(*Sabina chinensis* 'Kaizuca')、罗汉松(*Podocarpus macrophyllus*)、银杏、臭椿、垂柳、悬铃木等树木吸收二氧化硫的能力较强。

据测定，每公顷干叶量为 2.5 t 的刺槐林，可吸收氯 42kg，构树、合欢、紫荆等也有较强的吸氯能力。生长在有氨气环境中的植物，能直接吸收空气中的氨作为自身营养(可满足自身需要量的 10%~20%)；很多植物如大叶黄杨、女贞、悬铃木、石榴、白榆等可在铅、汞等重金属存在的环境中正常生长；樟树、悬铃木、刺槐、海桐等有较强的吸收臭氧的能力；女贞、泡桐、刺槐、大叶黄杨等有较强的吸氟能力，其中女贞吸氟能力比一般树木高 100 倍以上。

表 2-1　部分常见树种对二氧化硫的吸收能力

树种	干叶重(×10^3 kg/hm^2)	吸收率(%)	吸收量(kg/hm^2)
构树	3.1±1.5	6.12	189.72
合欢	3.1±1.5	1.22	37.86
元宝枫	3.1±1.5	0.60	18.60
侧柏	14.0±2.5	1.18	165.20
圆柏	14.0±2.5	1.05	147.00
云杉	19.6±4.4	0.52	101.90
油松	6.8±1.8	0.35	24.07
华山松	6.8±1.8	0.52	35.50

(三)吸滞粉尘

空气中的大量尘埃既危害人们的身体健康，也对精密仪器的产品质量有明显影响。树木的枝叶茂密，可以大大降低风速，从而使大尘埃下降，不少植物的躯干、枝叶外表粗糙，在小枝、叶子处生长着绒毛，叶缘锯齿和叶脉凹凸处及一些植物分泌的黏液，都能对空气中的小尘埃有很好的黏附作用(表 2-2)。粘满灰尘的叶片经雨水冲刷，又可恢复吸滞灰尘的能力。

据观测，有绿化林带阻挡的地段，比无树木的空旷地降尘量少23.4%～51.7%，飘尘量少37%～60%，铺草坪的运动场比裸地运动场上空的灰尘少2/3～5/6。树木的滞尘能力与树冠高低、总叶面积、叶片大小、着生角度、表面粗糙程度等因素有关。刺楸（*Kalopanax pictus*）、白榆、朴树、重阳木、刺槐、臭椿、悬铃木、女贞、泡桐等树种的防尘效果较好。

表2-2　常见树种单位叶面积滞尘量（g/m²）

树种	滞尘量	树种	滞尘量	树种	滞尘量
白榆	12.27	臭椿	5.88	五角枫	3.45
朴树	9.37	构树	5.87	乌桕	3.39
木槿	8.13	三角枫	5.52	樱花	2.75
广玉兰	7.10	桑树	5.39	蜡梅	2.42
重阳木	6.81	夹竹桃	5.28	加杨	2.06
女贞	6.63	丝棉木	4.77	黄金树	2.05
大叶黄杨	6.63	紫薇	4.42	桂花	2.02
刺槐	6.37	悬铃木	3.73	海桐	1.81
苦楝	5.89	石榴	3.66	绣球	0.63

（四）杀灭细菌

空气中有许多致病的细菌，闹市区每立方米空气中含有400万个病菌，而绿色植物如樟树、黄连木、松树、白榆、侧柏等能分泌挥发性的植物杀菌素，可杀死空气中的细菌（表2-3）。松树所挥发的杀菌素烯萜为一种碳化氢不饱和物，对肺结核病人有良好的作用；圆柏林分泌出的杀菌素可杀死白喉、肺结核、痢疾等病原体。

表2-3　北京市各类地区空气含菌量比较

类型	地点	基本情况			平均平板含菌数（个/皿）	单位体积空气含菌量（个/m³）	平均含菌量（个/m³）
		人流量（人次/min）	机动车流量（辆次/min）	树木绿化状况			
公共场所	王府井	172.2	5.3	单行行道树	232.8	36 612	25 226
	海淀镇	45.0	0.5	零星行道树	203.1	31 941	
	香山公园停车场	17.8	1.0	零星树木	45.3	7 124	
公园	中山公园	126.3	0	小片树林	32.2	5 064	3 616
	海淀区小公园	22.3	0.5	小片树林	12.1	1 930	
	香山公园	11.5	0	成片树林	24.5	3 853	
道路	东郊机场路	–	–	双行行道树	115.0	18 086	18 244
	东郊机场路	–	–	单行行道树	117.0	18 401	
机关	中国林业科学研究院	2.8	0.07	有小片树林	52.0	8 178	8 178

注：引自《中国森林与环境》。

地面水在经过30～40m林带后，水中含菌数量比不经过林带的减少1/2；在通过50m宽、30年生的杨树和桦木混交林后，其含菌量能减少90%。有些水生植物如水葱(*Schoenoplectus tabernaemontani*)、田蓟(*Cirsium arvense*)、水生薄荷等也能杀死水中的细菌。

杀菌能力强的植物有油松、桑树(*Morus alba*)、核桃等，较强的有白皮松、侧柏、圆柏、洒金柏、栾树、国槐、杜仲、泡桐、悬铃木、臭椿、碧桃、紫叶李、金银木、珍珠梅、紫穗槐(*Amorpha fruticosa*)、紫丁香、美人蕉，中等的有华山松、构树、银杏、绒毛白蜡(*Fraxinus velutina*)、元宝枫、海州常山、紫薇、木槿、鸢尾、地肤；较弱的有洋白蜡(*Fraxinus pennsylvanica*)、毛白杨、玉兰、玫瑰、太平花(*Philadelphus pekinensis*)、樱花、野蔷薇、迎春、萱草。

此外，绿色植物能够阻隔、吸收部分放射性物质及射线。例如，空气中含有 1 Ci/cm³ 以上碘时，在中等风速情况下，1kg 叶片在 1 h 内可吸附阻滞 1 Ci 的放射性碘，其中 1/3 进入叶片组织，2/3 吸附在叶子表面。不同植物吸收阻滞放射性物质的能力也不同，常绿阔叶树比常绿针叶树净化能力高得多。

二、改善城市小气候

(一)调节气温

树木有浓密的树冠，其叶面积一般是树冠面积的 20 倍。太阳光辐射到树冠时，有 20%~25% 的热量被反射回天空，35% 被树冠吸收，加上树木蒸腾作用所消耗的热量，树木可有效降低空气温度。据测定，有树阴的地方比没有树阴的地方一般要低 3~5℃。而在冬季，一般在林内比对照地点温度提高 1℃ 左右(图 2-27)。

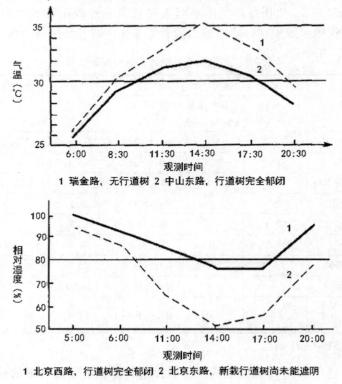

1 瑞金路，无行道树 2 中山东路，行道树完全郁闭

1 北京西路，行道树完全郁闭 2 北京东路，新栽行道树尚未能遮阴

图 2-27　南京马路上夏季气温和相对湿度的差别

垂直绿化对于降低墙面温度的作用也很明显。原建科院在复旦大学第一宿舍测定表明，爬满爬山虎的外墙面与没有绿化的外墙面相比表面温度平均相差5℃左右。另据测定，在房屋东墙上爬满爬山虎，上午可使墙壁温度降低4.5℃。

（二）增加空气湿度

据测定，1 hm² 阔叶林一般比同面积裸地蒸发的水量高20倍；每公顷油松林一天的蒸腾量为 $(4.36 \sim 5.02) \times 10^4$ kg；宽10.5m的乔灌木林带，可使近600m范围内的空气湿度显著增加。据北京市测定，平均每公顷绿地日平均蒸腾水量为 1.82×10^5 kg，北京市建成区绿地日平均蒸腾水量 3.42×10^9 kg。南京多以悬铃木作为行道树，在夏季对北京东路与北京西路相对湿度做了比较，因北京西路上行道树完全郁闭，其相对湿度最大差值可达20%以上。

三、降低城市噪音

林木通过其枝叶的微振作用能减弱噪音。减噪作用的大小，取决于树种的特性。叶片大而有坚硬结构的或叶片像鳞片状重叠的，防噪效果好；落叶树种在冬季仍留有枯叶的防噪效果好，如鹅耳枥（*Carpinus turczaninowii*）、槲树；林内有复层结构和枯枝落叶层的有好的防噪效果。

一般来说，噪音通过林带后比空地上同距离的自然衰减量多10～15分贝。据南京环境保护办公室测定：噪音通过18m宽、由两行圆柏及一行雪松构成的林带后减少16分贝；而通过36m宽同类林带后，则减少30分贝。

四、净化水质

城市和郊区的水体常受到工厂废水及居民生活污水的污染而影响环境卫生和人们的身体健康。绿色植物能够吸收污水中的硫化物、氨、磷酸盐、有机氯、悬浮物及许多有机化合物，可以减少污水中的细菌含量，起到净化污水的作用。绿色植物体内还有许多酶的催化剂，具有解毒能力，有机污染物渗入植物体后，可被酶改变而毒性减轻，如吡啶是一种致癌的有机化合物，存在于焦化污水中，绿色植物能将其分解。

含氨的污水流过30～40m宽的林带后，氨的含量可降低1/2～2/3；通过30～40m宽的林带后，水中所含的细菌量比不经过林带的减少1/2。许多水生植物和沼生植物对净化城市污水有明显的作用。在实验水池中种植芦苇（*Phragmites communis*）后，水中的悬浮物可减少30%、氯化物减少90%、有机氯减少60%、磷酸盐减少20%、氨减少66%、总硬度减少33%。水葱可吸收污水池中有机化合物，凤眼莲（*Eichharnia crassipes*）能从污水里吸取汞、银、金、铅等金属物质，并有降低镉、酚、铬等有机化合物的能力。

五、保持水土，防灾减灾

树木和草地对保持水土有非常显著的功能。植物通过树冠、树干、枝叶阻截天然降水，缓和天然降水对地表的直接冲击，从而减少土壤侵蚀。同时树冠还截留了一部分雨水，植物的根系能紧固土壤，这些都能防止水土流失。当自然降雨时，约有15%～40%的水量被树冠截留或蒸发，5%～10%的水量被地表蒸发，地表的径流量仅占0～1%，大多数的水，即占50%～80%的水量被林地上一层厚而松的枯枝落叶所吸收，然后逐步渗入到土壤中，变成地下径流，因此植物具有涵养水源、保持水土的作用。这种水经过土壤、岩层的不断过滤，流向下坡或泉池溪涧。这也是许多山林名胜，如黄山、庐山、雁荡山瀑布直泻、水源长流，以及杭州虎跑等泉流涓涓、终年不竭的原因。坡地上铺草能有效防止土壤被冲刷流失，这是由于植物的根系形成纤维网络，从而加固土壤。

有些植物枝叶含有大量水分，一旦发生火灾，可以阻止、隔离火势蔓延。珊瑚树即使叶片全都烤焦，也不发生火焰。防火效果好的树种还有厚皮香、山茶、油茶、罗汉松、蚊母（*Distylium racemosum*）、八角金盘、夹竹桃、石栎（*Lithocarpus glaber*）、海桐、女贞、冬青（*Ilex chinensis*）、枸骨、大叶黄杨、银杏、栓皮栎（*Quercus variabilis*）、苦槠、栲树、青冈栎（*Cyclobalanopsis glauca*）、苦木等。

思考题

1. 植物可以构成哪些类型的空间？
2. 分析障景和私密性控制的区别，并对给定的景观进行障景设计。
3. 植物的生态功能主要表现在哪些方面？
4. 选择一个公园，对其中利用植物材料构成的各类空间进行调查。

第三章　园林植物造景的理论基础

园林植物造景是景观美学中的重要环节，不仅涉及城市规划、环境景观设计、园林、园艺等相关理论，也与种苗的引进、生产、运输以及施工种植等技术密切相关。而且对于植物本身来说，其色彩、形态、生态条件、栽培要求都千差万别。

第一节　环境对植物景观的生态作用

植物是活的有机体，与其生活的环境紧密相联，不同环境中生长着不同的植物种类，使各地植物景观自具特色。植物生长环境中的温度、水分、光照、土壤、空气等因子都对植物的生长发育产生重要的生态作用。因此，掌握环境中各种因子与植物的关系是园林植物造景的理论基础。

由于植物长期生长在特定环境中，受到该环境条件的特定影响，通过新陈代谢，在植物的生活过程中就形成了对某些生态因子的特定需要，这就是其生态习性。如仙人掌类植物主要分布于墨西哥干旱沙漠地区，这种高温缺水的环境使大多数仙人掌类植物形成了耐热耐旱的特性；棕榈科植物大多要求温湿度较高的热带和南亚热带气候，如椰子、槟榔、鱼尾葵（*Caryota ochlandra*）、假槟榔等；落叶松、云杉、冷杉等则适宜生长在寒冷的北方或高海拔处；桃、梅、马尾松、木棉要求生长在阳光充足之处，而铁杉（*Tsuga chinensis*）、金粟兰、虎刺（*Damnacanthus indicus*）、紫金牛喜欢蔽荫的生长环境；映山红、山茶、栀子、白兰花、铁芒萁（*Dicranopteris linearis*）喜欢酸性土，而盐碱土上则生长碱蓬（*Suaeda glauca*）、怪柳等植物；沙棘、梭梭（*Haloxylon ammodendron*）、光棍树（*Euphorbia tirucalli*）、龙血树（*Dracaena draco*）、胡杨（*Populus euphratica*）能在干旱的荒漠上顽强地生长，而睡莲（*Nymphaea tetragona*）、格菱（*Trapa pseudoincisa*）、萍蓬草（*Nuphar pumilum*）则生长在湖泊、池塘中。

不同科属、亲缘关系很远的植物，由于长期生长于相似的生态环境，可形成相似的生态习性，如水生植物香蒲（*Typha angustata*）、荷花分别属于单子叶植物的香蒲科和双子叶植物的睡莲科，但均具有喜光、喜水的特性。反之，亲缘关系很近的植物，也可能具有截然不同的习性。如鸢尾属常见种类中，野鸢尾（*Iris dichotoma*）耐干旱瘠薄，鸢尾（*I. tectorum*）、德国鸢尾（*I. germanica*）和银苞鸢尾（*I. pallida*）喜生于排水良好、适度湿润的土壤，溪荪（*I. sanguinea*）、马蔺（*I. lacteal* var. *chinensis*）和花菖蒲（*I. ensata* var. *hortensis*）喜生于湿润土壤至浅水中，而黄菖蒲和燕子花（*I. laevigata*）则喜生于浅水中。

各生态因子并非孤立、而是相互联系及制约的，对植物的影响是综合的，也就是说植物生活在综合的环境因子中。温度和相对湿度的高低受光照强度的影响，而光照强度又受大气湿度、云雾所左右。尽管组成环境的所有生态因子都是植物生长发育所必需的，但对某一种植物，甚至植物的某一生长发育阶段而言，常常有1~2

个因子起决定性作用，这种起决定性作用的因子就叫"主导因子"。而其他因子则从属于主导因子起作用。如橡胶树（*Hevea brasiliensis*）是热带雨林植物，其主导因子是高温高湿；仙人掌是热带荒漠植物，其主导因子是高温干燥。这两种植物离开了高温都要死亡。又如高山植物常年生活在云雾缭绕的环境中，在引种到低海拔平地时，空气湿度是存活的主导因子。

一、温度因子与植物景观

温度是限制植物生长和分布的主导因子。在一切气候因素中，温度具有最大的意义，一般而言，每差一个地理纬度，年均温度大约降低 0.5℃。植物种类也随着纬度的变化相应地变化，并且在南北半球表现出类似性。地球上气候带的划分是按照年均温度进行的，我国自南向北跨热带、亚热带、温带和寒带，地带性植被分别为热带雨林和季雨林（云南、广西、台湾、海南等省区的南部）、亚热带常绿阔叶林（长江流域大部分地区至华南、西南）、暖温带落叶阔叶林（即夏绿林，东北南部、黄河流域至秦岭）和寒温带针阔混交林和针叶林（东北）。同一气候带内植物的引种栽培一般没有问题，但是气候带之间进行植物引种应当注意各种植物对温度的适应范围。南方植物引进北方后，可能受到冻害或被冻死，而北方植物南移后则可能因冬季低温不够而叶芽不能正常萌发和开花、结实不正常，或因不能适应南方的夏季高温而受灼伤，高山植物在低海拔地区栽培与北方植物南移的情况相似。

（一）温度对植物的影响

1. 温度三基点

温度对植物生长发育的影响主要是通过对植物体内的光合作用、呼吸作用、蒸腾作用等各种生理活动的影响而实现的。植物的各种生理活动都有最低、最高和最适温度，称为温度三基点。光合作用的最低温度约等于植物展叶时所需的最低温度，因植物种类不同而异。光合作用的最适温度一般都在 25 ~ 35℃ 之间。

大多数植物生长的适宜温度范围为 4 ~ 36℃，但因植物种类和发育阶段而不同。热带植物如椰子树、橡胶树、槟榔等要求日均气温 18℃ 以上才开始生长，王莲（*Victoria amazonica*）的种子需要在 30 ~ 35℃ 水温下才能发芽生长。亚热带植物如柑橘、樟树、油桐（*Vernicia fordii*）一般在 15℃ 开始生长，最适生长温度为 30 ~ 35℃。温带植物如桃树、国槐、紫叶李在 10℃ 或更低温度开始生长，芍药在 10℃ 左右就能萌发；而寒温带植物如白桦、云杉、紫杉（*Taxus cuspidata*）在 5℃ 就开始生长，最适生长温度为 25 ~ 30℃ 左右。在其他条件适宜的情况下，生长在高山和极地的植物最适生长温度约在 10℃ 以内，不少原产北方高山的杜鹃花科小灌木，如长白山顶的牛皮杜鹃（*Rhododendron aureum*）、冰凉花（*Adonis amurensis*）甚至都能在雪地里开花。

一般植物在 0 ~ 35℃ 的温度范围内，随温度上升生长加快，随温度降低生长减缓。植物生命活动的最高极限温度一般不超过 50 ~ 60℃，其中原产于热带干燥地区和沙漠地区的种类较耐高温，如沙棘、桂香柳等；而原产于寒温带和高山的植物则常在 35℃ 左右的气温下即发生生命活动受阻现象，如花楸、红松（*Pinus koraiensis*）、高山龙胆类和报春花类等。植物对低温的忍耐力差别更大，如红松可耐 –50℃ 低温，紫竹（*Phyllostachys nigra*）可耐 –20℃ 低温，而不少热带植物在 0℃ 以上即受害，如轻木(*Ochroma lagopus*)在5℃死亡,椰子、橡胶树在0℃前叶片变黄而脱落。

2. 季节性变温和昼夜变温

地球上除了南北回归线之间和极圈地区外,根据一年中温度因子的变化可分为四季。候均温度小于10℃为冬季,大于22℃为夏季,10~22℃之间属于春季和秋季。不同地区的四季长短差别很大,既取决于所处的纬度,也与地形、海拔、季风等其他因子有关。植物由于长期适应于这种季节性的温度变化,就形成一定的生长发育节奏,即物候期。原产冷凉气候条件下的植物,每年必须经过一段休眠期,并要在温度低于5~8℃才能打破,不然休眠芽不会轻易萌发,例如桃需400 h以上低于7℃的温度,越橘(*Vaccinium vitis-idaea*)则需要800 h,其他如丁香、连翘、杏树等的花芽在前一年形成,经过冬季低温后才能开花,如果不能满足这一低温阶段,第二年春季就不能开花或开花不良。在植物造景中,必须充分了解当地气候变化以及植物的物候期,才能发挥植物最佳的景观功能。

气温的日变化中,在接近日出时有最低值,在13:00~14:00时有最高值。一天中的最高值与最低值之差称为"日较差"或"气温昼夜变幅"。植物对昼夜温度变化的适应性称为"温周期"。总体上,昼夜变温对植物生长发育是有利的。在一定的日较差情况下,种子发芽、植物生长和开花结实均比恒温下为好。植物的温周期特性与其遗传性和原产地日温变化有关。原产于大陆性气候地区的植物适于较大的日较差,在日变幅为10~15℃条件下生长发育最好,原产于海洋性气候区的植物在日变幅为5~10℃条件下生长发育最好,而一些热带植物则要求较小的日较差。

在园林实践中,还可以通过调节温度而控制花期,满足造景需要。如桂花在北京通常于9月初开花,为满足国庆用花需要,可以通过调节温度,推迟到"十一"盛开。桂花花芽在北京常于6~8月初形成,当转入秋凉后,花芽开始活动膨大,夜间最低温度在17℃以下时开放。通过提高温度可控制花芽的活动和膨大。当花芽鳞片开裂活动时,将其移入玻璃温室,利用白天室内吸收的阳光热和晚上紧闭门窗,能自然提高温度5~7℃,从而使夜间温度控制在17℃以上,这样花蕾生长受抑,到国庆前2周,搬出室外,由于室外气温低,花蕾迅速长大,经过2周生长,正好于国庆开放。

3. 突变温度

温度对植物的伤害,除了由于超过植物所能忍受范围的情况外,在其本身能忍受的温度范围之内,也会由于温度发生急剧变化(突变温度)而受害甚至死亡。突然低温可由强大寒潮南下而引起,对植物的伤害一般可分为寒害、霜害、冻害、冻拔、冻裂等。

寒害指气温在0℃以上使植物受害甚至死亡,受害的为热带植物,如轻木、榴莲(*Durio zibethinus*)。霜害指当气温降至0℃时,空气中过饱和水汽凝结成霜使植物受害。冻害由气温降至0℃以下、细胞间隙出现结冰现象引起,严重时导致质壁分离。

植物抵抗突然低温的能力以休眠期最强,营养生长期次之,生殖期抗性最弱。同一植物的不同器官或组织的抗低温能力亦不相同,以胚珠最弱,心皮次之,雌蕊以外的花器又次之,果及嫩叶又次之,叶片再次之,而以茎干的抗性最强。但是以具体的茎干部位而言，以根颈即茎与根交接处的抗寒能力最弱。

冻拔常出现于高纬度的寒冷地带以及高山地区，当土壤含水量过高时，由于土壤结冰而膨胀升起，连带将植物抬起，至春季解冻时土壤下沉而植物留在原位造成根部裸露死亡。这种现象多发生于草本植物和树木苗期。

另外，在北方高纬度地区，不少树皮薄和木射线较宽的树种，如糠椴（*Tilia mandshuruca*）、毛白杨、山杨、七叶树等的茎干向阳面在越冬时易发生冻裂。对其进行树干包扎、缚草或涂白可预防冻裂。

1975～1976 年冬春，昆明市冬寒早而突然，4d 内降温 22.6℃，而且寒潮期间低温期长，不少植物受到冻害，最严重的是从澳大利亚引入作为行道树的银桦（*Grevillea robusta*）和蓝桉，但大多数乡土树种安然无恙。因此，园林植物造景时提倡应用乡土树种。再如，椰子在海南岛南部生长旺盛，结果累累，到北部则果实变小，产量显著降低，在广州不仅不易结实，甚至还有冻害。

此外，影响植物生长的温度因子还有极端高温、极端低温等，这对于植物引种工作尤其重要。目前在各地园林造景中，外来植物的应用非常普遍，在引种中应当注意不同植物的温度适应范围，尤其是对极端低温和极端高温的适应能力。

4. 城市热岛效应

在城市地区，由于下垫面不透水层面加大，可供蒸发的水分减少，城市取暖排放的热量，及城市污染物在白天吸收太阳辐射热而增温等方面的影响，使城区气温比同高度的郊区高，形成边界层城市热岛。一般城市年均气温比郊区高 0.5～1.5℃，而且加重了城市高温出现的频率。以上海为例，在 7 月份上海城区极端最高气温和夜间最低气温均比郊区高出 4℃ 以上，酷热高温（≥35℃）持续天数比郊区多 10d 以上（图 3-1）。

在冬季，城市热岛效应使城市采暖时间比郊区短；积雪频率、时间和深度都会减少；无霜期比郊区长。城郊气温的差别在物候上也有明显的反映。

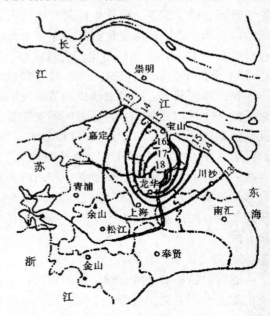

图 3-1　上海城市热岛图

如北京天安门广场西新华门前的玉兰比颐和园的玉兰开花要早 7～14d。

5. 土壤温度

除了大气温度（气温）外，土壤温度也是影响植物生长和景观的重要因素。土壤温度是指土壤内部的温度，有时也把地面温度和不同深度的土地温度统称为土壤温度。其变幅依季节、昼夜、深度、位置、质地、颜色、结构和含水量而不同。表土变幅大，底土变幅小，在深 80～100cm 处昼夜温度变幅已不显著。砂土比黏土温度变化快而变幅大；含有机质多而结构好的土壤，温度变化慢而变幅小。冬季地面积雪 20cm 时，土壤 20cm 深处的土温变化已不明显。土温对植物的生长发育、微生物活动都有一定的影响。

冻土是指温度低于 0℃ 导致所含水分冻结的土壤。冻土按冻结的时间分为：①季节性冻土，指冬季冻结、春季融化的土壤，深度由气候、地理、地形、土壤物理等因素决定。我国长江以北、黄河以南冻土深度一般为 20～40cm；黄河以北为 40～120cm；内蒙古、东北北部可达 2m；江南一带一般没有季节性冻土。②多年冻土，也叫"永久冻土"，指多年连续保持冻结，即使在盛夏融化深度也不大。我国东北部地区和青藏高原高山地区有多年冻土。

（二）物候与植物景观

物候期是生命活动随自然界气候变化而变化所表现的季节性现象。植物物候变化包括萌芽、抽枝展叶或开花、新芽形成或分化、果实成熟、叶变色及落叶等季相表现。不同地区物候现象显现的时期即为该地的物候期。物候是自然环境条件的综合反映，由于每年中气候变化有一定规律，所以物候期也有一定的规律。

物候的规律性主要表现在物候的南北差异、东西差异和高下差异。南北差异表明，春夏季节物候期南方出现的早，而秋冬季节北方出现的早；东西差异表明，无论春夏秋冬，我国东部比西部物候期出现的迟；物候的高下差异则说明，由于气温随海拔升高而降低，高海拔地区物候与平原的关系和南北差异是相似的。

古代诗人留下不少诗句反映物候、温度变化与植物景观的关系。南宋诗人陆游作《初冬》诗："平生诗句领流光，绝爱初冬万瓦霜；枫叶欲残看愈好，梅花未动意先香……"由于我国地大物博，各地温度和物候差异很大，所以植物景观变化很大。唐朝诗人宋之问《寒食还陆浑别业》诗中有："洛阳城里花如雪，陆浑山中今始发。"白居易《游庐山大林寺》诗中有："人间四月芳菲尽，山寺桃花始盛开。"庐山植物园海拔在 1 100～1 200m，平均温度比山下低 5℃，春季的物候可相差 20d 之多。白居易还在《浔浦竹》诗中写道："浔阳十月天，天气仍湿焕，有霜不杀草，有风不落木……吾闻晋汾间，竹少重如玉。"白居易是北方人，看到南方竹林如此普遍，感到惊异。

园林植物造景正是利用各种植物可供观赏的物候现象如返青、开花、果熟、叶变色等创造季相变化的景观，从而加强园林景观的时序性。设计者应掌握并巧妙运用物候来创造富有生机和变换的园林景观，如"三季有花，四季常青"即是有机地搭配植物物候的应用。

植物景观依季节不同而异。广州夏季长达 6 个半月，春、秋连续不分，长达 5 个半月，没有冬季；昆明因海拔高达 1 900m 以上，夏日恰逢雨季，实际上没有夏季，春秋季长达 10 个半月，冬季只有 1 个半月；东北夏季只有 2 个多月，冬季 6 个半月，春秋 3 个多月。由于同一时期南北地区温度不同，因此植物景观差异很大。

春季南北温差大，当北方气温还较低时，南方已春暖花开。如杏树分布很广，南起贵阳，北至东北的公主岭。从 1963 年以来记载的花期发现，除四川盆地较早外，贵阳开花最早，为 3 月 3 日，公主岭最迟，为 4 月 20 日，南北相差 48d。从南京到泰安的杏树花期中发现，每差 1 度纬度，花期平均延迟约 4.8d。又据 1979 年初春记载，西府海棠在杭州于 3 月 20 日开花，北京则于 4 月 21 日开花，两地相差

32d。夏季南北温差小，物候期也差别不大。如国槐在杭州于 7 月 20 日始花，北京则于 8 月 3 日开花，两地相差仅 13d。

秋季北方气温先凉。当南方还烈日炎炎时，北方则已秋高气爽，那些需要冷凉气温才能于秋季开花的树木及花卉，则比南方要开得早。如菊花虽为短日照植物，但 14 ~ 17℃ 才是开花的适宜温度。桂花的花期也是北方早、南方迟。此外，秋叶变色也是由北向南延迟，如桑叶在呼和浩特于 9 月 25 日变黄，北京则于 10 月 15 日变黄，两地相差 20d。

二、水分因子与植物景观

水分是植物体的重要组成部分。一般植物体都含有 60% ~ 80%，甚至 90% 以上的水分。植物对营养物质的吸收和运输，以及光合、呼吸、蒸腾等生理作用，都必须在水的参与下才能进行。水是植物生存的物质条件，也是影响植物形态结构、生长发育、繁殖及种子传播等重要的生态因子。因此，水可直接影响植物是否能健康生长。同时，水也具有多种特殊的植物景观，如"雨打芭蕉"即为描述雨中植物景观的一例。

自然界水的状态有固体状态（雪、霜、霰、雹）、液体状态（雨水、露水）和气体状态（云、雾等）。降雨为植物所需水分的主要来源，对于植物分布的限制虽不如温度重要，但也有相当的影响。雨水调和、土壤水分充足，则植物发育良好，否则生长必受阻碍。年降水量、降水的次数、强度及分配情况均直接影响植物的生长与景观。

（一）空气湿度与植物景观

空气湿度是表示大气干湿度的物理量，有绝对湿度、相对湿度、比较湿度、饱和度、露点等多种表示方式。其中，空气相对湿度对园林植物最具有实际意义。一般而言，一天中，午后出现最高气温，此时空气相对湿度最小，而在清晨空气相对湿度最大。但在山顶或沿海地区，一天内的空气相对湿度则变化较小。就季节变化而言，在内陆干燥地区，冬季空气相对湿度最大、夏季最小，但在季风地区，情况正好相反。花卉所需要的空气相对湿度大致在 65% ~ 70%，一般树木在空气相对湿度小于 50% 时则很难生长。不过，原产干旱沙漠气候的植物适宜于较小的空气湿度。

郝景盛教授认为："森林之能否形成，空气中之湿度亦可决定，大气中湿度小于 50% 之地，则无森林存在，反之空气中湿度大于 50% 时则可形成森林。"我国绝对湿度受风向的影响，均以偏东、偏南为大，偏北、偏西者为小。我国各地的相对湿度，一般而言，长江流域及以南地带均在 70% 以上；沿海及川西与黔东超过 80%，其湿润为全国之冠；华北及东北二区湿度平均在 60% 左右；西北及西藏高原在 50% 以下；内陆更低，甚至只有 40%，有的地方由于湿度过低，地面蒸发强度日盛，土壤盐碱严重，土地荒瘠不毛。

城市下垫面由于建筑物和人工铺砌成为不透水层，降雨后雨水流失很快，地面较干燥，再加上绿化面积小，其自然蒸发蒸腾量比较小。下垫面粗糙度大，在白天空气层结较不稳定，其机械湍流和热力湍流都比较强，通过湍流向上输送的水气量较多。这些因子导致城区的绝对湿度往往小于附近的郊区，形成"城市干岛"。

城市因绝对湿度比郊区小，气温又比郊区高，其相对湿度与郊区的差值比绝对湿度更为明显，特别是在城市热岛强度大的时间。上海城市热岛以仲秋晴夜最强，相对湿度差值亦以此时为最大。在 1984 年 10 月 23 日 20：00 时上海老城区中心相对湿度在 58% 以下，而东南部的南汇站附近相对湿度高达 91%，两者相差 33% 以上。上海（1984～1988 年）城区中心年平均相对湿度在 76% 左右，而附近郊区则在 80%～82%。欧洲的维也纳、柏林、科隆、慕尼黑年平均相对湿度城区均比郊区要低4%～6%。

在自然界中，常可看到由于高的空气湿度形成的独特景观。在云雾缭绕的高山上，有着千姿百态、万紫千红的观赏植物，它们长在岩壁、石缝、瘠薄的土壤母质中，或附生于其他植物上。这类植物没有坚实的土壤基础，其生长与较高的空气湿度休戚相关。高温高湿的热带雨林中，高大的乔木上则常常附生有大型蕨类和附生兰，如鹿角蕨、鸟巢蕨（*Asplenium nidus*）、岩姜蕨（*Pseudodrynaria coronans*）、书带蕨（*Vittaria flexuosa*）、星蕨（*Microsorium punctatum*）、密花石斛（*Dendrobium densiflorum*）、报春石斛（*D. primulinum*）、大花万带兰（*Vanda coerulea*），犹如空中花园。海南岛尖峰岭上，树干、树杈以及地面长满苔藓、地生兰，气生兰到处生长；天目山、黄山的云雾草（*Androsace*

图 3-2　西双版纳热带雨林中的附生植物

henryi）必须在高海拔处，达到具有足够的空气湿度才能附生在树上，花朵艳丽的独蒜兰（*Pleione bulbocodicides*）和吸水性很强的苔藓一起生长在高海拔的岩壁上（图 3-2）。

附生植物种类极其繁多，全世界约有 65 科 850 属 3 万种，包括藻类、苔藓、地衣、蕨类以及种子植物中的兰科、天南星科、凤梨科、萝藦科等，其中最有造景价值的是兰科、凤梨科、天南星科以及蕨类植物。只要创造空气相对湿度 80% 以上，就可以在展览温室中表现附生植物景观，一段朽木上就可以附生很多开花艳丽的气生兰、花叶俱美的凤梨科植物以及各种蕨类植物。

（二）植物适应水分因子的生态类型

由于不同的植物种类长期生活在不同的水分条件环境中，形成了对水分需求关系上不同的生态习性和适应性。根据植物对水分需求的不同，可以将其分为以下 4 个类型。

1. 旱生植物

旱生植物长期生长在雨量稀少的干旱地带，在生理和形态方面形成了适应大气和土壤干旱的特性，具有极强的耐旱能力。这类植物可用于营造旱生植物景观，如在沙漠植物园、高山植物园、岩石园的造景中使用。旱生植物按适应干旱的机制不同，可分为硬叶植物、多浆植物和冷生植物。

硬叶植物的体内含水量少，叶片质地厚硬，常革质而有光泽，角质层厚，表皮细胞多层，气孔常生于下表皮而且下陷；细胞渗透压很高，多为深根性，根系发达，如柽柳、沙拐枣（*Calligonum mongolicum*）、梭梭、硬叶栎类、夹竹桃、卷柏（*Selaginella tamariscina*）、骆驼刺（*Codariocalyx motorius*）等。

图 3-3　旱生植物景观

多浆植物又称多肉植物，具有肥厚多汁的茎叶，内有由薄壁细胞形成的储水组织，能够贮存大量水分，如仙人掌科、景天科以及部分百合科、龙舌兰科、夹竹桃科、菊科植物（图 3-3）。

冷生植物多为高山植物，植株矮小，常呈团丛或匍匐状，如生长于寒冷而土壤干燥的高山地区的铺地柏类等垫状灌木（干冷生植物），以及生于寒冷而土壤湿润的寒带、亚寒带地区的欧石楠类（湿冷生植物），其中后者生境虽不缺水，但由于气候寒冷造成生理干旱，是温度和水分因子综合作用的结果。

2. 中生植物

大多数植物属于中生植物，它们不能忍受过分干旱和水湿的条件。但其中又有耐旱和耐湿植物之分，耐旱性强的如油松、侧柏、白皮松、荆条（*Vitex negundo* var. *heterophylla*）、酸枣（*Ziziphus jujuba* var. *spinosa*），倾向于旱生植物的特点，耐湿性强的如垂柳、枫杨、紫穗槐等，倾向于湿生的特点，但它们仍以干湿适中的中生环境中生长最好。

在常见的园林树种中，耐旱力强的有：白皮松、油松、黑松（*Pinus thunbergii*）、侧柏、圆柏、木麻黄（*Casuarina equisetifolia*）、石栎、青冈栎、石楠、旱柳、响叶杨（*Populus adenopoda*）、化香（*Platycarya stroblilacea*）、榔榆、构树、合欢、山合欢（*Albizzia kalkora*）、黄连木、臭椿、麻栎、枫香、檵木（*Loropetalum chinense*）、苦楝、榉树、丝棉木、国槐、梧桐、紫薇、柿树、君迁子（*Diospyros lotus*）、杏、丁香、千头柏、雪柳（*Fontanesia fortunei*）、胡枝子、紫穗槐、溲疏、木槿、黄杨、夹竹桃、枸骨、胡颓子、火炬树、枸橘、火棘、芫花（*Daphne genkwa*）、石榴、花椒、迎春、金银花、紫藤、葛藤、云实等。耐湿力强的有垂柳、旱柳、榔榆、枫杨、桑树、赤杨（*Alnus japonica*）、杜梨（*Pyrus betulaefolia*）、苦楝、乌桕、雪柳、白蜡、柽柳、紫穗槐、凌霄等。有的树种既耐旱又耐湿，如垂柳、旱柳、桑树、榔榆、紫穗槐、乌桕、白蜡、柽柳等，而有的树种既不耐旱又不耐湿，如玉兰、蜡梅、大叶黄杨等，在造景应用中应分别对待。

3. 湿生植物

本类植物需要生长在潮湿的环境中，若在干燥或中生环境中常常生长不良甚至死亡。根据实际的生态环境又可以分为两种类型。

阳性湿生植物：生长在阳光充足、土壤水分经常饱和或仅有较短的干期地区的湿生植物，例如沼泽化草甸、河流沿岸低地、水边。由于土壤潮湿、通气不良，故根系多较浅，常无根毛，根部有通气组织，木本植物多有露出地面或水面的呼吸根。如池杉、落羽杉、水生鸢尾类、千屈菜(*Lythrum salicaria*)、水稻(*Oryza sativa*)。

阴性湿生植物：这是生长在光线不足、空气湿度较高、土壤湿润环境下的湿生植物。热带雨林或季雨林中的许多中下层植物属于本类型，如多种蕨类、海芋(*Alocasia macrorrhiza*)、秋海棠类以及多种天南星科、凤梨科的附生植物。这类植物的叶片大都很薄，栅栏组织和机械组织不发达而海绵组织很发达，防止蒸腾作用的能力很小，根系亦不发达。

4. 水生植物

生长在水中的植物叫水生植物，植物体的通气组织发达而根系不发达或退化。根据植物与水的关系，又可分为4种类型(图3-4)。

挺水植物(荷花)　　　　　　浮叶植物(睡莲)

漂浮植物(浮萍)　　　　　　沉水植物组合

图3-4　水生植物的类型

(1)挺水植物：植物体的基部或下部生于水中，上面尤其是繁殖体挺出水面。在自然群落中，挺水植物一般生于水域近岸或浅水处。如红树林植物、荷花、菖蒲、香蒲、水葱等。

（2）浮叶植物：植物的根系和地下茎生于淤泥中，叶片或植株大部分浮于水面而不挺出。如睡莲、王莲、芡实（*Euryale ferox*）。

（3）漂浮植物：植株完全自由地漂浮于水面，根系舒展于水中，可随水流而漂浮，个别种类幼时有根生于泥中，后折断即行漂浮。如凤眼莲、浮萍（*Lemna minor*）、满江红（*Azolla imbricata*）、槐叶萍（*Salvinia molesta*）等。

（4）沉水植物：植物体在整个生活史中沉没于水中生活。如金鱼藻（*Ceratophyllum demersum*）、苦草（*Vallisneria natans*）。

（三）水与植物景观

1. 水生植物景观

园林中有不同类型的水面，如河、湖、塘、溪、潭、池等，水深、面积、形状各不相同，必须选择相应的植物来美化。水生植物根据其在水中生长的位置可分为沉水植物、浮叶植物、漂浮植物和挺水植物，具有不同的景观效果。

水生植物的水下部分都能吸收养料，因此根大多退化了。如槐叶萍属完全没有根；满江红属、浮萍属、水鳖属、雨久花属和大藻属等植物的根形成后，不久便停止生长，不分枝并脱去根毛；浮萍、杉叶藻（*Hippuris vulgaris*）、白睡莲（*Nymphaea alba*）都没有根毛。水生植物枝叶形状也多种多样，如金鱼藻属植物沉水的叶常为丝状、线状，荇菜（*Nymphoides peltata*）、萍蓬草等浮水的叶常很宽，呈盾状口形或卵圆状心形。不少植物如菱属有两种叶，沉水叶线形，浮水叶菱形。挺水植物千屈菜挺拔秀丽，而浮萍却平静如绿波。

2. 湿生植物景观

在自然界中，这类植物的根常没于浅水中或湿透了的土壤中，常见于水体的港湾或热带潮湿、荫蔽的森林里。这是一类抗旱能力最小的陆生植物，其中阴性湿生植物不适应空气湿度有很大的变动。大多数为草本，木本较少。

在湿生植物景观营造中可以选择的植物，除了真正的湿生植物外，还可选用一些耐湿力强的中生植物以及部分水生植物。常用的有落羽杉、墨西哥落羽杉、池杉、水松（*Glyptostrobus pensilis*）、水椰（*Nypa fruticans*）、红树（*Rhizophora apiculata*）、白柳（*Salix alba*）、垂柳、枫杨、二花紫树（*Nyssa biflora*）、小箬棕（*Sabal minor*）、沼生海枣（*Phoenix paludoa*）、假槟榔、乌桕、白蜡、赤杨、三角枫（*Acer buergerianum*）、丝棉木、柽柳、夹竹桃、水翁（*Cleistocalyx operculatus*）等木本植物，红蓼（*Polygonum orietale*）、两栖蓼（*P. amphibium*）、水蓼（*P. hydropiper*）、芦苇、千屈菜、黄花鸢尾、驴蹄草（*Caltha palustris*）、三白草（*Saururus chinensis*）、木贼（*Equisetum hyemale*）等草本植物。阴性的湿生环境则可选用天南星科和凤梨科植物。

3. 旱生植物景观

在黄土高原、荒漠、沙漠等干旱地带生长着很多耐旱植物。如海南岛荒漠及沙滩上的光棍树、木麻黄的叶都退化成很小的鳞片，伴随着龙血树、仙人掌等植物生长。一些多浆的肉质植物，在叶和茎中贮存大量水分，可以忍耐极度干旱，如西非的猴面包树、南美洲中部的瓶子树（*Brachychiton rupestris*）、北美沙漠中的仙人掌类。

适于营造旱生景观的植物有：仙人掌类、景天科、马齿苋科、番杏科、百合科等的肉质多浆植物，多数半日花科、藜科、苋科植物，以及其他各种耐旱植物，如沙冬青、柽柳、大王椰子、荆条、酸枣、夹竹桃、樟子松（*Pinus sylvestris* var. *mongolica*）、小叶锦鸡儿（*Caragana microphylla*）、旱柳、构树、黄檀（*Dalbergia hupeana*）、白榆、胡颓子、皂角（*Gleditsia sinensis*）、侧柏、臭椿、黄连木、君迁子、白栎（*Quercus fabri*）、栓皮栎、石栎、苦槠、合欢、紫穗槐。

三、光照因子与植物景观

光是绿色植物光合作用不可缺少的能量来源，也正是绿色植物通过光合作用将光能转化为化学能，贮存有机物（葡萄糖）中，才为地球上的生物提供了生命活动的能源。光照强度、光质、光照时间的长短都影响着植物的生长和发育，从植物景观设计的角度，最为重要的光照因子是光照强度。另外，植物枝叶的光影亦可成为园林景色，"疏影横斜"、"落影斑驳"等都是以光影来造景。

（一）光周期现象

光照长度是指一天中日出到日落的时数。自然界中光照长度随纬度和季节而变化，是重要的气候特征。低纬度的热带地区，光照长度周年接近 12 h，两极则有极昼和极夜现象。植物对昼夜长短的日变化与季节长短的年变化的反应称为光周期现象，主要表现在诱导花芽的形成与休眠开始。不同植物在发育上要求不同的日照长度，这是植物在系统发育过程中适应环境的结果。根据植物对光照长度的适应性，可分为 3 种类型。长日照植物需要较长时间的日照（长于临界日长）才能实现由营养生长向生殖生长的转化，花芽才能分化和发育，如令箭荷花（*Nopalxochia ackermannii*）、风铃草（*Campanula medium*）、天竺葵（*Pelargonium hortorum*）、大岩桐（*Sinningia speciosa*）等。短日照植物需要较短的日照条件（短于临界日长）才促进开花，如菊花、落地生根（*Kalanchoe pinnata*）、蟹爪兰（*Zygocactus truncatus*）、一品红等。中日照植物对光照长度不很敏感，如月季，只要温度适宜，几乎一年四季都可开花。

在进行植物景观设计时应特别注意植物对光照长度的适应性。如菊花、一品红等短日照植物，在城市街道露地栽培是不适宜的，因为城市街道的夜晚灯光会打破延续的黑暗，从而使得它们不会开花或开花不良。又如，把低纬度地区的短日照植物引种到高纬度地区栽种，因夏季日照长度比原产地延长，对花芽分化不利，尽管株型高大、枝叶茂盛，花期却延迟或不开花。

在园林实践中，常通过调节光照来控制花期以满足造景需要。如菊花为短日照植物，在北京的自然花期是 10 月底，如要国庆节开花，就需在 8 月初开始每天遮光。根据需要，进行不同的光照处理，同样可以使菊花在"五一"、"七一"等节日开放。一品红也是短日照植物，在我国栽培的正常花期为 12 月中下旬，为提前在"十一"开花，也需进行遮光处理。

因此，通过光照处理，可以对植物的花期进行调节，用于布置花坛、美化街道以及各种场合造景的需要。事实上，不少花卉通过促成栽培和抑制栽培，已经可以达到周年供花。

（二）不同光强要求的植物生态类型

植物对光强的要求，通常通过光补偿点和光饱和点来表示。光补偿点是光合作用所产生的碳水化合物与呼吸作用所消耗的碳水化合物达到动态平衡时的光照强度。在补偿点以上，随着光照的增强，光合强度逐渐提高，但达到一定值后，再增加光照强度，则光合强度也不再增加，这种现象叫光饱和现象，此时的光照强度就叫光饱和点。掌握植物的光补偿点和光饱和点，就可了解其生长发育的需光度，从而预测植物的生长发育状况及观赏效果。

根据植物对光强的要求，传统上将植物分成阳性植物、阴性植物和居于二者之间的中性植物（耐荫植物）。在自然界的植物群落组成中，可以看到乔木层、灌木层和地被层分布，各层植物所处的光照条件都不相同，这是长期适应的结果，从而形成了植物对光的不同生态习性。

1. 阳性植物

在全日照条件下生长最好而不能忍受庇荫的植物。一般光补偿点较高，若光照不足，往往生长不良，茎枝纤细、叶片黄瘦，甚至不能正常开花。在自然群落中，常为上层乔木或分布于草原、沙漠及旷野，一般需光度为全日照的70%以上。如落叶松、油松、赤松、马尾松、落羽杉、池杉、水松、枣树、白桦、杜仲、檫木、苦楝、刺槐、白刺花（*Sophora davidii*）、漆树（*Toxicodendron vernicifluum*）、毛白杨、旱柳、臭椿、泡桐、核桃、黄连木、麻栎、桃树、柽柳、桉树、火炬树、合欢、椰子、木麻黄、木棉等木本植物，假俭草（*Eremochloa ophiuroides*）、结缕草、野牛草（*Buchloe dactyloides*）等多数草坪草，大多数露地一、二年生花卉，多数仙人掌科、景天科、番杏科花卉，以及许多宿根花卉。阳性植物在应用时要布置在阳光充足的环境。

阳性植物的细胞壁较厚，细胞体积较小，木质部和机械组织发达，叶表有厚角质层，叶的栅栏组织发达，叶绿素 a 与叶绿素 b 的比值较大，因为叶绿素 a 多时有利于红光部分的吸收，使阳性植物在直射光线下能充分利用红色光段，气孔数目较多，细胞液浓度高，叶的含水量较低。

2. 中性植物（耐荫植物）

中性植物又称耐荫植物，需光度在阳性植物和阴性植物之间，对光的适应幅度较大，在全日照下生长良好，也能忍受适当的蔽荫，但在高温干旱时全光照下生长受到抑制。大多数植物属于此类，如罗汉松、竹柏、山楂、君迁子、桔梗、棣棠、珍珠梅、虎刺及蝴蝶花、萱草、耧斗菜（*Aquilegia viridiflora*）、白芨（*Bletilla striata*）等。

本类植物的耐荫程度因种类不同而差别很大，过去习惯将耐荫力强的称为阴性植物，但从形态解剖和习性上来讲又不具典型性，故归于中性植物为宜。在中性植物中包括偏阳性的与偏阴性的种类。白榆、朴、榉、樱花、枫杨等为中性偏阳；国槐、木荷、圆柏、珍珠梅、七叶树、元宝枫、五角枫等为中性稍耐荫。而冷杉、云杉、紫杉、红豆杉（*Taxus wallichiana* var. *chinensis*）、罗汉柏、竹柏、罗汉松、铁杉、福建柏（*Fokenia hodgensii*）、粗榧（*Cephalotaxus sinensis*）、阿丁枫（*Altingia chinensis*）、八角金盘、常春藤、中华常春藤、薜荔、八仙花、山茶、南天竹、桃叶珊瑚、枸骨、海桐、多数杜鹃花类、含笑、紫楠（*Phoebe sheareri*）、棣棠、香榧（*Torreya grandis*）、紫金牛、朱砂根、棕竹（*Rhapis excelsa*）、野扇花、富贵草、红背桂（*Excoecaria cochinchinensis*）、可可（*Theobroma cacao*）、小粒咖啡（*Coffea arabica*）、萝芙木（*Rauvol-*

fia verticillata）、肉桂、吉祥草、活血丹（*Glechoma longituba*）、福建观音座莲蕨（*Angiopteris fokiensis*）等均属于中性而耐荫力强的种类，可应用于建筑物的背面或疏林下。

3. 阴性植物

在弱光下生长最好，一般要求为全日照的 5%～20%，甚至更低，不能忍受全光，否则叶片焦黄枯萎，甚至死亡，尤其是一些植物的幼苗，需在一定的蔽荫条件下才能生长良好。如广东万年青（*Aglaonema modestum*）在光照强度 50～200 lx 就可生长。在自然植物群落中，阴性植物常处于中下层，或生长在潮湿背阴处，在群落结构中常为相对稳定的主体。如不少兰科植物、苦苣苔科、凤梨科、姜科、天南星科、很多秋海棠科花卉以及三七（*Panax notoginseng*）、草果（*Amomum tsao-ko*）、人参（*Panax ginseng*）、云南黄连（*Coptis chinensis*）、细辛（*Asarum sieboldii*）等。

阴性植物的细胞壁薄而细胞体积较大，木质化程度较差，机械组织不发达，维管束数目较少，叶子表皮薄，常无角质层，栅栏组织不发达而海绵组织发达。叶绿素 a 与叶绿素 b 的比值较小，因叶绿素 b 较多而有利于利用林下散射光中的蓝紫光段，气孔数目较少，细胞液浓度低，叶的含水量较高。

（三）植物的耐荫性与造景应用

植物的耐荫性是相对的，与纬度、气候、年龄、土壤等条件有密切关系。在低纬度的湿润、温热气候条件下，同一种植物要比在高纬度较冷凉气候条件下耐荫。如红栲（*Castanopsis hystrix*）在北纬 25°的广西北部比较耐荫，而在北纬 27°的福建北部则较喜光。在山区，随着海拔高度的增加，植物喜光度也相应增加。

植物的耐荫性，也可以从形态上初步判断。如树冠伞形者多为阳性、树冠圆锥形而枝条紧密者多耐荫；树干下部侧枝早行枯落者多为阳性，下枝不易枯落而繁茂者多耐荫；树冠叶幕区稀疏透光、叶片色淡而质薄者多为阳性，叶幕区浓密、叶色浓而深而质厚者多耐荫；常绿针叶树的叶呈针状者多为阳性，而呈扁平或呈鳞片状者多耐荫。如昆明常见树种按对光强要求由强到弱排列为：针叶树中云南松（*Pinus yunnanensis*）、圆柏、油杉（*Keteleeria fortunei*）、华山松、冷杉；阔叶树中蓝桉、滇杨、黄连木、麻栎、旱冬瓜（*Alnus nepalensis*）、合欢、无患子、红果树、青冈栎、樟树等。

基于园林植物配置的需要，应对相关植物需光性进行系统观测，以更为准确地确定其耐荫性。苏雪痕曾于 1978 年在杭州植物园的槭树、杜鹃园对杜鹃花的耐荫性进行了研究，并对杜鹃花配置的人工群落进行分析。发现配置在紫楠林下，光照强度仅为全日照 3% 左右，杜鹃花全部荫死；配置在悬铃木大树树冠下的毛白杜鹃（*Rhododendron mucronatum*），靠近树干处不开花，因该处光照强度仅为全日照的 8%，稍离树干远处光强增至全日照的 20%～30%，开花显著增多；接近悬铃木树冠正投影的边缘则开花繁茂；配置在金钱松林下的锦绣杜鹃（*Rhododendron pulchrum*）在林地中央，光照强度为全日照的 6.6%，故不开花，在林缘为全日照的 23% 则开花良好；配置在三角枫下的毛白杜鹃，在林中光照强度为全日照的 7.4%～9%，故不开花，林缘为 15%～20% 有少量开花。配置在以枝叶稀疏的榔榆、臭椿、马尾松混交林下的毛白杜鹃，则开花良好，尤其在林中空地上的毛白杜鹃，花、叶均茂。

从而得出结论，毛白杜鹃一般要求光照强度超过全日照20%的情况下，才能正常生长发育，所以在植物造景时宜配置在林缘、孤立树的树冠正投影边缘或上层乔木枝下高较高，枝叶稀疏，密度不大的情况下，生长才能较好。

四、空气因子与植物景观

（一）大气污染对植物的影响

空气的主要成分是氮（约占78%）和氧（约占21%），还有其他成分如氩和二氧化碳（约320 ug/g）以及多种污染物质。随着工业的发展，工厂排放的有毒气体无论在种类和数量上都愈来愈多，对人类健康和植物生长都带来了严重的影响。

空气中的污染物多达400多种，危害较大的一般20多种，按其毒害类型可分为氧化性类型、还原性类型、酸性类型、碱性类型、有机毒害型、粉尘类型等，其中一氧化碳可占总污染物52%，二氧化硫约占18%，碳氢化合物如乙烯等约占12%，氮氧化合物如二氧化氮等约占6%，其他还有氟化氢、硫化氢、氨、氯化氢、氯气、臭氧、粉尘等。对植物危害最大的是二氧化硫、臭氧、过氧乙酰硝酸酯（由碳氢化合物经光照形成）。由于有毒气体破坏了植物的叶片组织，降低了光合作用，直接影响了生长发育，表现在生长量降低、早落叶、延迟开花或不开花、果实变小、产量降低、树体早衰等。

我国北京、兰州、上海、南京、桂林、沈阳等地曾对不少园林植物尤其是园林树种的抗污染能力进行了多方面研究，为工矿区和污染区的植物选择提供了理论依据。

1. 二氧化硫

二氧化硫进入叶片气孔后，遇水变成亚硫酸，进一步形成亚硫酸盐。当二氧化硫浓度高过植物自行解毒能力时（即转成毒性较小的硫酸盐的能力），积累起来的亚硫酸盐可使叶肉细胞产生质壁分离、叶绿素分解，在叶脉间或叶脉与叶缘之间出现点状或块状伤斑，产生失绿漂白或退色变黄的条斑。但叶脉一般保持绿色不受伤害。受害严重时，叶片萎蔫下垂或卷缩、脱落。

常见的抗二氧化硫的木本植物主要有龙柏、铅笔柏、柳杉、杉木（*Cunninghamia lanceolata*）、女贞、日本女贞（*Ligustrum japonicum*）、樟树、广玉兰、棕榈、小叶榕（*Ficus concinna*）、高山榕（*F. altissima*）、柑橘、木麻黄、珊瑚树、枸骨、大叶黄杨、黄杨、海桐、蚊母树、栀子、蒲桃（*Syzygium jambos*）、夹竹桃、丝兰、凤尾兰、苦楝、刺槐、白蜡、垂柳、构树、白榆、朴树、栾树、悬铃木、花曲柳（*Fraxinus rhynchophylla*）、赤杨、紫丁香、臭椿、国槐、山楂、银杏、杜梨、枫杨、山桃、泡桐、梧桐、紫薇、海州常山、无花果、石榴、黄栌、丝棉木、火炬树、木槿、小叶女贞、枸橘、紫穗槐、连翘、紫藤、五叶地锦等；草本植物有菖蒲、鸢尾、玉簪、金鱼草、蜀葵、美人蕉、金盏菊、晚香玉、野牛草、草莓（*Fragaria × ananassa*）、鸡冠花、酢浆草、紫茉莉、蓖麻（*Ricinus communis*）、凤仙花（*Impatiens balsamina*）、菊花、一串红、牵牛花、石竹、青蒿（*Artemisia annua*）、地肤等。而向日葵（*Helianthus annus*）、波斯菊（*Cosmos bipinnatus*）、紫花苜蓿（*Medicago sativa*）、雪松、羊蹄甲、杨桃、白兰花、椤木石楠、合欢、香椿、杜仲、梅花、落叶松、油松、白桦等则对二氧化硫比较敏感。

2. 氟化氢

氟化氢进入叶片后，常在叶片先端和边缘积累，当空气中的氟化氢浓度达到十亿分之三就会在叶尖和叶缘首先出现受害症状；浓度再高时可使叶肉细胞产生质壁分离而死亡。故氟化氢所引起的伤斑多半集中在叶片的先端和边缘，成环带状分布，然后逐渐向内发展，严重时叶片枯焦脱落。

抗氟化氢的有国槐、臭椿、泡桐、龙爪柳、悬铃木、胡颓子、白皮松、侧柏、丁香、山楂、连翘、紫穗槐、大叶黄杨、龙柏、罗汉松、夹竹桃、日本女贞、广玉兰、棕榈、雀舌黄杨、海桐、蚊母树、山茶、凤尾兰、构树、木槿、刺槐、大叶桉、柑橘、梧桐、无花果、小叶女贞、榕树、蒲葵、白蜡、桑树、木芙蓉、竹柏、夹竹桃、海桐、旱柳、核桃、五角枫、葡萄、玫瑰、榆叶梅、大丽花、万寿菊、波斯菊、菊芋(*Helianthus tuberosus*)、金盏菊、牵牛花、菖蒲、鸢尾、金鱼草、野牛草、紫茉莉、半支莲(*Portulaca grandiflora*)、蜀葵、葱莲(*Zephyranthes candida*)等。

3. 氯及氯化氢

聚氯乙烯塑料厂生产过程中排放的废气中含有较多的氯和氯化氢，对叶肉细胞有很强的杀伤力，能很快破坏叶绿素，产生褪色伤斑，严重时全叶漂白脱落。其伤斑与健康组织之间没有明显界限。

抗氯气和氯化氢的有杠柳(*Periploca sepium*)、木槿、合欢、五叶地锦、大叶黄杨、海桐、蚊母树、日本女贞、凤尾兰、夹竹桃、龙柏、侧柏、构树、白榆、苦楝、国槐、臭椿、接骨木、无花果、丝棉木、紫荆、紫藤、紫穗槐、榕树、棕榈、蒲葵、珊瑚树、连翘、银杏、紫丁香、花曲柳、桑、水蜡、山桃、皂角、茶条槭、接骨木、欧洲绣球(*Viburnum opulus*)、虎耳草(*Saxifraga stolonifera*)、早熟禾、鸢尾、天竺葵。

4. 光化学烟雾

汽车排出气体中的二氧化氮经紫外线照射后产生一氧化氮和氧原子，后者立即与空气中的氧气化合成臭氧；氧原子还与二氧化硫化合成三氧化硫，三氧化硫又与空气中的水蒸气化合生成硫酸烟雾；此外，氧原子和臭氧又可与汽车尾气中的碳氢化合物化合成乙醛。尾气中以臭氧量最大，占90%，可以使叶片表皮细胞及叶肉中海绵细胞发生质壁分离，并破坏其叶绿素，从而使叶片背面变成银白色、棕色、方铜色或玻璃状，叶片正面会出现一道横贯全叶的坏死带。受害严重时会使整片叶变色，但很少发生点、块状伤斑。

日本以臭氧为毒质进行的抗性试验表明，当臭氧浓度达到0.25 ug/g时，抗性强的有银杏、黑松、柳杉、悬铃木、连翘、海桐、海州常山、日本女贞、日本扁柏、夹竹桃、樟树、青冈栎、冬青、美国鹅掌楸(*Liriodendron tulipifera*)等；抗性一般的有赤松、日本樱花、锦绣杜鹃、梨等；抗性较弱的有朱砂杜鹃(*Rhododendron obtusum*)、栀子花、绣球、胡枝子、紫玉兰、牡丹、垂柳等。

此外，抗硫化氢的植物有栾树、银白杨、刺槐、泡洞、桑、白榆、圆柏、连翘、皂角、龙爪柳、五角枫、梨、悬铃木、毛樱桃、加拿大杨等；抗汞污染的植物有夹竹桃、棕榈、桑树、大叶黄杨、紫荆、绣球、桂花、珊瑚树、蜡梅、刺槐、槐、毛白杨、垂柳、桂香柳、文冠果(*Xanthoceras sorbifolia*)、小叶女贞、连翘、木槿、欧洲绣球、榆叶梅、山楂、接骨木、金银花、大叶黄杨、黄杨、海州常山、美国凌霄（*Campsis radicans*）、常春藤、爬山虎、五叶地锦、含羞草（*Mimosa pudica*）等。

（二）风对植物的生态作用及景观效果

空气的流动形成风，风对植物是有利的，如风媒花的传粉和部分植物的果实、种子的传播都离不开风，如杨柳科、菊科、萝藦科、铁线莲属、柳叶菜属、榆属、槭属、白蜡属、枫杨属等植物的种子都借助风来传播。

但风也有对植物有害的一面，主要表现在台风、焚风、海潮风、冬春的旱风、高山强劲的大风等。沿海城市常受台风危害，如厦门台风过后，冠大荫浓的榕树可被连根拔起，大叶桉主干折断，凤凰木小枝纷纷吹断，盆架树（*Alstonia rostrata*）由于大枝分层轮生，风可穿过，只折断小枝，而椰子树和木麻黄最为抗风。我国西南地区如四川渡口、金沙江的深谷、云南河口等地，有极其干热的焚风，焚风一过植物纷纷落叶，有的甚至死亡。海潮风常把海中的盐分带到植物体上，如抗不住高浓度的盐分，植物就要死亡。海边的红楠（*Machilus thunbergii*）、山茶、黑松、大叶胡颓子（*Elaeagnus macrophylla*）、柽柳的抗性就很强。黄河流域早春的干风是植物枝梢干枯的主要原因。由于土壤温度还没提高，根部没恢复吸收机能，在干旱的春风下，枝梢易失水而干枯。强劲的大风常常出现在高山、海边和草原上，有时可形成旗形树冠的景观，高山上常见的低矮垫状植物也是为了适应多风、大风的生态环境。

抗风树种大多根系发达深广、材质坚韧，如马尾松、黑松、圆柏、柠檬桉、厚皮香、假槟榔、椰子、蒲葵、木麻黄、竹类、池杉、榉树、枣树、麻栎、白榆、胡桃、国槐等，而红皮云杉（*Picea koraiensis*）、番石榴、榕树、木棉、刺槐、桃树、雪松、悬铃木、加拿大杨、泡桐、垂柳等的抗风力弱。

五、土壤因子与植物景观

植物生长离不开土壤，土壤是植物生长的基质。土壤对植物最明显的作用就是提供植物根系生长的场所，通过水分、肥力、土壤酸碱度等来影响植物的生长。

（一）基岩与植物景观

不同的岩石风化后形成不同性质的土壤，不同性质的土壤上有不同的植被，具有不同的植物景观。岩石风化物对土壤性状的影响，主要表现在物理、化学性质上，如土壤厚度、质地、结构、水分、空气、湿度、养分等状况，以及酸碱度等。

石灰岩主要由碳酸钙组成。风化过程中，碳酸钙可受酸性水溶解，大量随水流失，形成的土壤具石灰质，黏实、易干，缺乏磷和钾，多呈中性或碱性反应。不适宜松类等喜酸性土壤的植物生长，宜喜钙的耐旱植物生长。植物群落中上层乔木以落叶树占优势，大多秋色美丽。常见的喜钙树种有榆科、桑科、柏科以及部分漆树科树种。如杭州龙井寺及烟霞洞附近多属石灰岩，乔木树种有珊瑚朴（*Celtis julianae*）、大叶榉、榔榆、杭州榆（*Ulmus changii*）、黄连木，灌木中有石灰岩指示植物南天竹和白瑞香，植物景观以秋景为佳，秋色叶绚丽夺目。其他著名的石灰岩景区有山东灵岩寺、安徽琅玡山等。但在贵州荔波等地，在石灰岩基岩的山地上可发育着常绿阔叶林。

砂岩中含大量石英，坚硬而较难风化，多构成陡峭的山脊、山坡。在湿润条件下，可形成酸性土，土壤呈砂质，营养元素贫乏。流纹岩也难风化，在干旱条件下，多石砾或砂砾质，在温暖湿润条件下呈酸性或强酸性，形成红色黏土或砂质黏土。此类基岩形成的土壤适于大多数植物生长，植被总体上比石灰岩地区繁茂，植物景观郁郁葱葱。在长江流域及其以南可形成常绿阔叶林景观。如杭州云栖及黄龙洞就分别为砂岩和流纹岩，植被组成中以常绿树种较多，如青冈栎、米槠（*Castanopsis cuspidata*）、苦槠、浙江楠、紫楠、绵槠（*Lithocarpus henryi*）、樟树等。这类山体也适合马尾松等多数松类以及毛竹等竹类植物生长。在华北地区，砂岩山地上一般生长着栎类形成的落叶阔叶林，或者槭树、毛白杨、椴树等形成的落叶阔叶杂木林。

(二) 土壤物理性质对植物的影响

土壤物理性质主要指土壤的机械组成。理想的土壤是疏松、有机质丰富、保水保肥力强、团粒结构好的壤土。团粒结构内的毛细管孔隙 < 0.1mm，有利于贮存大量水肥；而团粒结构间非毛细管孔隙 > 0.1mm，有利于通气、排水。植物在理想的土壤上生长得健壮，寿命长。

城市土壤的物理性质具有极大的特殊性。很多为建筑土壤，含有大量砖瓦与渣土，如含量在30%以下，尚利于在城市践踏剧烈条件下的通气，使根系生长良好，如高于30%，则不利根系生长。城市人流、车流量大，土壤密度增加，自然降水大部分变成地面径流损失或被蒸发掉，不能渗透到土壤中去。同时，土壤被踩踏紧密后，孔隙度降低，通气不良，也抑制植物根系的伸长生长，使根系上移。地面用水泥、沥青铺装后，封闭性大，留出树池很小，也造成土壤透气性差，硬度大。

(三) 土壤不同酸碱度的植物生态类型

自然界中的土壤酸碱度是气候、母岩、土壤中的无机和有机成分、地下水等多个因素综合作用的结果。一般而言，在干燥而炎热的气候条件下，中性和碱性土较多，在潮湿寒冷或暖热多雨的气候条件下酸性土较多；母岩为花岗岩类常为酸性土，母岩为石灰岩类则为碱性土；地下水中如富含石灰质成分则为碱性土。此外，长期使用某些无机肥料也可改变土壤的酸碱度。

根据土壤的酸碱度，可分为强酸性土（pH 值 < 5.0）、酸性土（pH 值 5.0 ~ 6.5）、中性土（pH 值 6.5 ~ 7.5）、碱性土（pH 值 7.5 ~ 8.5）和强碱性土（pH 值 > 8.5）5 类。而根据植物对土壤酸碱度的要求，可分为 3 类植物。

1. 酸性土植物

酸性土植物在土壤 pH 值小于 6.5 时生长最好，在碱性土或钙质土上不能生长或生长不良。酸性土植物主要分布于暖热多雨地区，该地的土壤由于盐质如钾、钠、钙、镁被淋溶，而铝的浓度增加，土壤呈酸性。在寒冷潮湿地区，由于气候冷凉潮湿，在针叶林为主的森林区，土壤中形成富里酸，含灰分较少，土壤也呈酸性。常见的酸性土植物有马尾松、池杉、红松、白桦、山茶、油茶、映山红、高山杜鹃类、吊钟花、马醉木、栀子、印度橡皮树（*Ficus elastica*）、桉树、木荷、含笑、红千层等树种，藿香蓟以及多数兰科、凤梨科花卉。

2. 中性土植物

中性土植物在土壤 pH 值为 6.5 ~ 7.5 之间最为适宜。大多数园林树木和花卉是中性土植物，如水松、桑树、苹果、樱花等树种，金鱼草、香豌豆、紫菀、风信子、郁金香、四季报春(*Primula obconica*)等花卉。

有些树种适应于钙质土,被称为喜钙树种,如侧柏、柏木(*Cupressus funebris*)、青檀(*Pteroceltis tatarinowii*)、榉树、椴榆、花椒、蚬木(*Excentrodendron tonkinense*)、黄连木等。

3. 碱性土植物

碱性土植物适宜生长于 pH 值大于 7.5 的土壤中。碱性土植物大多数是大陆性气候条件下的产物,多分布于炎热干燥的气候条件下。如柽柳、杠柳、沙棘、桂香柳、仙人掌等。

此外,在我国还有大面积的盐碱地,其中大部分是盐土,真正的碱土面积较小。一般而言,如果土壤中主要含有 NaCl 和 Na_2SO_4 等盐分时多呈中性,含有 Na_2CO_3、$NaHCO_3$ 和 K_2CO_3 较多时则呈碱性。真正的喜盐植物很少,如黑果枸子(*Cotoneaster melanocarpus*)、梭梭等,但有不少树种耐盐碱能力强,可在盐碱地区用于园林植物景观营造。常见的耐盐碱树种有柽柳、侧柏、铅笔柏、白榆、椴榆、银白杨、新疆杨、苦楝、白蜡、绒毛白蜡、桑树、旱柳、臭椿、刺槐、梓树、杜梨、皂角、山杏、合欢、枣树、香茶藨、白刺花、迎春、毛樱桃、榆叶梅、紫穗槐、文冠果、枸杞、火炬树、桂香柳、沙棘、西伯利亚白刺(*Nitraria sibirica*)等。

第二节　自然群落与园林植物造景

在自然界,任何植物都不是单独地生活,总有许多其他植物和它生活在一起。这些生长在一起的植物,占据了一定的空间和面积,按照自己的规律生长发育、演变更新,并同环境发生相互作用,形成植物群落。植物群落并不是植物个体简单的拼凑,而是一个有规律的组合。生长在一起的植物之间存在着极其复杂的相互关系,这种相互关系包括生存空间的竞争,各个植物对光能、土壤水分和矿物质的利用,植物分泌物的影响,以及植物之间附生、寄生、共生关系等。植物群落具有一定的种类组成、外貌、群落结构,这些都是群落的基本特征。

一、自然群落与栽培群落

植物群落按其形成可分为自然群落和栽培群落(图 3-5)。自然群落是在长期的历史发育过程中,在不同气候及生境条件下自然形成的群落。各自然群落都有自己独特的种类、外貌、层次和结构。如西双版纳热带雨林群落,在其最小面积中往往有数百种植物,群落结构复杂,常有 6~7 个层次,群落内藤本植物、附生植物丰富;而东北红松林群落的最小面积中一般仅有 40 种左右植物,群落结构简单,仅具2~3 层。

栽培群落是按人类需要,把同种或不同种的植物配置在一起形成的,服从于人们生产、观赏或改善环境的需要。如果园、林带、公园中的树丛、树群等。园林植物造景中栽培群落的设计,必须遵循自然群落的发展规律,将科学性和艺术性结合起来,切忌单纯追求艺术效果而不顾植物的生态习性和相互关系。

自然群落云杉林

自然群落草原

人工群落郁金香展

人工群落混交树丛

图 3-5　自然群落与人工群落

二、自然群落的种类组成和结构特征

(一)自然群落的组成成分

植物群落由不同的植物种类组成，每种植物都具有其结构和功能上的独特性，它们对周围的生态环境各有一定的要求和反应，在群落中的地位和作用也不相同，即生态位不同。群落的组成是群落最重要的特征，是决定群落外貌及结构的基础条件。例如，华北地区的油松林外貌整齐，乔木层常有元宝槭、小叶朴、白蜡等混生，群落内常可见到胡枝子、绣线菊、连翘、照山白（*Rhododendron micranthum*）、锦带花、锦鸡儿等灌木，以及地榆（*Sanguisorba officinallis*）、白羊草（*Bothriochloa isch-aemun*）、野古草（*Arundinella hirta*）、桔梗、中华卷柏（*Selaginella sinensis*）、鸡眼草（*Kummerowia stipulacea*）等草本植物。

群落内各物种在数量上是不等同的，数量最多、占据群落面积最大的植物种叫优势种。优势种最能影响群落的发育和外貌特点。如云杉或冷杉群落的外轮廓线条是尖峭耸立；高山的偃柏群落则表现出一片贴伏地面、宛若波涛起伏的外貌。

(二)自然群落的外貌

群落外貌指植物群落的外部形态，它是群落中生物与生物之间、生物与环境之间相互作用的综合反映，如森林、草原、荒漠等不同的群落具有不同的外貌。群落外貌除了优势种外，还决定于植物种类的生活型、高度及季相（图 3-6）。

常绿阔叶林　　　　　　　　　　　铁杉林

山顶草甸，混有少量黄山松　　　　　毛竹林

图 3-6　武夷山不同群落的外貌

1. 群落的高度

群落的高度指群落中最高一群植物的高度，直接影响着群落的外貌。群落高度首先与自然环境中海拔高度、温度及湿度有关。一般说来，在植物生长季节中温暖多湿的地区，群落的高度就高；在植物生长季节中气候寒冷或干燥的地区，群落的高度就低。如热带雨林的高度至少在 25～35m 以上，甚至高达 70m，如望天树（*Parashorea chinensis*）；亚热带常绿阔叶林高度一般也在 15～25m 以上，最高可达 30m 以上，如栲树、青冈类形成的森林；山顶矮林的一般高度在 5～10m，甚至只有 2～3m，如杜鹃矮林、岳桦矮林；草甸和草原的群落高度常常在 1m 以下。

2. 生活型

生活型是指植物长期适应环境而形成独特的外部形态、内部结构和生态习性。同一科的植物可以有不同的生活型。如蔷薇科的枇杷、樱花呈乔木状；毛樱桃、榆叶梅、棣棠呈灌木状；木香、蔷薇呈藤本状；龙芽草（*Agrlmonia pilosa*）、地榆为草本。反之，亲缘关系很远的植物也可表现为相同的生活型。如旱生环境下形成的多浆植物，除仙人掌科植物外，还有大戟科的霸王鞭（*Euphorbia neriifolia*）、番杏科的心叶日中花（*Mesembryanthemum cordifolium*）、萝摩科的大花犀角（*Stapelia grandiflora*）、葡萄科的青紫葛（*Cissus quadrangularis*）、菊科的仙人笔（*Kleinia articulata*）、百合科的芦荟(*Aloe vera*)，以及景天科、龙舌兰科、马齿苋科等植物。只有极少数的科，如睡莲科、香蒲科，其不同种具有大致相同的生活型。

一个自然或半自然的群落，一般是由多种生活型的植物组成的，这些植物的外在形态就构成了群落的外貌。丹麦生态学家瑙基耶尔根据休眠芽在不良季节的着生位置作为划分生活型的标准，一般将陆生植物划分为 5 类。

(1)高位芽植物：休眠芽位于距地面 25cm 以上，包括大高位芽植物(高度大于30m)、中高位芽植物(8～30m)、低高位芽植物(2～8m)与矮高位芽植物(25cm～2m)。

(2)地上芽植物：更新芽位于土壤表面以上 25cm 以下，多为灌木、半灌木或草本植物。

(3)地面芽植物：又称浅地下芽植物或半隐芽植物，更新芽位于近地面土层内，冬季地上部分全枯死，即为多年生草本植物。

(4)隐芽植物：又称地下芽植物，更新芽位于较深土层中或水中，多为鳞茎类、块茎类和根茎类多年生草本或水生植物。

(5)一年生植物：植物只有在良好的季节生长，以种子形式越冬。

群落内各生活型的植物种类的比例关系称为生活型谱。群落类型不同，生活型谱也不同(表 3-1)。

表 3-1　中国 7 种群落类型的生活型谱(%)

群落(地点)	高位芽植物	地上芽植物	地面芽植物	隐芽植物	一年生植物
热带雨林(海南岛)	96.88	0.77	0.42	0.98	0
热带山地雨林(海南岛)	87.63	5.99	3.42	2.44	0
南亚热带常绿阔叶林(福建和溪)	63.00	5.0	12.0	6.0	14.0
中亚热带常绿阔叶林(浙江)	76.1	1.0	13.1	7.8	2
暖温带落叶阔叶林(秦岭北坡)	52.0	5.0	38.0	3.7	1.3
寒温带暗针叶林(长白山)	25.4	4.4	39.6	26.4	3.2
温带草原(东北)	3.6	2.0	41.1	19.0	33.4

3. 群落的季相

群落外貌常随着气候季节性交替而发生周期性变化，呈现不同的外貌。群落的季相是植物适应环境条件的一种表现形式。季相变化的主要标志是群落主要层尤其是优势种的物候变化。总体上，温带地区各种群落的季相变化最为明显，亚热带次之，热带不明显。

温带地区四季分明，落叶阔叶林群落的季相变化也特别显著。春季树木萌芽，长出新叶，并开花；夏季树叶茂盛，整个群落绿色葱葱；秋季树叶变黄、变红，北京香山的红叶就是最典型的例子；进入冬季，树叶凋落，只有枝干耸立，又是另外一种季相。

常绿阔叶林和常绿针叶林的季相变化远不如落叶阔叶林显著，但是花果期的出现以及林下其他植物随着季节的变化仍然表现出季相。

热带雨林内的各种植物几乎没有休眠期，开花换叶又不集中，终年以绿色为主，季相变化很小。

(三) 自然群落的结构

1. 群落的多度与密度

多度是指每个种在群落中出现的个体数目。多度通常有两种统计方法，一种是个体数量的直接计算法，一种是目测估计法。在植物个体数量多而形体小的群落如灌木和草本群落中，或者仅概略型的调查中采用目测法，而对树木种类多采用直接计算法。频度表明物种在某一地段上分布的均匀性，通过在样地内设置小的样方调查获得。

密度指群落内单位面积上的植物个体数。密度受到分布格局的影响，而株距又反映了密度和分布格局。在规则分布的情况下，密度与株距成反比。但在集中分布情况下不一定如此。样地内某一物种的个体数占全部物种个体数的百分比称为相对密度。

盖度指植物地上部分垂直投影面积占样地面积的百分比，即投影盖度，反映了植物在空间上所占有的面积，在一定程度上说明植物冠幅的大小。森林群落中，常用郁闭度来表示乔木层的盖度，当郁闭度为 0.9 ~ 1.0 时为高度郁闭，0.7 ~ 0.8 时为中度郁闭，0.5 ~ 0.6 时为弱度郁闭。一个群落郁闭度的大小直接影响到群落内的生态条件，如光照、水分，对于下层植物的种类、数量和生长发育有很大影响。

2. 群落的垂直结构

群落的垂直结构主要指群落的分层现象。不同地区、不同的植物群落常有不同的垂直结构层次，这种层次的形成是依植物种的高矮及不同的生态要求形成的。除了地上部的分层现象外，在地下部各种植物的根系分布也有着分层现象。

通常，群落的多层结构可分 3 个基本层，即乔木层、灌木层、草本及地被层，层次越多，群落结构越复杂。温带落叶阔叶林的地上成层现象最为明显而简单，只有三层。热带雨林的成层结构最为复杂，可达 6 ~ 7 层以上。乔木层中常可分为 2 ~ 3 个亚层，枝桠上常有附生植物，树冠上常攀援着木质藤本，在下层乔木上常见耐荫的附生植物和藤本；灌木层一般由灌木、藤本及乔木的幼树组成，有时有成片的竹类；草本及地被层有巨叶型草本植物、蕨类以及一些乔木、灌木、藤本植物的幼苗。此外，还有一些寄生植物、附生植物在群落中没有固定的层次位置，不构成单独的层次，所以称它为层外植物或层间植物。但在荒漠地区，植物群落的垂直结构非常简单，大多只有一层。

三、自然群落内各种植物的种间关系

自然群落内各种植物之间的关系是极其复杂和矛盾的，其中有竞争，也有互助。

(一) 寄生关系

营寄生生活的植物大约有 2 500 种，在分类学上主要是属于被子植物门的 12 个科，重要的有菟丝子科、樟科、桑寄生科、列当科、玄参科和檀香科等。另一类是低等植物，即绿藻门的头孢藻等寄生藻类。

菟丝子属(*Cuscuta*)是依赖性最强的寄生植物，常寄生在豆科、唇形科，甚至单子叶植物上。我们常可以在绿篱、绿墙、农作物、孤立树上见到它。它的叶已退化，

不能制造养料，是靠消耗寄主体内的组织而生活的。还有一种半寄生植物，它们用构造特殊的根伸入寄主体内吸取水分和无机养料，另一方面又有绿色器官，可以自己制造有机养料，主要见于桑寄生科和玄参科，如桑寄生（*Taxillus chinensis*）、槲寄生（*Viscum coloratum*）。

其他常见的寄生植物还有樟科的无根藤（*Cassytha filiformlis*）、檀香科的寄生藤（*Henslowia frutescens*）、玄参科的独脚金（*Striga asiatica*）、列当科的列当（*Orobanche cumana*）等。

（二）附生关系

附生植物常以他种植物为栖居地，但并不吸取其组织部分为食料，最多从它们死亡部分上取得养分而已。在寒冷的温带植物群落中，苔藓、地衣常附生在树干、枝桠上；在热带，尤其是热带雨林中，附生植物很多，如蕨类植物中的抱石莲（*Lepidogrammitis drymoglossoides*）、肾蕨、鸟巢蕨、星蕨、岩姜蕨、石韦（*Pyrrosia lingua*）等，天南星科的龟背竹、麒麟叶（*Epipremnum pinnata*）、蜈蚣藤等，还有诸多的兰科、萝藦科植物。这些附生植物往往有特殊的组织、便于吸水的气根，或在叶片及枝干上有储水组织，或叶簇集成鸟巢状以收集水分、腐叶土和有机质。这种附生景观如能加以模拟，应用于植物造景中，不但增加了单位面积的绿量，改善环境的生态效益更好，而且形成了多种多样美丽的植物景观，既适合热带和亚热带南部、中部地区室外植物造景，也可应用于寒冷地区的展览温室内。

（三）共生关系

蜜环菌常作为天麻（*Gastrodia elata*）营养物质的来源而共生；地衣就是真菌从藻类植物身上获得养料的共生体。许多高等植物有菌根菌与其共生，如松类、云杉类、落叶松类、栎类、栗类、水青冈类、桦木类、鹅耳枥、榛子等均有外生菌根，兰科植物、柏类、雪松、红豆杉、核桃、白蜡、杨树、楸树、杜鹃花类、槭类、桑树、葡萄、李、柑橘、茶树、咖啡、橡胶树等有内生菌根，有些种类有内、外生菌根。这些菌根有的可固氮，为植物吸收和传递营养物质，能使树木适应贫瘠不良的土壤条件。大部分菌根有酸溶、酶解能力，依靠它们增大吸收表面，可以从沼泽、泥炭、粗腐殖质、木素蛋白质、以及长石类、磷灰石或石灰岩中，为树木提供氮、磷、钾、钙等营养。植物与菌根共生关系的深入研究有利于园林植物造景。

（四）生物化学关系

美国黑胡桃（*Juglans nigra*）的林下一般很少有草本植物生长，因为其根系分泌的胡桃酮能使草本植物严重中毒；灌木鼠尾草（*Salvia leucophylla*）下以及其叶层范围外 1～2m 处不长草本植物，甚至 6～10m 内草本植物生长都受到抑制，这是因为鼠尾草叶中能散发大量萜烯类物质，它们能透过角质层，进入植物种子和幼苗，对附近一年生植物的发芽和生长产生毒害；赤松林下桔梗、苍术（*Atractylodes lancea*）、结缕草生长良好，而牛膝（*Achyranthes bidentata*）、东风菜（*Doellingeria scaber*）、苋菜生长不好。可见在园林植物造景中，选择和配置植物种类时也必须考虑到这一因素。

（五）竞争关系和机械关系

自然植物群落内植物种类繁多，一些对环境因子要求相同的植物种类，就表现出相互剧烈的竞争；而对环境因子要求不同的植物种类，不但竞争少，有时还呈现互惠关系。如松林下的苔藓层可保护土壤不致干化，有利于松树生长，松树的树阴也有利于苔藓的生长。

竞争是植物间为了利用环境中有限的能量和营养资源而发生的相互关系，这种关系主要发生在营养面积和营养空间不足时。竞争可发生在植物群落不同层次以及同一层次的不同物种之间，也发生在同一层次同一物种的不同个体之间。在植物种群内部，随着种群密度的增加，单株植物的营养面积缩小，植株间争夺光、水、营养物质的竞争显著增加，结果导致部分个体生长逐渐减弱，个体死亡数逐渐增加，使得种群密度逐渐下降。

机械关系是植物相互间剧烈的竞争关系，尤其以热带雨林中缠绕藤本与绞杀植物与乔木间的关系最为突出。如油麻藤（*Mucuna cochinchinensis*）、杜仲藤（*Parabarium micranthum*）、榕属及鹅掌柴属的一些种类常与其他乔木之间产生剧烈斗争。这些木质缠绕藤本幼年时期遇到粗度适度的幼树时，就松弛地缠绕在其树干上，借以支柱向上生长，这时矛盾不显著，随着幼树树干不断增粗，就受到了藤本缠绕的压迫，妨碍幼树增粗生长，幼树的形成层开始产生肿瘤组织，向藤本进行强烈的反包围，矛盾开始剧烈起来。随着肿瘤组织活跃生长，畸形怪状，将藤本的缠绕部分反包围在内，相互间压力达到顶点。其结果，或是树干被压迫而死；或是藤茎被压迫而死；也有可能两者在剧烈竞争的情况下转化为连生现象，使局部矛盾得到统一，共同生存下去。

四、我国不同气候带的植被分布特点

中国以昆仑山、秦岭、淮河一线为界，大致可分为北南两部分。北半部可属温带、暖温带范围，只有大兴安岭北部才有小片寒温带，自东向西由森林、草原到荒漠。南半部主属亚热带，只有最南部才有面积不大的热带。亚热带东部受太平洋季风影响，气候湿润，典型植被为各类森林，西部的青藏高原，因距海洋较远，夏季东南季风的影响向西逐渐减弱，而且海拔高，由高原边缘东部向西沿着季风方向依次出现硬叶常绿阔叶灌丛和矮林、高寒草甸、高寒草原和高寒荒漠。

（一）东部湿润区植被水平分布的纬向变化

1. 寒温带针叶林带

位于大兴安岭北部鄂伦春以北，年均温度 - 2.2 ~ - 5.5℃，年积温 1 100 ~ 1 700℃，年降水量约 500mm。分布着大面积的兴安落叶松林，间或混有樟子松林。针叶林破坏后次生为小叶的白桦林，再破坏即次生为绣线菊、虎榛子灌丛。

2. 温带针叶、落叶阔叶混交林带

包括沈阳以北到东北张广才岭、小兴安岭一带，年均温度 2 ~ 7℃，年积温 1 700 ~ 3 200℃，年降水量约 600 ~ 700mm，东部可达 800 ~ 900mm。在阴湿生境中分布着槭、椴、白蜡、榆、桦等落叶阔叶杂木林，在排水良好、阳光充足的生境则分布着蒙古栎林，间或有成片的红松林，但红松多与前述杂木林混交，特别在偏北地区形成红松、落叶阔叶树混交林。阔叶林破坏后次生为榛子、胡枝子、蒙古栎灌丛。

3. 暖温带落叶阔叶林带

指淮河以北和沈阳以南的辽东半岛、山东半岛、华北山地等。年均温度 7 ~ 14℃，年积温 3 200 ~ 4 500℃，年降水量 600 ~ 700mm，东部沿海可达 900mm。在微酸性或中性棕壤上分布着多种落叶栎林，主要有辽东栎林、槲栎林、栓皮栎林、麻栎林。阔叶林破坏后在海滨丘陵次生赤松林，内陆为油松林以及荆条、酸枣灌丛。

黄土或石灰岩土上主要分布有榆科树种、黄连木等落叶阔叶林，破坏后次生或栽培有侧柏疏林，并有次生黄栌、鼠李、酸枣灌丛。

这一带是我国落叶果树的主要产区，出产许多优良品种的苹果、梨、葡萄、桃、枣、柿、山楂、樱桃、核桃、板栗(*Castanea mollissima*)等。

4. 过渡性亚热带含常绿阔叶树的落叶阔叶林带

包括秦巴山区和长江中下游，年均温度 14 ~ 15℃，年积温 4 500 ~ 5 000℃，年降水量 900 ~ 1 000mm。在酸性黄棕壤上分布有落叶的枹树林和半常绿的橿子栎林，还有含亚热带常绿树种的栓皮栎、麻栎林等。阔叶林破坏后次生或栽培马尾松林和引进的黑松林，再破坏后次生为白鹃梅、连翘、栓皮栎、化香灌丛。

在石灰岩土上长有含箬竹、南天竹、小叶女贞等常绿灌木的化香、枫香、榆科树种、黄连木等落叶阔叶混交林。混交林破坏后次生为侧柏林和荆条、马桑、黄栌、化香灌丛。

常绿果树有枇杷，柑橘虽能栽培但产量和质量都不如更南的亚热带。落叶果树的石榴、桃、无花果生长良好。亚热带经济树木如茶、油桐、乌桕、油茶等基本以此带为我国分布的北界。

5. 亚热带常绿阔叶林带

东部旱、湿季较不明显，雨量较多；西部旱季显著、雨量较少。东部亚热带包括江南丘陵、浙闽山地、两广北部、四川盆地、黔鄂山原，年均温度 15 ~ 20℃，年积温 5 000 ~ 6 500℃，年降水量由东到西为 2 000 ~ 1 000mm。在酸性黄壤上以常绿栎林为主，有青冈栎林、甜槠林、苦槠林、石栎林或它们的混交林，偏南为常绿栎类、樟科、山茶科、金缕梅科所组成的杂木林；它们多含有喜湿的水青冈。阔叶林破坏后，在排水良好、阳光充足处，广泛次生有地被物为茂密铁芒萁的马尾松林和映山红、檵木、乌饭树、柃木、白栎等灌丛。在阴湿及土层深厚处则广泛分布着杉木林和毛竹林。

在石灰岩上分布着落叶阔叶-常绿阔叶混交林，落叶阔叶树多属榆科、胡桃科、漆树科、山茱萸科、桑科、槭树科、豆科、无患子科等，以榆树种类最突出，常绿阔叶树以壳斗科的青冈栎最有代表性。偏南的混交林中出现许多喜暖树种，如圆叶乌桕、南酸枣、榕树类、野黄皮等。石灰岩混交林破坏后次生为柏木林及南天竹、檵木、竹叶椒(*Zanthoxylum armatum*)、蔷薇、菝葜等灌丛，偏南还有喜暖的红背山麻杆等。该区是我国亚热带常绿果树产区，主产广柑、橘子、柚子、金橘、枇杷、杨梅等，也栽培有柿、桃、板栗等落叶果树，偏南地区局部小环境中栽培有龙眼、荔枝、橄榄等。

西部亚热带包括云南高原、川西南高原，年均温度 15 ~ 17℃，年积温为 4 500 ~ 5 500℃，年降水量 800 ~ 1 000mm。在酸性红壤上为滇青冈、高山栲、白皮柯等常绿栎林，破坏后次生为云南松林、华山松林、云南油杉林；在石灰岩土上则为落叶阔叶－常绿阔叶混交林。横断山脉年降水量一般为 600～700mm，而气温随高度而递减，阳坡的硬叶常绿的高山栎灌丛、矮林可作为水平分布的代表性植被。暖温带落叶果树如梨、苹果、桃、李、花红以及板栗、核桃普遍栽培，而常绿果树只见于海拔较低山谷中。

6. 过渡性热带雨林性常绿阔林带

包括福建、广东、广西、云南的南部以及台湾中北部。年均温度 21～24℃，年积温 6 300～8 000℃，年降水量东部较高可达 2 000～3 000mm，而西部只有 1 200mm。在酸性砖红壤上，生长着含有大戟科、罗汉松科等热带树种的栲属、樟科、山茶科杂木林，其中小乔木层和灌木层几乎全属于热带性质的树木。阔叶林破坏后，东部次生为马尾松疏林及桃金娘、岗松、野牡丹、大沙叶灌丛，西部次生为思茅松林及滇大沙叶、展毛野牡丹、糙叶水锦树、柔毛木荷灌丛。

石灰岩土上为半常绿季雨林，主要由榆科、椴树科、楝科、山竹子科、无患子科、大戟科、梧桐科、漆树科、桑科等一些喜热好钙树种组成，如光叶白颜树、蚬木、木棉、阴麻木、核实木、闭花木、金丝李、肥牛树等。这些树种有常绿性的或半常绿性的，其中有些树种有明显的板状根，这是亚热带同科树木所没有的特征。

本带是甘蔗、黄麻、木薯、芋头等经济作物的主产区；广泛栽有荔枝、龙眼、黄皮、杧果、白榄、乌榄、杨桃、香蕉、菠萝、番木瓜、番荔枝等热带果树，柑橘、柚、广柑多属喜温品种。在亚热带作为一年生草本植物的辣椒在此带可长成灌木，蓖麻长成小乔木；在一定生境下栽培有八角茴香、金鸡纳、橡胶等，在亚热带不能结果或结果不能成熟的木菠萝，在此带一年可一熟或二花一熟。

7. 热带季雨林、雨林带

本带包括雷州半岛、海南岛和南海诸岛、台湾南部以及滇南和西藏东南部的局部地区，年均温度 24～28℃，年积温 8 000～9 000℃ 以上，年降水量 1 200～2 000mm。在开阔谷地或丘陵酸性砖红壤上有梧桐科、漆树科、楝科、柿科、豆科、大戟科、榆科、桑科等树种所组成的半常绿季雨林。常绿阔叶雨林仅局部地见于湿润的小环境，乔木层树种主属樟科、大戟科、桑科、桃金娘科、番荔枝科、夹竹桃科、梧桐科、山榄科、棕榈科、茜草科、紫金牛科、龙脑香科、大风子科、山龙眼科、天料木科等。海南岛季雨林破坏后次生为南亚松林和桃金娘、岗松、野牡丹、大沙叶灌丛。在海南岛石灰岩上长有山麻杆、苎麻、野黄皮灌丛和矮林。

在热带近赤道带的南海诸岛的珊瑚石灰土上，因常年风大，加以受海水浸渍影响，植被具有旱生和盐生的特征，出现肉质常绿阔叶灌丛和矮林，以草海桐、小叶草海桐灌丛和羊角树矮林为代表。海边的红树林一般高 4～5m，可分乔木、灌木、草木 3 层，树种有 16～18 种，无论在外貌和种类成分上都较过渡性热带复杂。

热带除有过渡性热带所有的果树和经济作物外，还有橡胶、椰子、腰果、大粒咖啡、胡椒、槟榔等，海滨还可栽培龙舌兰、剑麻、番麻等经济作物。木菠萝一年可二花二熟；椰子在过渡性热带只能长成高树，不能结果或果小而少，而在此带则正常结果。

(二) 西部干旱、半干旱区植被水平分布的纬向变化

中国西部位于亚洲内陆腹地，在强烈的大陆性气候笼罩下，从北到南出现一系列东西走向的巨大山系。南部因有青藏高原的隆起，打破了太阳辐射及其所联系的热量受纬度的影响；加以南北接受不同来源的海洋气流的影响，使得植被水平分布的纬向变化趋于复杂。

纬度偏北的新疆地区距离海洋遥远，四周环有高山，湿气不易进入。来自北大西洋的水汽经过中亚变质以后，剩下稀少的水汽进入北疆，又被横贯于中部的天山所阻，不能向南运行；同时天山又阻挡了西北来的寒潮，使其不能直接侵入南疆。因而天山山脉成了温带干旱半荒漠、荒漠和暖温带极端干旱荒漠、裸露荒漠带的天然分界线。

纬度偏南的青藏高原，从纬度带讲属于亚热带范围，但由于高原隆起5 000m，气候高寒；喀喇昆仑山和昆仑山之间，形成了高寒极端干旱地带。南面的羌塘高原受到印度洋季风余波的影响，成为高寒半干旱地带，藏南山谷则有亚热带高寒山地半干旱气候的特点。在国界以外南尼泊尔和印度的喜马拉雅山南坡，迎向印度洋季风则属热带干、湿季显著的湿润森林地带。

这样，中国西部从北到南的植被水平分布的纬向变化如下：温带半荒模、荒漠带；暖温带荒漠带；高寒荒漠带；高寒草原带；高寒山地灌丛草原带。

1. 温带半荒漠、荒漠带

北疆准噶尔盆地海拔300～500m，因受到西风带和北大西洋气流余波的影响，年降水量150～200mm，各季分布均匀，冬雪、春雨较多。由于纬度高，又是寒潮通道，年均温度3.0～7.0℃，≥10℃的年积温3 000～3 500℃。北部有草原化矮半灌木荒漠，即含有沙生针茅的盐生假木贼、小蓬砾漠；中部有大面积白梭梭沙漠和梭梭柴沙漠，两种梭梭常有规律地构成复合群落，多少混生有春季短期生植物；在天山北麓以及伊犁、塔城谷地还有蒿属、短期生草类壤漠。以上特点显示着与中亚北部荒漠的联系性。但膜果麻黄、梭梭柴砾漠的大面积分布，也说明与亚洲中部荒漠的共同点。农业全靠灌溉，苹果、桃、杏等果树需埋土越冬。

2. 暖温带荒漠、裸露荒漠带

南疆塔里木盆地海拔1 000～1 250m，年降水量30～100mm，多集中夏季，最低只有10mm左右，盆地中心甚至全年无雨，是世界上极端干旱区之一。年均温度10～12℃，≥10℃的年积温4 000～4 500℃。本带分布着大面积的无植被流动沙丘和裸露砾漠。在山前洪积扇上有生长极稀疏的膜果麻黄、木霸王(*Zygophyllum xanthoxylun*)、泡泡刺、沙拐枣砾漠，盆地中地下水较高的盐化沙丘上有极稀疏的柽柳沙漠。此外，盆地边缘的低山上有生长极稀疏的超旱生的矮半灌木合头草、戈壁藜岩漠，地下水位较高处的盐土上有盐爪爪、盐穗木、盐节木盐漠和柽柳灌丛。沿河两岸有大面积走廊式胡杨疏林。农业全靠灌溉，苹果、桃、杏、核桃等果树能自然越冬，南部还有无花果、桑树。

3. 高寒荒漠带

喀喇昆仑山与昆仑山之间的羌塘北部高原，海拔5 000～5 300m，气候高寒而极端干旱，年均温度约－10℃，最暖月每夜都有霜冻，年降水量20～50mm。在宽谷

湖盆的沙壤质土上，稀疏地分布着高约 8 ~ 15cm 的垫状驼绒藜的高寒荒漠，盖度约 10 % 以下，有的地方仅 1%~3% 。这里没有农业植被。

4. 高寒草原带

西藏北部的羌塘高原位于昆仑山与冈底斯山之间，高原的湖面、台地和低山丘陵海拔 4 500 ~ 4 800m，年均温度约 – 0.1℃，≥10℃积温为 1 500℃，年降水量约 150 ~ 300mm，多集中于 6 ~ 9 月份。分布着以紫花针茅、羽柱针茅为主的高寒草原。当地利用局部适宜地形种植青稞，但常受霜冻危害。

5. 高寒山地灌丛草原带

此带位于喜马拉雅山北坡和冈底斯 – 拉达克山南坡之间的河谷，南北高山超过 6 000m，河谷海拔 3 600 ~ 3 800m，年降水量 170mm，冬春有积雪，年均温度 3℃，≥10℃积温约 2 000℃。有川青锦鸡儿和驼绒藜为主的旱生灌丛、沙生针茅和变色锦鸡儿组成的山地灌丛草原，还有喜暖的白草、固沙草（*Orinus thoroldii*）草原。农业植被以耐寒、耐旱、生长期短的青稞和春小麦一年一熟制，与豌豆、蚕豆、荞麦轮作，也有混种豌豆、油菜的。

五、植物群落营造的植物选择

（一）东北地区

适合用作上层乔木的树种有臭冷杉（*Abies nephrolepis*）、辽东冷杉（*A. holophylla*）、红皮云杉（*Picea koraiensis*）、落叶松（*Larix gmelinii*）、红松（*Pinus koraiensis*）、樟子松、杜松（*Juniperus rigida*）、白桦（*Betula platyphylla*）（图 3-7）、旱柳、梓树、白榆、皂角、侧柏、大果榆（*Ulmus macrocarpa*）、桑树、核桃楸（*Juglans mandshurica*）、槲树、蒙古栎（*Quercus mongolica*）、辽东栎（*Q. wutaishanica*）、

图 3-7　白桦群落

千金榆（*Carpinus cordata*）、糠椴（*Tilia mandshurica*）、紫椴（*T. amurensis*）、山杨、山荆子（*Malus baccata*）、怀槐（*Maackia amurensis*）、黄檗、刺楸、水曲柳（*Fraxinus mandshurica*）、花曲柳（*F. rhynchophylla*）等；茶条槭、蒙椴（*Tilia mongolica*）、日本桤木（*Alnus japonica*）、稠李（*Prunus padus*）、紫杉（*Taxus cuspidata*）、辽东桤木（*Alnus sibirica*）、花楸树（*Sorbus pohuashanensis*）、丝棉木、天女花（*Magnolia sieboldii*）、白檀（*Symplocos paniculata*）等弱阳性树种可作为主要乔木的伴生树种。

适合林下应用的灌木和小乔木有省沽油（*Staphylea bumalda*）、金银木、接骨木、天目琼花、蓝靛果（*Lonicera caerulea* var. *edulis*）、迎红杜鹃（*Rhododendron mucronulatum*）、兴安杜鹃、连翘、胡枝子、太平花、东陵绣球（*Hydrangea bretschneideri*）、黄

芦木(*Berberis amurensis*)、细叶小檗(*Berberis poiretii*)、东北茶藨子(*Ribes mandshuricum*)、长白茶藨子(*Ribes komarovii*)、三裂绣线菊(*Spiraea trilobata*)、东北珍珠梅(*Sorbaria sorbifolia*)、风箱果(*Physocarpus amurensis*)、金露梅(*Potentilla fruticosa*)、锦带花、大花水亚木(*Hydrangea paniculata* 'Grandiflora')等。

适合用作地被的植物有：冰凉花(*Adonis amurensis*)、铃兰(*Convallaria majalis*)、桔梗、大字杜鹃(*Rhododendron schlippenbachi*)、萱草、大苞萱草(*Hemerocallis middendorfii*)、鸢尾类、八宝景天(*Sedum spectabile*)、圆苞紫菀(*Aster maackii*)、锦葵、紫斑风铃草(*Campanula punctata*)、黄堇(*Corydalis pallida*)、石松(*Lycopodium clavatum*)、花荵(*Polemonium coeruleum*)、落新妇(*Astilbe chinensis*)、荷包牡丹(*Lamprocapnos spectabilis*)、薹草类、北五味子、越橘(*Vaccinium vitis-idaea*)。

以下是几个植物群落配置模式的例子，供参考。

(1)红松 + 花楸树—茶条槭 + 兴安杜鹃—越橘；

(2)辽东冷杉—天目琼花—铃兰；

(3)红皮云杉—蒙椴—大苞萱草；

(4)樟子松 + 辽东桤木—紫杉 + 蓝靛果—冰凉花；

(5)黄檗—茶条槭 + 长白茶藨子—薹草类；

(6)白榆—丝棉木 + 稠李—落新妇；

(7)白桦—天女花 + 大花水亚木— 紫斑风铃草；

(8)水曲柳—东北珍珠梅 + 三裂绣线菊—桔梗；

(9)色木 + 辽东桤木—大花水亚木—荷包牡丹；

(10)蒙古栎—黄芦木—黄堇。

(二)华北地区

适合用作上层乔木的树种有黑松、油松(图3-8)、圆柏、青杆(*Picea wilsonii*)、侧柏、白皮松、水杉、雪松、赤松、银杏、白蜡、绒毛白蜡、洋白蜡(*Fraxinus pennsylvanica*)、臭椿、合欢、国槐、苦楝、栾树、麻栎、槲树、刺槐、悬铃木、元宝枫、柿树、杜仲、流苏(*Chionanthus retusus*)、旱柳、楸树(*Catalpa bungei*)、梓树、毛白杨、白榆、皂角、玉兰等。华

图3-8　油松群落

山松、朴树、鸡爪槭、茶条槭、蒙椴、日本桤木、八角枫(*Alangium chinense*)、白檀、玉铃花(*Styrax obassia*)等弱阳性树种可作为主要乔木的伴生树种。

适合林下应用的灌木和小乔木有鸡麻(*Rhodotypos scandens*)、连翘、小花溲疏(*Deutzia parviflora*)、卫矛、天目琼花、红瑞木、迎红杜鹃、省沽油、金银木、珍珠梅、柳叶绣线菊(*Spiraea salicifolia*)、三裂绣线菊、棣棠、矮紫杉(*Taxus cuspidata* var. *nana*)、大叶黄杨、荚蒾(*Viburnum dilatatum*)、接骨木、六道木(*Abelia biflora*)、大叶铁线莲(*Clematis heracleifolia*)、胡枝子等。适合在较稀疏的林下或全日照条件下生长的灌木和小乔木有紫荆、小叶黄杨、猬实(*Kolkwitzia amabilis*)、太平花、海州常山、紫叶小檗、大花溲疏(*Deutzia grandiflora*)、蒙古荬(*Caryopteris mongolica*)等。

适合用作地被的植物有：土麦冬(*Liriope spicata*)、阔叶土麦冬(*L. muscari*)、薹草类、垂盆草(*Sedum sarmentosum*)、二月兰、玉簪、紫萼(*Hosta ventricosa*)、鹿葱(*Lycoris squamigera*)、鸢尾类、射干(*Belamcanda chinensis*)、络石、小叶扶芳藤、大花萱草、紫花地丁、爬山虎等。

以下是几个植物群落配置模式的例子，供参考。

(1)毛白杨＋元宝枫—天目琼花＋连翘—玉簪＋大花萱草＋荷包牡丹；

(2)合欢—金银木＋小叶女贞—早熟禾＋紫花地丁；

(3)国槐＋圆柏—裂叶丁香＋天目琼花—薹草＋垂盆草；

(4)臭椿＋元宝枫—太平花＋连翘—络石；

(5)栾树＋云杉—珍珠梅＋金银木—紫花地丁＋土麦冬；

(6)白皮松＋西府海棠—丁香＋锦带花—扶芳藤；

(7)水杉—荚蒾＋连翘—小叶扶芳藤；

(8)苦楝—丁香—二月兰；

(9)油松＋茶条槭—黄栌＋连翘—土麦冬；

(10)黑松＋八角枫—三裂绣线菊—鸢尾。

(三)华东地区

适合用作上层乔木的树种有马尾松、黑松、柏木(*Cupressus funebris*)、日本冷杉(*Abies firma*)、金钱松、水杉、广玉兰、樟树、杜英(*Elaeocarpus sylvestris*)(图3-9)、木荷、金叶含笑(*Michelia foveolata*)、紫楠、浙江楠(*Phoebe chekiangensis*)、苦槠、石栎(*Lithocarpus glaber*)、青冈栎、桂花、红豆树、钩栲(*Castanopsis tibetana*)、枫香、光皮梾木(*Swida wilsoniana*)、无患子、梧桐、喜树(*Camptoth-*

图3-9 樟树群落

eca acuminata)、合欢、薄壳山核桃(*Carya illinoensis*)、鹅掌楸、鸡爪槭、珊瑚朴、玉兰、七叶树、楸树、南酸枣(*Choerospondias axillaries*)、乌桕、枫杨等。罗汉松、柳杉、日本五针松(*Pinus parviflora*)、木莲、薄叶润楠(*Machilus leptophylla*)、四照花(*Dendrobenthamia japonica* var. *chinensis*)、野茉莉(*Styrax japonica*)、日本女贞、山矾(*Symplocos sumuntia*)、美丽马醉木(*Pieris formosa*)、茶条槭、含笑等耐荫性较强，可以作为上层乔木的伴生树种。

适合林下、林缘应用的灌木和小乔木有：香榧、粗榧（*Cephalotaxus sinensis*）、三尖杉（*C. fortunei*）、山茶、尾尖山茶（*Camellia cuspidata*）、罗汉柏、八角金盘、棣棠、油茶、茶梅、厚皮香、瑞香、海桐、福建柏、乌药（*Lindera aggregata*）、圆锥八仙花（*Hydrangea paniculata*）、天目琼花、野珠兰、马银花（*Rhododendron ovatum*）、毛白杜鹃、朱砂杜鹃、六月雪、朱砂根、紫金牛、栀子、雀舌花（*Gardenia radicans*）、枸骨、南天竹、十大功劳属、滨柃（*Eurya emarginata*）、微毛柃（*E. hebeclados*）、格药柃（*E. muricata*）、小檗属、箬竹、夏蜡梅（*Calycanthus chinensis*）、溲疏、鹅毛竹（*Shibataea chinensis*）、短穗竹（*Brachystachyum densiflorum*）、糯米条（*Abelia chinensis*）、臭牡丹、野扇花（*Sarcococca ruscifolia*）、东方野扇花（*S. orientalis*）、通脱木（*Tetrapanax pagyrifera*）等。

适合用作地被的有：吉祥草、土麦冬、沿阶草、金线草（*Antenoron filiforme*）、红花酢浆草、石蒜（*Lycoris radiata*）、玉簪、紫萼、垂盆草、鸢尾、富贵草、吊竹梅（*Zebrina pendula*）、白芨（*Bletilla striata*）、葱莲、马蹄金（*Dichondra repens*）、三叶草、杜衡（*Asarum forbcsii*）、蔓长春花（*Vinca major*）、万年青（*Rohdea japonica*）、深裂竹根七（*Disporopsis pernyi*）、荞麦叶大百合（*Cardiocrinum cathayanum*）、大吴风草（*Farfugium japnicum*）、山荷叶（*Dysosma pleiantha*）、翠云草（*Selaginella uncinata*）、庐山楼梯草（*Elatostema stewardii*）等。

以下是几个植物群落配置模式的例子，供参考。

（1）广玉兰 + 白玉兰—山茶—阔叶土麦冬；

（2）浙江楠 + 马醉木—夏蜡梅—大吴风草；

（3）樟树—含笑 + 栀子—二月兰；

（4）苦槠—四照花 + 鸡爪槭—紫酢浆草；

（5）青冈栎 + 三角枫—野茉莉 + 红枫—毛白杜鹃—富贵草；

（6）深山含笑—红茴香—锦绣杜鹃；

（7）七叶树—含笑 + 野扇花 – 白芨；

（8）水杉 + 日本柳杉—夏蜡梅 + 洒金珊瑚—朱砂杜鹃 + 吉祥草；

（9）枫香 + 罗汉松—结香—石蒜 + 土麦冬；

（10）红豆树 + 桂花—油茶 + 栀子—玉簪。

（四）华南地区

适合用作上层乔木的树种有：南洋杉（*Araucaria cunninghamii*）、大叶南洋杉（*A. bidwillii*）、鸡毛松（*Podocarpus imbricatus*）、水松、马尾松、榕属、桉属、木棉、台湾相思（*Acacia confusa*）、洋紫荆、凤凰木、黄槿（*Hibiscus tiliaceus*）、木麻黄、银桦、大王椰子、蒲葵、槟榔（图3-10）、假槟榔、大果马蹄荷（*Exbucklandia tonkinensis*）、木菠萝、蓝花楹、南洋楹、大花紫薇（*Lagerstroemia speciosa*）、荔枝、盆架树、白千层、杧果、人面子、白兰、蒲桃、秋枫（*Bischofia javanica*）、阴香（*Cinnamomum burmanii*）、火焰树（*Spathodea campanulata*）、杜英等。竹柏、罗汉松、幌伞枫、短穗鱼尾葵（*Caryota mitis*）等耐荫性较强，可以作为上层乔的伴生树种。

适合林下应用的灌木和小乔木有：三尖杉、红茴香、米兰、九里香、鹰爪花、水冬哥（*Saurauia tristyla*）、星毛鸭脚木（*Schefflera minutistellata*）、牛矢果（*Osmanthus* matsumuranus)、海桐、光叶海桐(*Piitosporum glabratum*)、野锦香(*Blastus cochinchinensis*)、野海棠(*Bredia fordii*)、虎舌红(*Ardisia mammillata*)、罗伞树(*A. quinquegona*)、杜茎山(*Maesa japonica*)、金腺荚蒾(*Viburnum chunii*)、红紫珠(*Callicarpa rubella*)、臭茉莉(*Clerodendron frangrans*)、山茶类、含笑、栀子、八角金盘、绣球、野扇花、十大功劳、南天竹、米碎花(*Eurya chinensis*)、虎刺、云南

图 3-10　槟榔群落

黄馨、桃叶珊瑚、紫金牛、软叶刺葵、散尾葵(*Dypsis lutescens*)、棕竹、金粟兰、通脱木、茵芋(*Skimmia japonica*)、六月雪、玉叶金花等。喜光的有龙船花(*Ixora chinensis*)、硬骨凌霄(*Tecomaria capensis*)、茉莉、变叶木、假连翘、冬红(*Holmskioldia sanguinea*)、朱缨花(*Calliandra haematocephala*)、红桑(*Acalypha wilkesiana*)等。

适合用作地被的有：仙茅(*Curculigo orchioides*)、大叶仙茅(*C. capitulata*)、海芋、一叶兰(*Aspidistra elatior*)、蜘蛛兰(*Hymenocallis speciosa*)、肾蕨(*Nephrolepis auriculata*)、紫背竹芋(*Stromanthe sanguinea*)、广东万年青、球花马蓝(*Strobilanthes pentstemonoides*)、可爱花(*Eranthemum nervosum*)、虎尾兰(*Sansevieria trifasciata*)、金粟兰、秋海棠属、合果芋(*Syngonium podophyllum*)、紫花络石(*Trachelospermum axillare*)、中华常春藤、酢浆草、沿阶草、白芨、天竺葵(*Pelargonium hortorum*)、山姜(*Alpinia chinensis*)、花叶山姜(*A. pumila*)、草胡椒(*Pepromia pellucida*)、深山黄堇(*Corydalis pallida*)、红背蛇根草(*Ophiorriza succirubra*)、千年健(*Homalomena occulta*)等。

以下是几个植物群落配置模式的例子，供参考。

(1)银桦 + 罗汉松—鹰爪花—海芋；

(2)白兰—大头茶 + 罗伞树—虎尾兰；

(3)小叶榕 + 竹柏—红背桂—一叶兰；

(4)凤凰木—玉叶金花 + 虎刺—合果芋；

(5)假槟榔—软枝刺葵—棕竹—仙茅；

(6)阴香 + 黄槿—含笑 + 棕竹—广东万年青；

(7)橄榄—南天竹 + 海桐—大叶仙茅 + 红花酢浆草；

(8)台湾相思—九里香—沿阶草；

(9)南洋楹—鹰爪花 + 含笑—地毯草；

(10)黄兰 + 木莲—大叶米兰—艳山姜。

第三节　园林植物造景的美学原理

随着我国园林事业的发展和人们物质生活水平的提高，人们迫切需要在城市园林再现自然，植物配置要顺乎自然。现代城市建设步伐日新月异，怎样在闹中取静，体现出园林美及自然美，是园林工作者必须探讨的问题。它需要我们合理运用植物，分析美的本质，将美呈现在现代之中，让美的线条和美的色彩带给人们心灵、感观上的愉悦。

美是人类的一种特殊思维活动，它属于情感思维范畴（即审美思维和审美活动）所产生的意识形态或观念形态。这种审美意识或审美观，对于不同时代、不同环境、不同经济状况、不同民族传统、不同宗教信仰、不同经历、不同社会地位以及不同文化教育水平的人，都会有所不同。但是，两个不同的人，如果上述所有条件相同，他们对客观事物的审美观，却是基本相同或相近的。

美，有自然美、生活美和艺术美之分。自然美是人类面对自然与自然现象如天象、地貌、风景、山岳、河川、植物、动物等所产生的审美意识；生活美是人类面对人类自身的活动或社会现象所产生的审美意识；艺术美是人类面对人类自身所创作的艺术作品如绘画、雕塑、建筑艺术、园林、音乐、诗词、戏剧、电影等所产生的审美意识。

园林植物景观的本质是作为客体的园林植物或由其组成的"景"刺激主体，从而引起主体舒适快乐、愉悦、敬佩、爱慕等情感反应的功利关系。园林植物属于自然的物质，所以本身就具有自然美的成分；同时，园林植物造景是一种实践活动，所以又具有生活美的因子；另外，园林植物造景是运用艺术的手段而产生的美的组合，它是无声的诗、立体的画，是艺术美的体现。总之，园林植物造景需要综合自然美、生活美和艺术美。

一、色彩美原理

(一) 色彩认识

赏心悦目的景物，除了个人嗜好外，首先是因为色彩动人才引人注目，其次才是形体美、香味美和听觉美。园林中的色彩以绿色为基调，配以美丽的花、果及变色叶，构成了缤纷的色彩景观。

1. 色彩的本质

"色"包含色光与色彩。光与色两者之间有不可分割的关系，由发光体放射出来的叫光，而色是受光体的反射物。阳光是所有颜色之源，太阳光谱由不同波长的色光组成，其中人眼能看到的有7种：赤、橙、黄、绿、青、蓝、紫，而物体的色彩是对光线吸收和反射的结果，如红色的花朵是因其吸收了橙、黄、绿、蓝、紫等各色，而把红光反射到人眼，才显以红色；白色是因为物体本身不吸收阳光，而是全部反射出来。

2. 有彩色与无彩色

人眼可辨的色彩大致可分为两大类：有彩色如红、黄、绿、蓝、橙等系列；无彩色如白、灰、黑色系列。园林植物多以有彩色见诸于景观应用，如红花绿叶等，以无彩色为主的欣赏景观则较少，主要是一些白色干皮植物，白色花以及黑色果实等。

3. 三原色与三补色

红、黄、蓝是色彩三原色，园林中常用三原色造景，体现热带风光。三原色两两混合而成二次色，又称间色，即橙、绿、紫（图 3-11）。红与绿、黄与紫、蓝与橙构成了三对互补色，互补色具有强烈的对比效应，用于园林中起突出与强调作用，如绿叶红花。但补色因具有强烈的视觉刺激，一般在应用时削弱一方的纯度或降低一方的面积为宜，如万绿丛中一点红。

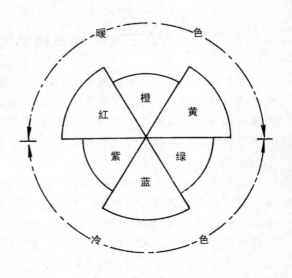

图 3-11 色环示意图

4. 二次色与三次色

二次色再相互混合则成为三次色，也称为复色，如橙红、橙黄、黄绿、蓝绿、蓝紫、紫红等。自然界各种植物的色彩变化万千，凡是具有相同基础的色彩如红蓝之间的紫、红紫、蓝紫，与红、蓝两原色相互组合，均可以获得比较调和的效果。二次色与三次色的混合层次越多，越呈现稳重、高雅的感觉。

5. 色彩三要素

色彩的三要素也称色彩的三属性，即色相、明度和彩度。色相即色彩的相貌，指植物反射阳光所呈现的各种颜色，如黄、红、绿等颜色名称。明度指色彩的明亮程度，是色彩明暗的特质，白色在所有色彩中明度最高，黑色明度最低。明度等级高低依次为：白、黄、橙、绿、红、蓝、紫、黑。彩度指植物颜色的浓淡或深浅程度，也称纯度或饱和度，艳丽的色彩饱和度高，彩色度也高，如红、黄、蓝三原色。黑、白色无彩度，只有明度。有彩色的颜色，在同一色相中，彩度最高的就是此色相之纯色。

（二）色彩效应

色彩因搭配与使用的不同，会在人的心理中产生不同的情感，即所谓的"色彩情感"。一个空间所呈现的立体感、大小比例以及各种细节等，都可以因为色彩的不同运用而显得明朗或模糊。所以熟悉理解和掌握色彩的各种"情感"，并巧妙地运用到植物景观中，可以得到事半功倍的效果。

1. 冷色与暖色

有些色彩给人以温暖的感觉，有些色彩则给人以冷凉的感觉，通常前者称为暖色，后者称为冷色，这种冷暖感决定于不同的色相。暖色以红色为中心，包括由橙到黄之间的一系列色相；冷色以蓝色为中心，包括从蓝绿到蓝紫之间的一系列色相；绿与紫同属于中性色。此外，明度、彩度的高低也会影响色相之冷暖变化。"无彩色"中白色显得冰冷，而黑色给人以温暖，灰色则属中性。

鲜艳的冷色以及灰色对人刺激性较弱，故常给人以恬静之感，称为沉静色。绿色和紫色属中性颜色，对视者不会产生疲劳感。鲜红色是积极、热血，以及革命之象征。我国以红色代表大吉大利，所以欲表达热烈气氛，在入口处或重要位置点以色彩鲜艳的植物景观效果极佳。

2. 诱目性与明视性

容易引起视线的注意，即诱目性高，而由各种色彩组成的图案能否让人分辨清楚，则为明视性。要达到良好的景观设计效果，既要有诱目性，也要考虑明视性。

一般而言，彩度高的鲜艳色具有较高的诱目性，如鲜艳的红、橙、黄等色彩，给人以膨胀、延伸、扩展的感觉，所以容易引起注目。然而诱目性高未必明视性也高。例如红与绿非常抢眼，但不能辨明。明视性的高低受明度差的影响，一般明度差异越大，明视性越强。

3. 色彩的轻与重

色彩的轻、重受明度的影响，色彩明亮让人觉得轻，色彩深暗让人觉得沉重，明度相同者则彩度愈高愈轻、愈低愈重。深色与暗色感觉重，因此在室内植物景观设计中多采用暗色调植物，以显正统、威严。浅色调感觉轻，活泼好动者喜欢在室内摆色彩浅淡的植物，给人以亲近、轻松、愉快的感觉。同样的原理应用于室外的植物造景，如在烈士陵园等比较庄严的场所，植物应选择松柏等暗色调植物，以突出庄重、肃穆的气氛；而在儿童乐园或节日庆典等场合，则宜选择色彩浅淡的植物，以突出活泼、愉快的感觉。在室外植物造景及插花艺术中，如果上暗下浅，则头重脚轻，会有动感、活泼感，但重心不稳；下暗上浅，则相反。

4. 色彩的华丽与朴素

色彩有华丽与朴素之分，这与彩度、明度有密切关系。纯色的高彩度或高明度色彩，有华丽感；彩度低、明度低的暗色，给人以朴素感。一般而言，暖色华丽，冷色朴素。

5. 色彩的感情

色彩还可表现出一定的情感，亦即色彩的感情。这是一个复杂的问题，常因人、因时、因地而异，但一般说来，红色给人以兴奋、欢乐、热情、活力之感，同时也有危险、恐怖之感；橙色给人以明亮、华丽、高贵、庄严之感，同时也有焦躁、卑俗之感；黄色给人以温和、光明、快活、华贵之感，同时也有颓废、病态之感；蓝色给人以秀丽、清新、宁静、深远之感，同时也有悲伤、压抑之感；绿色给人以青春、和平、朝气、兴旺之感，同时也有幼稚或衰老之感；紫色给人以华贵、典雅之感，同时也有忧郁、恐惑之感。了解色彩的感情对于植物配置和造景设计是有帮助的。

(三)配色原则

1. 色相调和

(1)单一色相调和

在同一颜色之中，浓淡明暗相互配合。同一色相的色彩，尽管明度或彩度差异较大，但容易取得协调与统一的效果。而且同色调的相互调和，意象缓和、柔谐，有醉人的气氛与情调，但也会产生迷惘而精力不足的感觉。因此，在只有一个色相时，必须改变明度和彩度组合，并加之以植物的形状、排列、光泽、质感等变化，以免流于单调乏味。

在花坛内不同鲜花配色时，如果以深红、明红、浅红、淡红顺序排列，会呈现美丽的色彩图案，易产生渐变的稳健感。如果调和失宜，则显杂乱无章，黯然失色。在园林植物景观中，并非任何时候都有花开或彩叶，绝大多数是以绿色支撑景观的再现。而绿色的明暗与深浅之"单色调和"加之以蓝天白云，同样会显得空旷优美。如草坪、树林、针叶树以及阔叶树、地被植物的深深浅浅，给人们不同的、富有变化的色彩感受。

（2）近色相调和

近色相的配色，仍然具有相当强的调和关系，然而它们又有比较大的差幅，即使在同一色调上，也能够分辨其差别，易于取得调和色；相邻色相，统一中有变化，过渡不会显得生硬，易得到和谐、温和的气势，并加强变化的趣味性；加之以明度、彩度的差别运用，更可营造出各种各样的调和状态，配成既有统一又有起伏的优美配色景观。

近色相的色彩，依一定顺序渐次排列，用于园林景观的设计中，常能给人以混合气氛之美感。如红、蓝相混以得紫，红紫相混则为近色搭配。同理，红、紫或黄、绿亦然；欲打破近色相调和之温和平淡，又要保持其统一和融和，可改变明度或彩度；强色配弱色，或高明度配低明度，加强对比，效果也不错。

（3）中差色相调和

红与黄、绿和蓝之间的关系为中差色相，一般认为其间具有不调和性。在进行植物景观设计时，最好改变色相，或调节明度，因为明度要有对比关系，可以掩盖色相的不可调和性；中差色相接近于对比色，二者均以鲜明而诱人，故必须至少要降低一方的彩度，才能得到较好的效果。

蓝天、绿地、喷泉即是绿与蓝两种中差色相的配合，但由于它们的明度差较大，故而色块配置仍然自然变化，给人以清爽、融合之美感。但在绿地中的建筑物及小品等设施，以绿色植物为背景，应避免使用中差色相蓝色。

（4）对比色相调和

对比色配色常见应用，因其配色给人以现代、活泼、洒脱、明视性高的效果。在园林景观中运用对比色相的植物花色搭配，能产生对比的艺术效果。

在进行对比配色时，要注意明度差与面积大小的比例关系。例如红绿、橙蓝是最常用的对比配色，但因其明度都较低，而彩度都较高，所以常相互影响。对比色相会因为其二者的鲜明印象而互相提高彩度，所以至少要降低一方的彩度才能达到良好的效果。如果中心色恰巧是相对的补色，效果太强烈，就会较难调和。

花坛及花境的配色，为引起游客的注意，提高其注目性，可以把同一花期的花卉以对比色安排。对比色可以增加颜色的强度，使整个花群的气氛活泼、向上。花卉不仅种类繁多，就同一种而言也会有许多不同色彩和高度的品种和变种，其中不乏色彩冷暖俱全者，如三色堇、矮牵牛、四季秋海棠、杜鹃花、非洲凤仙花、大丽花等，如果种在同一花坛或花园内会显得混乱。但若按冷暖之别分开，或按高矮之差分块种植，既可充分发挥品种的特性，又可避免凌乱。在进行色彩搭配时，通常先取某种色彩的主体色，其他色彩则为副色以衬托主色，切忌喧宾夺主。

2. 色块应用

色块指颜色的面积或体量。绿地景观中的色彩，实际上是由各种大小的色块有机地拼凑在一起而形成的。现代城市景观中，尤其是广场植物景观和道路两侧的绿化带，通常用红叶小檗、金叶假连翘、金叶女贞和草坪等配成各种大小不等的色带或色块，以增强城市的快节奏感。在西方古典规则式园林中，也习惯用矮篱修剪成各种图案，其中大部分强调了色彩的构图。为凸显色彩构图之美，在进行植物景观设计时应考虑以下几个方面。

(1)色块的面积

色块的面积可以直接影响绿地中的对比与调和，对绿地景观的情趣具有决定性作用。配色与色块体量的关系为：色块大，彩度宜低；色块小，彩度宜高；明色、弱色色块宜大；暗色、强色色块宜小。

(2)色块的浓淡

一般大面积色块宜用淡色，小面积色块宜浓艳些；但也应注意面积的相对大小，还与视距有关。互成对比的色块宜近观，有加重景色之效应，远眺则效应减弱；暖色系的色彩，因其彩度、明度较高所以明视性强，其周围若配以冷色系色彩植物则需强调大面积，以取得"视感平衡"。例如，在园林植物造景中经常采用草坪缀花，景致怡人，因为草坪属于大面积的淡色色块，而花草多是艳丽之色，故有相得益彰之妙。

3. 背景搭配

园林植物造景中非常强调背景色的选择和搭配。江南园林中常见的白色墙面常可起到画纸的作用，如在粉墙前植以红枫、翠竹、芭蕉，配以湖石，以植物的自然色彩和姿态作画，则树、石跃然墙上，可构成一幅画题式的天然图画，栩栩如生。任何有色彩植物的运用必须与其背景取得色彩和体量上的协调。现代绿地中经常用一些攀援植物爬满黑色的墙或栏杆，以求得绿色背景，前面相应配置各种鲜艳的花草树木，整个景观鲜明、突出，轮廓清晰，展现了良好艺术效果。一般而言，绿色背景前用红色或橙红色、紫红色的花草树木；明亮鲜艳的花坛或花境，搭配白色的雕塑或小品设施，给人以清爽之感。以常绿的松柏为主色调，配以灰、白色，则会呈现出清新、古朴、典雅的气息和韵致。

从本质上讲，背景的运用也是一种对比手法。一般而言，背景与欲突出表现的景物宜色彩互补或邻补，以获得强烈、鲜明、醒目的对比效果。因此，除了熟悉园林植物本身的色彩外，还应当了解天然山水和天空的色彩，园林建筑和道路、广场、山石的色彩以及其他园林植物的色彩。植物景观既可以各种自然色彩和非生物设施为背景，如蓝天、白云、水面、山石、园林建筑以及各种园林小品，也可以其他园林植物景观为背景，如草坪、常绿阔叶林、松柏片林、竹丛，"丹枫万叶碧云边，黄花万点幽岩下"描绘的就是秋日的枫叶和菊花在碧云、幽岩映衬下形成的美妙景观。在松林前丛植鸡爪槭，或大草坪中孤植鹅掌楸，均在秋日蓝天白云和绿色背景的衬托下显得格外鲜艳动人。

此外，背景与前景的好与坏不仅体现在一段时间内，还应注意植物的四季色彩变化特征。

4. 配色修正

绿地中以乔、灌木等配置的景观一般不易更改，而花坛和节庆日临时摆花的色彩搭配可以利用以下手段加以修正或改变。

(1)改变色相、明度和彩度。单一色相的配色，要用不同的明度、彩度来组织，以避免流于单调乏味。不同色相的配色，邻近色较易取得调和；对比色不易取得调和，最好改变一方的彩度或面积。如果有中差色相存在，最好改变一方色相，增大、减小色块的面积；三种色相配色，不宜均采用暖色相；控制色相在 2~3 种间，以求典雅不俗。

同一明度的色彩不易调和，尽量避免搭配在一起；明度差异大，易调和，明视性高。彩度不同的各种颜色配在一起，会相互影响，使高之愈高，低之愈低；色彩差异很大时，应以高彩度为主色，低彩度为副色。

(2)改变色块。在色彩调和时，如果无法从更改色相、明度和彩度中得到缓解，则可考虑改变色块的大小、色块的集散，色块的排列及配置，以及色块的浓淡等。

(3)加色搭配。若两种颜色互相冲突，根本无法搭配，有效的办法是在配色之间加上白、黑、灰、银、金等线条，将其分割、过渡。这样往往会消除冲突感，使配色清晰活泼。

(4)利用强调色。主观上分出主色和副色，从旁边陪衬。色彩强烈，色块又大，易产生幼稚、俗艳的感觉。其实，明色调比鲜艳色调在应用上更高雅。

(5)寻求与背景相和谐、调和。植物景观配置必须强调用色的背景与整体景观相协调。对背景不加思考而强加人为色彩搭配，如果不合适，会造成对立统一的破坏。常用的背景色有绿色背景、白色或灰色背景、暖色背景，远山和蓝天作借景等。

5. 植物色彩美的常用形式

园林植物色彩表现的形式一般以对比色、邻近色、协调色体现较多。

对比色相配的景物能产生对比的艺术效果，给人强烈醒目的美感，如水面一角的荷叶塘，当夏季雨后天晴，绿色荷叶上雨水欲滴欲止时，正值粉红色荷花相继怒放，犹如一幅天然图画，给人一种自然可爱的色彩美，粉红色的花朵在绿色的背景衬托下格外醒目。

邻近色相配能给人以较为缓和的淡雅和谐的感觉。如公路的分车带，以疏林草地式配置，以白色的护栏为背景，植乔木银杏，满栽绿色高羊茅，夏季树木、草坪深深浅浅的绿色，虽无花朵，也感到清新宜人、和谐可爱。秋季银杏叶色变黄，秋风阵阵，黄叶凋落在绿色的草坪上，黄绿色彩的交相辉映，既壮观又协调，给人一种赏心悦目的感觉。

协调色一般以红、黄、蓝或橙、绿、紫二次色配合，均可获得良好的协调效果。这在园林中应用已经十分广泛。如在公园花坛、绿地常用橙黄的金盏菊和紫色的三色堇、藿香蓟等配置，远看色彩热烈鲜艳，近看色彩和谐统一。

综上所述，在应用植物色彩进行景观设计中，应当注意：

(1)符合异同整合原则。植物与植物及其周围环境之间在色相、明度以及彩度等方面应注意相异性、秩序性、联系性和主从性等艺术原则。

（2）任何景观设计都是围绕一定的中心主题展开的，色彩的应用或突出主题，或衬托主景。

（3）不同的色彩带有不同的感情成分，而不同的主题表达亦要求与其相配的色彩调和出或热闹、或宁静、或温暖祥和、或甜美温馨、或野趣、或田园风光等氛围。

（4）园林植物最有特色的景观因素在于其季相变化。因此，熟悉掌握不同植物的各个季相色彩可以引起流动的色彩音乐。

二、形式美原理

任何成功的艺术作品都是形式与内容的完美结合，园林植物景观设计艺术也是如此。在建筑雕塑艺术中，所谓的形式美即是各种几何体的艺术构图。植物的形式美是植物及其"景"的形式，一定条件下在人的心理上产生的愉悦感反应，它由环境、物理特性、生理的感应三要素构成。形成三要素的辩证统一规律即植物景观形式美的基本规律，同样也遵循变化与统一、均衡与稳定、比例与尺度、对比与调和、节奏与韵律等形式艺术规律。

（一）对比与调和

对比是借两种或多种性状有差异的景物之间的对照，使彼此不同的特色更加明显；调和是通过布局形式、造园材料等方面的统一、协调，使整个景观效果和谐。有对比才能突出主题，才能生动活泼，从而获得鲜明而引人注目的效果；而调和则可获得舒适、宁静而稳定的效果。

植物景观是由植物的景观素材特性及其与周围环境综合构成的。植物的景观素材主要由植物的色彩、体形以及质地构成，这些构成要素都存在大或小、轻或重、深或浅的差异。在各种单独成景的要素特性内，越具有相近特性的如质地中的粗质与中质、色彩中的邻近色，在搭配上就越具有调和性。相反，当各属性间的差异极为显著时，就成为对比，如红色和绿色，粗质与细质等。

对比与调和是艺术构图的重要手段之一。园林植物造景中应用对比手法，可使景观丰富多彩，生动活泼；使用调和原理，可求统一和凸显主题。

1. 空间的对比与调和

开敞空间与闭合空间的对比。如果人从开敞空间骤然进入到闭合空间，视线突然受阻，会产生压抑感；相反，从封闭空间转到开敞空间，则会豁然开朗，柳暗花明又一村（图3-12）。如通过高大植物组成的夹道很封闭，当进入到喷泉区时，空间对比强烈，小空间也显得很开朗，使人心情舒畅。围合封闭与空旷自然相互对比，相

图3-12　空间和形状的对比与调和

互衬托，从封闭的区域走向空旷的区域，令人心旷神怡，顷刻间释放所有的压抑和恐惧；从空旷区域走向封闭，则深邃而幽寂，别有一番滋味。因此，巧妙利用植物创造封闭与空旷的对比空间，有引人入胜之功效。

2. 方向的对比与调和

植物的姿态和由此构成的景观具有线形的方向性时，会产生方向对比，它强调变化，增加景深和层次。如水平方向开敞的空旷草坪和竖向的高耸密林之间的对比，圆锥树形的高大乔木与低矮的灌木球及平缓的地被之间的对比，一横一立，同处一画面，更突出个性表达（图3-13）。所以在攒尖亭周围不主张用单株的雪松、龙柏等向上型的尖顶状树，以免产生亭尖、树冠的争夺之势。

图3-13　高耸的树形与平直水面的对比

3. 体量的对比与调和

体量对比指景物的实际大小、粗细和高低的对比关系（图3-14）。是感觉上的大小，目的是相互衬托。各种植物材料在体量上存在着很大差别，如高大乔木与低矮的灌木及草坪地被形成高矮之对比。即使同一种植物，其不同年龄级的体量也存在着较大差异。

形态各异，大小相同，观赏效果不佳

形态各异，大小不一，观赏效果好

图3-14　体量与形状的对比与调和

利用体量对比也可体现不同的景观效果，如以假槟榔和散尾葵对比，蒲葵与棕竹对比，而其叶形及热带风光的姿态又得以调和；如果在大面积草坪中央植以几株高大的乔木，空旷寂寥，又别开生面，是因为高度差给人的幻觉；而在林缘或林带中高低错落的乔灌搭配，宜形成起伏连绵而富有旋律的天际曲线。同样，对于体量不同的建筑，也需要体量适宜的植物材料进行搭配。大型公共建筑适宜配置高大乔木，一般小型庭院则应选择体量较小的小乔木。

4. 形状的对比和调和

植物景观具有三种基本形状：圆形、方形和三角形。

圆形反映了曲线特有的自然、紧凑，象征着朴素、简练，具清新之美而无冗长之弊。自然界中具天然圆形成分的植物姿态有圆球形、半圆球形以及圆锥形等；另外，园林中不少植物常被修剪成圆形，如黄杨球、海桐球、石楠等，这种形式在日本园林中尤为常见。

方形由一系列直线构图而成，是和人类关系甚为密切的形状，因其便于加工和相互连接。天然的方形植物并不存在，但在西方古典园林中经常用修剪成方形的树篱围成各种几何构图，我国各地常见的绿篱也大多修剪成方形，有些国家和地区也常把高大的行道树修剪成整整齐齐的方形。

三角形是圆形和方形之间的过渡。它既不像圆形那样无直唯曲，略显散漫，也不像方形那样规规矩矩，缺乏灵性，但除了一些具有尖塔形的乔木外，在园林植物景观中仿佛很少用三角形状。

在实际园林景观中，若欲达到形状的对比与调和，需潜心琢磨植物的自然与人工造型及其周围建筑物的造型（图 3-12、图 3-15）。如在城市街道中央绿化隔离带中修剪成方形的

图 3-15　树形调和

侧柏与圆球形的黄杨之间隔以尖塔形的圆柏，则既体现了对比的快节奏，又因形状的渐变而协调统一。

5. 色彩的对比与调和

对比色配色，如红色与绿色、橙色与蓝色、黄色与紫色可以产生对比的艺术效果。"万绿丛中一点红"是色彩对比的最好例证，因而造景时常用于点景或形成主景。大片的绿色给人以恬静之感，而绿色丛中的红色则给人以动的美感，在红色的衬托下，环境似乎更显得宁静。邻补色配色也可产生较为缓和的对比效果，但不如对比色效果强烈，如黄与蓝、红与蓝或黄、橙与紫或绿，"春到青门柳色黄，一株红杏出矮墙"、"红叶黄花秋景宽"、"数树丹枫映苍桧"描绘的都是巧妙的色彩对比。

二次色与合成它们的原色配合使用，由于在色相、明度和纯度上都比较接近，

可获得良好的调和效果，具有柔和、平静、舒适和愉悦的美感。如绿色与蓝色、绿色与黄色、橙色与黄色、橙色与红色、紫色与红色、紫色与蓝色，或红、橙、黄合用，或黄、绿、蓝合用，或红、紫、蓝合用，均舒适协调，并可使景观产生渐次感。同样，二次色相互混合而成的三次色如红橙、黄橙与合成它们的二次色相配合也是协调的。

此外，对比与调和还表现在虚实、疏密、刚柔、藏露、动静、明暗以及植物本身的质感等多个方面。植物有常绿与落叶之分，冠为实而冠内为虚，以灌木围合四周，以乔木围合顶部，在需要突出透景线的地方不加种植，植物为实，空间为虚，实中有虚，虚中有实。明暗给人以不同的心理感受，明处开朗活泼，暗处幽静柔和；明宜于活动，暗宜于休憩。植物的阴影最易形成斑驳的落影，明暗相通，极富诗意。植物有粗质、中质、细质之分，不同质地给人以不同的感觉。不同质地的植物搭配对空间的大小及主题的表达也有影响，合理运用质地间的对比和调和也是设计中常用的手法。

（二）节奏与韵律

有规律的再现称为节奏；在节奏的基础上深化而形成的既富于情调又有规律、可以把握的属性称为韵律。韵律包括连续韵律、交替韵律、渐变韵律等（图 3-16）。植物配置中同一树种有规律地重复出现，可在变化中产生动态的节奏和韵律，同时还有利于景观的统一。

连续韵律包括形状的重复和尺寸的重复，行道树采用同一树种等距离栽植最能体现连

图 3-16　连续韵律

续韵律。交替韵律是利用特定要素的穿插而产生的韵律感，如道路分车带中的图案种植常用这种方法，而杭州西湖白堤的"间株垂柳间株桃"则道出了交替韵律运用之绝妙。渐变韵律是以不同元素的重复为基础，重复出现的图案形状不同、大小呈渐变趋势，而形式上更复杂一些。如西方古典园林中的卷草纹式柱头和模纹花坛即属此类。

造型艺术是由形状、色彩、质感等多种要素在同一空间内展开的，其韵律较之音乐更为复杂，因为它需要游赏者能从空间节奏和韵律的变化中体会到设计者的"心声"，即"音外之意、弦外之音"。园林植物景观设计中，可以利用植物的单体或形态、色彩、质地等景观要素进行有节奏和韵律的搭配。如路侧以圆柏与榆叶梅间植，开花时节，一高一低，一绿一红，构成形态与色彩波浪式构图的韵律，表现出一种残冬过后、春色来临的气氛。常用节奏和韵律表现景观的有行道树、高速公路中央隔离带等适合人心理快节奏感受的道路系统中。

（三）统一与变化

植物景观设计时，树形、色彩、线条、质地和比例等方面要有一定的差异和变化，以显示多样性，但又要使它们之间保持一定的相似性，这样既生动活泼，又和谐统一。变化太多，整体就会显得杂乱无章、支离破碎，失去美感。

统一与变化包括形式与内容、局部与整体、风格、形体等多个方面。运用重复的方法最能体现统一，统一的布局会产生整齐、庄严和肃穆的感觉，但过分的统一又显呆板和单调。所以应当统一中有变化，变化中求统一，只有这样，才会使人感到优美而自然（图 3-17）。例如，街道行道树绿带中，等

树种的重复

种植形式的重复

图 3-17 统一与变化

距离配置同一种类、统一规格的行道树，而在行道树种之间配置同一种类、统一规格的花灌木或整形灌木，既统一，又有变化。

一个公园、一座城市的植物造景应用中，作基调的植物种类少，但数量大，形成了公园或城市的基调和特色，起到统一的作用，而一般植物则种类多、每种的用量少，五彩缤纷，起到变化的作用。例如杭州花港观鱼公园至少应用了 200 多个树种，但以广玉兰作为基调树种，形成了多样统一的构图。

植物材料无论在株形、冠形、叶片大小、色彩以及风格等方面都存在丰富的变化，为了创造优美的景观，应当注重不同种类的搭配以及园林植物与其他景观构成要素之间的搭配与协调。例如，以各种槭树为主要树种配置而成的槭树园，各种槭树可以统一在奇特的双翅果、分裂的叶形以及或红或黄的秋色上，而乔木、灌木以及各种树形的变化和叶色的差别则可以体现景色的多样性。

再如，在江南各地常见的竹子专类园中，毛竹（*Phyllostachys edulis*）、刚竹（*P. sulphurea* var. *viridis*）、湘妃竹、紫竹、箬竹（*Indocalamus latifolius*）、孝顺竹（*Bambusa multiplex*）、慈竹（*Dendrocalamus affinis*）、佛肚竹等多种竹子，有高达 20m 的乔木，也有不及 1m 低矮的灌木，有丛生竹，也有散生竹，竹秆还有绿、黄、紫或斑驳等各种色彩的变化，可谓多样，但它们都统一在相似的竹叶、竹笋以及竹秆的线条和形状上，可谓统一中有变化（图 3-18）。同时，竹子专类

图 3-18 竹子的统一与变化

园中的建筑、构筑物和园林小品也常采用竹制品或如仿竹秆形，如小型竹桥、亭、楼、栏杆、坐凳、垃圾箱、台阶等，既与环境相呼应、统一，又独具特色。

（四）比例与尺度

比例是部分和部分之间、整体和局部之间、整体和周围环境之间的大小关系，与具体尺度无关。不同比例的景观构成对人的心理会产生不同的感觉。尺度是指与人有关的物体实际大小与人印象中的大小之间的关系，它和具体尺寸有着密切的关联，并且容易在人心理上产生定式。一般地，人们倾向于将物体的大小与人体比较。因此，与人体具有良好尺度关系的物体总是被认为是合乎标准的、正常的；比正常标准大的比例会使人感到畏惧，而小比例则具有从属感。

在园林建筑空间设计中对比例与尺度的要求比较严格，因为实际的比例和尺度美是以各种几何的图形构图在人的视觉印象比较中产生的。而园林植物的空间受材料的自然生长特性的制约和限制，其比例和尺度美的运用显得比较薄弱。然而在整体的空间构成中模糊考虑植物的长度以及空间的比例仍然是非常有必要的。

在私家园林中，树种多用矮小植物，体现小中见大，树小则显山高；儿童活动场所设计时，由于儿童视线低，绿篱修剪高度不宜过高，坐凳等也较小；微缩景观园林中的植物一般应选择低矮品种，或通过修剪控制植物的高度（图3-19）。

人在赏景时，因视线角度的不同，分为平视、仰视和俯视。不同的赏景姿势给人以不同的感觉。平视令人感到平静、深远；仰视使人感到雄伟、紧

图3-19　深圳世界之窗内的植物景观

张；俯视则令人感到开阔、惊险。所以巧妙地运用地形的变幻、植物高低的起伏创造不同的观赏视角，使上下左右处处有景，从而大大丰富空间层次，使景色绚丽多姿。

（五）均衡与稳定

构图在平面上的平衡为均衡；在立面上的平衡则为稳定。园林植物景观是利用各种植物或其构成要素在形体、数目、色彩、质地以及线条等方面展现量的感觉。这种称为"美景"的感觉有的是对称美，有的是不对称美，有的是质感均衡美，有的是竖向均衡美等。

均衡是人们在心理上对对称或不对称景观在重量感上的感受稳定（图3-20）。如入口前种植两株同种乔木，稳重庄严，是"对称的均衡"，一棵大乔木可与三棵小灌木构成"不对称的均衡"。这是植物配置的一种布局方法，将体量、质地各异的植物种类按照均衡的原则配置，景观就显得稳定。一般地，色彩浓重、体量大、数量多、质地粗厚、枝叶茂密的植物种类，给人以重的感觉；相反，色彩素淡、体量小巧、

数量少、质地细柔、枝叶疏朗的植物种类，则给人以轻盈的感觉。均衡也适用于景深，在景观设计中应该始终保持前景、中景、背景的关系。

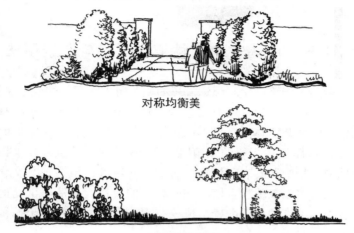

对称均衡美

不对称均衡美

图3-20　对称均衡和不对称均衡美

1. 对称均衡美

规则式园林的构图具有各种对称的几何形状，并且其运用的各种植物材料在品种、形体、数目、色彩等方面应是均衡的，因此常给人一种规则整齐庄重的感觉，此为对称均衡美，常用于规则式建筑及庄严的陵园、雄伟的皇家园林中。

2. 不对称均衡美

不对称均衡美赋予景观以自然生动的感觉。比如利用体量大的乔木与成丛的灌木树丛成对照配置，人的心理自然感到平衡，因为量和面积同样会折射成重量的感觉。不对称均衡常用于花园、公园、风景区等较自然的环境中。

3. 竖向均衡美

上大下小，给人以不稳之感。所以，如若在那些枝干细而长、枝叶集中于顶部的乔木下配置中小乔木或灌木丛，使其形体加重，可造就稳定的景观。然而，在盆景艺术中，往往利用竖向不均衡以显动势，但又在其周围配以山石，或显或隐，达到水平的均衡，来消减竖向的不稳定性。因此，在实际的景观设计中，经常运用以此补彼的手法，达到整体的均衡美感。

(六) 主与从

主从即主体与从属的关系。主与从构成了重点和一般的对比与变化。在主从比较中发现重点，在变化关系中寻求统一是艺术设计中的法则。尤其是在植物配置中，如何表现主从与统一是获得良好景观的决定性因素。例如，在较长的道路中，一般选用一个以上的树种分段种植，这时就需要考虑树种的主次，否则就容易显得杂乱，产生不出特定的效果。

在园林植物景观设计中，强调和突出主景的方法主要有轴心或重心位置法，以及对比法。轴心或重心位置法即把主景安置在中轴线上或轴线之交汇处(节点或转角)，从属景物置于轴线之两侧副轴线上。而区域或群体的设置，应以具体围合重心为重点，根据体量、色彩等因素以及心理效应的影响，管理分配主从景物。对比的本身就是一种相互显隐的结果，主景一般形体高大，或形象优美，或色彩鲜明，或奇特无比，都作为从属景物的反衬。

第四节　中国古典园林植物配置与造景手法

数千年博大精深的传统文化和源远流长的悠久历史，不仅造就了中国园林体系，而且促使其发展成精湛而又独具魅力的艺术形式。中国古典园林是具有丰富的艺术成就和独特风格的园林艺术体系，即"本于自然、高于自然"、"建筑美与自然美的融合"、"诗与画的情趣"、"意境的涵蕴"融于一体的四大特点，在世界园林中独树一帜。古典园林的植物配置既表现植物自身的观赏特性，也表现其文化内涵。勤劳而智慧的中国人民自古以来就学会植物在园林中的应用，创造出生动而美丽的植物景观，从而形成中国独有的植物配置与造景艺术，尤其中国古典园林植物配置与造景艺术乃是世界园林造景之精华。

一、中国古典园林植物配置的特点

中国古典园林植物配置特别讲究诗情画意，"或一望成林，或孤枝独秀"。《花镜》中谈到了许多植物的造景应用，至今仍有参考价值，如"园中地广，多植果木松篁，地狭只宜花草药苗。设若左有茂林，右必留旷野以疏之；前有芳塘，后必筑台榭以实之……如牡丹、芍药之姿艳，宜玉砌雕台，佐以嶙峋怪石，修篁远映。梅花、蜡瓣之标清，宜疏篱竹坞，曲栏暖阁，红白间植，古干横施。桃花妖冶，宜别墅山隈，小桥溪畔，横参翠柳，斜映明霞。杏花繁灼，宜屋角墙头，疏林广榭。梨之韵，李之洁，宜闲庭旷圃，朝晖夕蔼……榴之红，葵之灿，宜粉壁绿窗……木犀香胜，宜崇台广厦，挹以凉飔，坐以皓魄，或手谈，或啸咏其下。紫荆荣而久，宜竹篱花坞。芙蓉丽而闲，宜寒江秋沼。松柏骨苍，宜峭壁奇峰。藤萝掩映，梧竹致清，宜深院孤亭，好鸟闲关。至若芦花疏雪，枫叶飘丹，宜重楼远眺。棣棠丛金，蔷薇障锦，宜云屏高架……"

中国古典园林对植物的利用充分展示了"天人合一"的思想，人们渴望自然、崇尚自然，追求植物带给人类的丰富多彩的季相变化。我国古典园林在植物配置方面已积累了丰富的经验，在选择植物题材上，有许多传统的手法和独到之处。枫宜山麓，乌桕宜谷地，芙蓉、垂柳宜水滨；"种蕉可以邀雨，植柳可以邀蝉"，"插柳沿堤，栽梅绕屋"，"院广堪梧，堤湾宜柳"。再如，榉树谐音"举"，因而在江南私家园林中广为应用，并有"前榉后朴"的配置形式。拙政园"待霜亭"，取自唐人韦应物"洞庭须待满林霜"的诗意，以表现霜降橘红为主题，并在周围自然式散植乌桕、鸡爪槭和榉树，与常绿的橘子树形成丰富而优美的秋景，加强了秋季的绚丽多彩。但古典园林的植物配置并无固定模式，总是取法自然，因地制宜，做到"虽由人作，宛自天开"。一般采取自然式种植，单株、双株、多株等几种形式，以植物的栽植方式来分析有点植和丛植两种(图3-21、图3-22)。

图 3-21　墙角点植的桂花　　　　图 3-22　网师园小山丛桂轩旁的丛植桂花

点植是古典园林中采用较多的一种形式，或为庇荫、观赏，或为构图需要。它能充分发挥单株花木色、香、姿的特点，常作为庭院观赏的主题。于庭院角隅、廊之转角、入口等处零星点缀布置植物，且惯与其他小品如石笋、石峰等配合，形成园林小景。古典园林中点植的树一般树形优美，配置得当，在其构图上并不孤立存在，它与周边环境一起统一于园林总的构图之中。从视觉上看点植的树较引人注目。

点植树常作为烘托环境的重点而又能够与其他景物保持均衡而非对称；点植树在庭院中宜偏于院中一角而切忌居中，其高低大小疏密与院的大小相适应；点植树形优美而又独具观赏特性；多株点植树宜有大有小，忌平均对峙，宜各偏一角忌对称排列。如苏州拙政园"玉兰堂"的玉兰，网师园"小山丛桂轩"西侧的羽毛枫（*Acer palmatum* 'Dissectum'）等。有的还利用某些树干的盘曲、树冠的扶疏，点植于山崖，以衬托绝壁的险峻。还有建筑物附近、桥头、路口等处亦常点植姿态优美的植物，以丰富构图。

丛植在古典园林中的应用不同于点植，丛植讲究群体美，大面积的丛植可以形成郁葱的树群。丛植在古典园林中有两种情况：

第一，用一种观赏价值较高的树植之成林，发挥和强调某种花木的自然特征，以体现群体美。像松林、枫林、梅林、桃林、竹林、牡丹园、芍药园、枇杷园等。如怡园"听松涛"处植松，苍翠挺拔，"锄月轩"前的牡丹成片，开花时节，五彩缤纷；留园西部植鸡爪槭，秋日红叶斑斓；留园"闻木犀香轩"前植桂花，入秋芳香四溢；沧浪亭山边的翠竹满坡，苍翠欲滴；拙政园"远香堂"南的广玉兰，浓荫匝地等。这些或以芳香见长，或以观赏取胜，或色香姿三者俱全而形成园中引人入胜的景色。

第二，用数种花木成丛栽植。这种配置一般规模较大，常与其他造园要素如建筑、山、水、石等密切配合，其配置犹如作画构图一般。要求使山水得"草木而华"，使寸石生情，作到"好花须映好楼台"，创造出妙极自然的园林意境。栽植时注意树的方向及地势高低是否适宜于树性，树叶色彩的调和对比，常绿树与落叶树的多少，开花季节的先后，树石关系等。成丛栽植的植物，或与山石配合，形成观赏景致；或以粉墙作底，犹如一张白纸作图绘画，富于诗情画意；或将树木栽于竹丛、灌木之中，似有野致深郁之感。丛植常以某种树为主而杂以其他种类，忌规则而讲究自然，除非特殊纪念性的庭院，为与环境协调，也可以规则式列植。

庭院空间较大时，仅数株乔木不能使浓荫匝地，需要点植与丛植结合，乔木与灌木相搭配，才能获得枝叶繁茂的气氛。点植与丛植包含有疏密的对比，而乔木与灌木也自然有主从的差异，因而只要配置得宜便可天成自然情趣。

古典园林在造园时不仅注重栽植方式，而且还追求景观的深、奥、幽。山姿雄浑，植苍松翠柏，山更显得苍润挺拔；水态轻盈，池中放莲，岸边植柳，柳间夹桃，方显得柔和恬静；悬崖峭壁倒挂三五根老藤，或者在山腰间横出一棵古树老枝，给人的感觉则是山更高崇壮美，峰尤不凡；窗前月下若见梅花、含笑，竹影摇曳，更富有诗意画情。可见，高山栽松、岸边植柳、山中挂藤、水上放莲、修竹千竿、双桐相映、槐荫当庭、移竹当窗、栽梅绕屋等，是我国古典园林植物配置的常用手法，饶有审美趣味。安排一石一木都寄托了丰富的情感：要见花影须考虑到粉墙；若想听风要考虑到松；要想听雨需有荷叶、芭蕉；要见月色需想到柳梢；若见斜阳要考虑到梅竹。

二、中国古典园林植物配置的艺术手法

中国历史悠久，文化灿烂。很多古代诗词及民众习俗中都留下了赋予植物人格化的优美篇章。从欣赏植物景观形态美到欣赏植物的意境美是欣赏水平的升华。不但含意深远，而且达到天人合一的境界。

中国古典园林就是充分运用植物的观赏寓意来表现意境美。意境美是中国古典园林的灵魂，运用植物材料可以创造园林意境，选择不同的树种能创造不同的景观效果。意境就是通过意象的深化而构成心境的应合，神形兼备的艺术境界，也就是主客观情景交融的艺术境界。人们借园林植物的自然属性比喻人的社会属性，倾注植物以深沉的感情，表达自己的理想品格和意志，所谓"一花一草见精神"，使园林花木神形兼备，立志高远，并以此作为园林及景点的主题意境。

古典园林中在用植物造景时，不仅满足了园林中对绿的需求，给人以美的享受，追求意境的营造，并且按艺术规律的要求，选择植物种类和配置方式（图3-23、图3-24）。古典园林植物配置与造景艺术手法可以归纳为以下几个方面。

图3-23　墙角的植物配置

图3-24　苏州拙政园的海棠春坞

(一)注重师法自然

中国造园从秦汉时期帝王苑囿，到魏晋南北朝时期文人的自然山水园，以及成熟的文人写意山水园林，皆求自然景观，营造自然景色。在植物造景方面，或直接利用自然植被，或在园林中模仿自然山林植被景观，精心设计种植。如苏州"留园"西部景区有苏州最大的土石假山，满山遍植槭树、枫香、乌桕、柿树和银杏等秋色叶树种，盛夏浓荫蔽日，金秋红叶似锦，与松柏、竹子等一起，形成了富有诗情画意的"城市山林"，并成为中部景区的最好借景，从曲溪楼远眺，颇有"枫叶飘丹，宜重楼远眺"的意境，可以说是自然山水风景的艺术提炼和概括。《魏书》描述"芳林苑"景阳山，也"徙竹汝颖，罗莳其间"，"树草栽木，颇有野致"。传统造园中的植物景观总是取法自然，因地制宜，并无固定模式，是所谓"有法而成法"，达到"虽由人做，宛自天开"。

在植物种类选择上，也充分考虑植物的生态学和生物学特性，如池沼低洼处选垂柳、枫杨，墙荫处植女贞，阶下石隙中植沿阶草等，这些都反映了造园师对植物生态习性的了解和尊重，也是师法自然的表现。

(二)注重诗情画意

古典园林中常借植物抒发某种意境和情趣。人们对植物景观的欣赏，往往要求五官都获得不同的感受，不但从视觉角度，而且还从听觉、嗅觉等感官方面来充分表达。因此需要合理配置姿态、形体、色彩、芳香等方面各具特色的观赏植物，以达到满足不同感官欣赏要求的需要。如垂柳主要观其形，樱花、红枫主要观其色，桂花、蜡梅等闻其香，"万壑松风"，"雨打芭蕉"等主要是听其声，而"疏影"、"暗香"的梅花则形色香兼备。

苏州拙政园的"雪香云蔚亭"中"山花野鸟之间"，极其渲染烘托出"蝉噪林愈静，鸟鸣山更幽"这一意境，游人至此仿佛置身于丘壑林泉之间，山林野趣油然而生，这是从视觉的角度来抒发情趣的；"留听阁"则借残荷在雨中所产生的声响效果而给人以艺术感受，观景的同时，游人会联想到李商隐的诗句"秋阴不散霜飞晚，留得残荷听雨声"；"听雨轩"则创造出了"蕉叶半黄荷叶碧，两家秋雨一家声"的诗情画意。承德避暑山庄的"万鹤松风"，借风掠松林而发出的瑟瑟涛声而感染人。

通过色彩和嗅觉而起作用有拙政园的"枇杷园"、"远香堂"，承德离宫的"金莲映日"、"香远益清"，苏州留园的"闻木犀香轩"等景观，则借桂花、荷花等的香气而抒发某种情感。如枇杷"树繁碧玉叶，柯叠黄金丸"，因而江南古典园林中常植于庭前、亭廊附近，拙政园的枇杷园取宋人戴敏"东园载酒西园醉，摘尽枇杷一树金"的诗意，并为亭曰"嘉实"。

植物还能影响人们的心理变化，给人们带来联想。春、夏、秋、冬等时令变化及雨、雪、阴、晴等气候变化会改变空间的意境并深深地影响到人的感受，而这些因素往往又都是借花木为媒介而间接发挥作用的，如陆游曾有"花气袭人知骤暖"的诗句。

(三)巧于因借

中国古代早就运用借景的手法，如唐代的滕王阁，借赣江之景，"落霞与孤鹜齐飞，秋水共长天一色"；岳阳楼近借洞庭湖水，远借君山，构成气象万千的山水画面；杭州西湖，在"明湖一碧，青山四围，六桥锁烟水"的较大境域中，"西湖十景"互借，各个"景"又自成一体，形成一幅幅生动的画面。但"借景"作为一种理论概念提出来，则始见于计成的《园冶》一书。《园冶》有"园林巧于因借，精在体宜"，"轩楹高爽，窗户邻虚，纳千顷之汪洋，收四时之烂漫"，"泉流石注，互相借资"，"俗则屏之，嘉则收之"，"借者园虽别内外，得景则无拘远近"等基本原则。

古典园林大多空间有限，要在有限的空间内表现无限的自然美景，园林植物造景就巧妙地运用"因借"的手法来丰富园林景色。秋借红叶夏借荫，墙借花影树借青（草）的例子比比皆是。借景有远借、邻借、仰借、俯借、应时而借等。如北京颐和园"湖山真意"远借西山为背景，近借玉泉山；承德避暑山庄，借磬锤峰一带山峦的景色；苏州园林各有其独具匠心的借景手法，拙政园西部原为清末张氏补园，与拙政园中部分别为两座园林，西部假山上设宜两亭，邻借拙政园中部之景，一亭尽收两家春色，留园西部舒啸亭土山一带，近借西园，远借虎丘山景色。

（四）注重植物风韵美的运用

风韵美是植物自然美的升华。在中国古典园林植物造景中，利用植物的风韵美创造园林意境是常用的传统手法。如松、竹、梅谓之"岁寒三友"，梅、兰、竹、菊谓之"四君子"，迎春、梅花、山茶、水仙谓之"雪中四友"，"合欢蠲忿，萱草忘忧"，堂前对植桂花谓之"两桂（贵）当庭"。又如白皮松树皮斑斓如白龙，多植于皇家园林和寺院中，"叶坠银钗细，花飞香粉干；寺门烟雨里，混作白龙看"。《诗经·大雅》云"凤凰鸣矣，于彼高岗；梧桐生矣，于彼朝阳"，晋朝郭璞《梧桐赞》有"桐实嘉木，凤凰所栖"，因而梧桐看作庭院吉祥树木，江南私家园林中普遍栽植。其他如荷花的"出淤泥而不染，濯清莲而不妖"、"香远益清，亭亭净植"，松柏的苍劲常青，翠竹的潇洒有节，海棠的娇艳、芭蕉的洒脱、兰花的幽雅等。

（五）按照画理取裁植物景观

画理是国画原理和技法的论述、绘画经验之总结。中国山水画是以自然山水、风景形象为主的，是源于自然、高于自然的艺术表现，"咫尺之图，写百千里之景，东西南北宛尔目前，春夏秋冬写于笔下"，"千里之山，不能尽奇，万里之水，岂能尽秀"，因此要把描绘的对象概括、提炼，把客观的风景形象与主观的感受情思结合起来。画理指导了古典园林的营造，小中见大的具体手法才得以实现。

苏州园林甲天下，与苏州作为历史文化名城是分不开的，以"明四家"为代表的吴门画派，开创了"画中有诗，诗画相融"的画风，对苏州园林的发展起到了不可低估的作用，使园景融进了画意，画理指点了植物的配置。由于苏州私家园林一般面积有限，植物配置多采用写意手法，"两株一丛要一俯一仰，三株丛植必分主宾，四株丛植则株距要有差异"。苏州现存的明清园林，大多有画家参与营造，诸如文征明与拙政园、倪云林与狮子林、文震亨与艺圃、陆廉夫与怡园等。由于画家的参与，园景充满了画意，清新不俗。如留园揖峰轩北包檐墙上的两帧"尺幅窗"，窗外小天井中修竹摇曳，旁有峰石一二，酷似《竹石图》；网师园殿春簃北包檐外有较大的天井，天井中梅竹兼备，峰石秀美，真使人怀疑《梅竹图》就是临摹此景；看松读画轩内四壁却无一画，游人读的真正是一幅立体的画（图3-25、图3-26）。

图 3-25　网师园看松读画轩　　　　　　　图 3-26　框景(网师园殿春簃)

(六)建筑与植物完美结合

没有植物衬托的建筑缺乏生动的韵味。古典园林中建筑较多，造型各异，功能各不相同，以植物命题的建筑和景点能使园林主题更突出，并丰富建筑的艺术构图。承德避暑山庄的"梨花伴月"、"金莲映日"，苏州拙政园的"海棠春坞"、"荷风四面亭"、"梧竹幽居"、"玉兰堂"，留园的"闻木犀香轩"，网师园中的"看松读画轩"，狮子林的"问梅阁"等，均是以植物来突出建筑的例证。北京颐和园的"知春亭"小岛上，栽植桃树和柳树，桃柳报春信，点出知春之意；苏州拙政园的"听雨轩"、"待霜亭"、"留听阁"等也是这种手法的体现。植物和建筑的配置是自然美与人工美的结合，这种因植物命名景点的好处在于使植物与建筑的情景交融、和谐一致，使游人有探幽赏花之趣，起到画龙点睛的作用，使园林景观生色。

此外，中国古典园林的植物配置还注重按照植物的季相变化来创造园林时序景观，春来桃红柳绿，夏日荷蒲熏风，秋景菊艳桂香，冬日踏雪赏梅。扬州个园则利用不同季节的观赏植物，配置成四季假山，春有梅、竹，配以笋石，夏有国槐、广玉兰，配以太湖石，秋栽枫树，配以黄石，冬植蜡梅、南天竹配以雪石，从而在咫尺庭院中创造了四季变化的景观序列。中国古典园林的造园手法讲究含蓄、曲折、变化，反对僵直单调一览无余，园林植物配置同样以含蓄为上，要求给人以广阔的联想、回味。

思考题

1. 温度因子对植物景观的作用至关重要，造景中如何做到"适地适植，因地制宜"？

2. 以水分为主导因子形成的植物生态类型有哪些？举例说明，并讨论它们在造景中的应用。

3. 以光为主导因子形成的植物生态类型有哪些？举例说明，并讨论它们在造景中的应用。

4. 对当地主要植物群落进行调查，掌握群落外貌、结构特征和种类组成的特点。

5. 针对本市园林绿地中的主要栽培群落的类型和植物种类选择，提出自己的看法。

6. 分析当地植物自然群落的优势和栽培群落的不足，并讨论栽培群落设计中如何借鉴自然、完善景观。

7. 植物造景中的色相调和包括哪些方面？结合实际进行分析。

8. 植物造景配色原则中，哪些色彩的搭配为对比色配色？主要应用于哪些场合？

8. 形式美原理主要包括哪些方面？在植物造景设计中，如何运用各种形式美原理。

9. 以苏州园林为例，论述在中国古典园林中是如何运用中国传统花文化进行植物造景的。

10. 通过实地调查或查阅有关资料，分析苏州拙政园、留园、网师园等古典园林的植物配置手法。

11. 在园林植物配置中，如何做到科学性与艺术性的结合？

12. 查阅中国植被等资料，了解我国东部湿润区不同气候带的植被分布特点。

13. 选择一个优美的植物景观，对其运用的统一变化、空间和形状的对比调和、节奏韵律、均衡稳定等形式美法则进行分析。

14. 在园林植物配置中，如何做到科学性与艺术性的结合？

第四章　园林植物造景的基本形式

第一节　植物配置的原则

完美的植物景观必须是科学性与艺术性的高度统一，既要考虑植物的生物学和生态学特性、观赏特性，又要考虑季相和色彩、对比和统一、韵律和节奏，以及意境表现等艺术问题。园林植物造景，一方面是各种植物相互之间的配置，考虑植物种类的选择、树群的组合、平面和立面的构图、色彩、季相以及园林意境，另一方面是园林植物与其他园林要素如山石、水体、建筑、园路等相互之间的配置。

1. 园林植物主要功能的确定

园林植物的功能表现在美化功能、改善和保护环境的功能，以及生产功能等几个方面。在进行造景设计时，必须首先确定以谁为主，并最好能兼顾其他功能。如城市、工厂周围的防护林带以防护功能为主，在植物选择和配置上应首先考虑如何降低风速、污染、风沙；行道树以美化和遮阴为主要目的，配置上则应主要考虑其美观和遮阴效果；烈士陵园要注意纪念性意境的创造；节日花坛则应主要考虑其渲染节日气氛的观赏效果。再如，桃花配置在小型庭院中以观赏为主，可以选择各类碧桃品种，而在大型风景区内结合生产营造大面积桃园，则应选择果桃类品种，并适当配置花桃类品种。

2. 园林植物种间关系的处理

在植物景观中，一般都是多种植物生长于同一环境中，种间竞争是普遍存在的，必须处理好种间关系。最好的配置是模仿自然界的群落结构，将乔木、灌木和草本植物有机结合起来，形成多层次、复合结构的稳定人工植物群落，从而取得长期的效果。这样配置的群落可以有效地增加城市绿量，发挥更好的生态功能。在种间关系处理上，主要应考虑乔木与灌木和草本地被、深根性与浅根性、速生与慢生、喜光与耐荫等几个方面。

3. 适用原则

适用原则包括两个方面，一方面是满足植物的生态要求，即植物配置必须符合"适地适树"、"适地适草"的原则。各种植物在生长发育过程中，对温度、光照、水分、空气等环境因子都有不同的要求，只有根据植物习性的不同进行合理搭配，才能创造出生态适宜、生长健壮、环境优美的植物景观。如基岩为石灰岩的地区就不能选择酸性土植物。

另一方面是满足造景的功能要求，植物配置必须与景观的总体布局、环境相协调一致，即"因地制宜"。因而不同的地形地貌、不同的绿地类型、不同的景观和景点对植物配置的要求不同。如规则式园林、大门、主干道、整形广场、大型建筑附近多采用对植、列植等规则式植物景观，而在自然山水园的草坪、水畔多利用植物的自然姿态进行自然式造景。仅就公园而言，不同类型的公园，如规则式、自然式、混合式造园，都有着不同的植物配置方法，用以表现不同的景观效果。即使在同一公园内，不同分区的植物配置也应不同。

4. 美观原则

不论何类植物，不论在园林中作何目的，均应尽量美观，并近期与远期相结合，预先考虑园林植物尤其是树木年龄、季节、气候的变化。如树木的体量和冠形随着树龄的增加而变化，其成年期是否还与环境协调应预先考虑。在配置中，应因地制宜，合理布局，强调整体的协调一致，考虑平面和立面构图、色彩、季相的变化，以及与水体、建筑、园路等其他园林构成要素的配合，并注意不同配置形式之间的过渡、植物之间的合理密度等。如群植以高大乔木居中为主体和背景，以小乔木为外缘，外围和树下配以花灌木，林冠线和林缘线宜曲折丰富，栽植宜疏密有致。至于利用花卉组合成多种图案的花坛、花境，更是以美观为主要原则。

5. 多样性原则

由于城市生态环境的恶化，生态园林、植物造景已成为园林建设的主流。多样性原则就是生态园林的要求。生态园林的真正意义是物种多样性和造景形式的多样性，只有达到物种的多样性，才能形成稳定的植物群落，实现真正意义上的可持续发展；只有达到造景形式的多样性，才能形成丰富多彩、引人入胜的园林景观。

从物种多样性的角度，既要突出重点，以显示基调的特色，又要注重尽量配置较多的种类和品种，以显示人工创造"第二自然"中蕴藏的植物多样性。从造景形式多样性的角度，除了一般的园林造景以外，城市森林、垂直绿化、屋顶花园、地被植物等多种造景形式都应当重视。

在城市园林绿地中选用多种植物，也有利于适应对园林绿地多种功能的要求。各种植物由于生活习性的不同而具有不同的功能。在需要遮挡太阳西晒的地段，可配以高大的乔木，在需要围护、分隔和美化的地段，可以使用一些枝叶繁茂的灌木；在需要遮阴乘凉的地方，可以种上枝叶浓密、较为高大的遮阴树；在需要设置花架的地方可以栽上攀援的藤本植物；在需要开展集体活动的开阔地面上，可以种植耐践踏的草坪；在常年出现大风的地带，应选用深根系树种，而在居住区、街道等有地下管道的地方，又必须选用浅根系的树种。只有选用多类植物，才能满足城市绿地多种功能的需要。

6. 突出地域特点，注重地方特色

城市的形式，无论过去还是将来，都始终是文明程度的标志，而这种形式是由城市文化、城市环境等要素决定的，而城市绿化中的植物选择和配置是直观和显著的标志。因此，植物配置应当注重地方特色的体现，尽量选用乡土植物。这不但可以节约资金，而且乡土植物最能适应当地环境，并且能形成地方特色，防止植物景观千篇一律。乡土植物既包括当地原生植物，也包括由外地引进时间较久、已经适应当地风土的外来植物。哈尔滨市以榆树和丁香为基调树种；沈阳北陵大量应用了当地原产的油松，形成了陵园的特色；杭州的柳浪闻莺，突出柳浪特点，闻莺馆附近，柳树环绕，表现出柔条如浪的效果；海口市则以郁郁葱葱的椰林体现热带风光。这些都是突出了地域特点。

第二节　乔灌木配置的基本形式

按照树木的生态习性，运用美学原理，依其姿态、色彩、干形进行平面和立面的构图，使其具有不同形式的有机组合，构成千姿百态的美景，创造出各种引人入胜的树木景观。树木配置的形式多种多样、千变万化，但可归纳为两大类，即规则式配置和自然式配置。

规则式又称整形式、几何式、图案式等，是把树木按照一定的几何图形栽植，具有一定的株行距或角度，整齐、严谨、庄重，常给人以雄伟的气魄感，体现一种严整大气的人工艺术美，视觉冲击力较强，但有时也显得压抑和呆板。常用于规则式园林和需要庄重的场合，如寺庙、陵墓、广场、道路、入口以及大型建筑周围等。包括对植、列植等。法国、意大利、荷兰等国的古典园林中，植物景观主要是规则式的，植物被整形修剪成各种几何形体以及鸟兽形体，与规则式建筑的线条、外形，乃至体量协调统一。

自然式又称风景式、不规则式，植物景观呈现出自然状态，无明显的轴线关系，各种植物的配置自由变化，没有一定的模式。树木种植无固定的株行距和排列方式，形态大小不一，自然、灵活，富于变化，体现柔和、舒适、亲近的空间艺术效果。适用于自然式园林、风景区和普通的庭院，如大型公园和风景区常见的疏林草地就属于自然式配置。中国式庭园、日本式茶庭及富有田园风趣的英国式庭园亦多采用自然式配置。

一、孤植

在一个较为开旷的空间，远离其他景物种植一株乔木称为孤植。孤植树也叫园景树、独赏树或标本树，在设计中多处于绿地平面的构图中心和园林空间的视觉中心而成为主景，也可起引导视线的作用，并可烘托建筑、假山或活泼水景，具有强烈的标志性、导向性和装饰作用(图4-1、图4-2)。

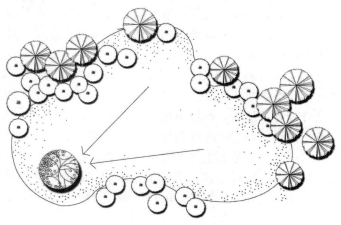

图4-1　开敞草坪中孤植树作主景

对孤植树的设计要特别注意的是"孤树不孤"。不论在何处，孤植树都不是孤立存在的，它总和周围的各种景物如建筑、草坪、其他树木等配合，以形成一个统一的整体，因而要求其体量、姿态、色彩、方向等方面与环境其他景物既有对比，又有联系，共同统一于整体构图之中。

图 4-2 水边的孤植树

孤植常用于庭院、草坪、假山、水面附近、桥头、园路尽头或转弯处等，广场和建筑旁也常配置孤植树。孤植树在古典庭院和自然式园林中应用很多，如我国苏州古典园林中常见应用，而在草坪上孤植欧洲榭栎几乎成为英国自然式园林的特色之一。

孤植树主要突出表现单株树木的个体美，一般为大中型乔木，寿命较长，既可以是常绿树，也可以是落叶树。要求植株姿态优美，或树形挺拔、端庄、高大雄伟，如雪松、南洋杉、樟树、榕树、木棉、柠檬桉，或树冠开展、枝叶优雅、线条宜人，如鸡爪槭、垂柳，或秋色艳丽，如银杏、鹅掌楸、洋白蜡，或花果美丽、色彩斑斓，如樱花、玉兰、木瓜。如选择得当，配置得体，孤植树可起到画龙点睛的作用。苏州留园"绿荫轩"旁的鸡爪槭是优美的孤植树，而狮子林"问梅阁"东南的孤植大银杏则具有"一枝气可压千林"的气势。

孤植树是园林局部构图的主景，因而要求栽植地点位置较高，四周空旷，便于树木向四周伸展，并有较适宜的观赏视距，一般在 4 倍树高的范围里要尽量避免被其他景物遮挡视线，如可以设计在宽阔开朗的草坪上，或水边等开阔地带的自然重心上。秋色金黄的鹅掌楸、无患子、银杏等，若孤植于大草坪上，秋季金黄色的树冠在蓝天和绿草的映衬下显得极为壮观。事实上，许多古树名木从景观构成的角度而言，实质上起着孤植树的作用。此外，几株同种树木靠近栽植，或者采用一些丛生竹类，也可创造出孤植的效果。

必须考虑孤植树与环境间的对比及烘托关系。如曲廊、幽径、墙垣的转折处，池畔、桥头、大片草坪上，花坛中心、道路交叉点、道路转折点、缓坡、平阔的湖池岸边等处，均适合配置孤植树。孤植树配置于山岗上或山脚下，既有良好的观赏效果，又能起到改造地形、丰富天际线的作用。以树群、建筑或山体为背景配置孤植树时，要注意所选孤植树在色彩上与背景应有反差，在树形上也能协调。从遮阴的角度来选择孤植树时，应选择分枝点高、树冠开展、枝叶茂盛、叶大荫浓、病虫害少、无飞毛飞絮、不污染环境的树种，以圆球形、伞形树冠为好，如银杏、榕树、樟树、核桃。

除了前面所提到的树种以外，可作孤植树使用的还有：黄山松、栎类、七叶树、栾树、国槐、金钱松、南洋楹、海棠、樱花、白兰花、白皮松、圆柏、油松、毛白杨、白桦、元宝枫、糠椴、柿树、白蜡、皂角、白榆、薄壳山核桃、朴树、冷杉、云杉、丝棉木、乌桕、合欢、枫香、广玉兰、桂花、喜树、小叶榕、菩提树（*Ficus religosa*）、腊肠树、橄榄、凤凰木、大花紫薇等。

二、对植

将树形美观、体量相近的同一树种，以呼应之势种植在构图中轴线的两侧称为对植（图4-3、图4-4）。对植强调对应的树木在体量、色彩、姿态等方面的一致性，只有这样，才能体现出庄严、肃穆的整齐美。

图4-3　对植示意图

图4-4　建筑前的对植

对植多选用树形整齐优美、生长较慢的树种，以常绿树为主，但很多花色优美的树种也适于对植。常用的有松柏类、南洋杉、云杉、冷杉、大王椰子、假槟榔、苏铁、桂花、玉兰、碧桃、银杏、蜡梅、龙爪槐等，或者选用可进行整型修剪的树种进行人工造型，以便从形体上取得规整对称的效果，如整形的大叶黄杨、石楠、海桐等也常用作对植。

对植常用于房屋和建筑前、广场入口、大门两侧、桥头两旁、石阶两侧等，起衬托主景的作用，或形成配景、夹景，以增强透视的纵深感。例如，公园门口对植两棵体量相当的树木，可以对园门及其周围的景物起到很好的引导作用；桥头两旁的对植则能增强桥梁构图上的稳定感。对植也常用在有纪念意义的建筑物或景点两边，这时选用的对植树种在姿态、体量、色彩上要与景点的思想主题相吻合，既要发挥其衬托作用，又不能喧宾夺主。

两株树的对植一般要用同一树种，姿态可以不同，但动势要向构图的中轴线集中，不能形成背道而驰的局面，影响景观效果。也可以用两个树丛形成对植，这时选择的树种和组成要比较近似，栽植时注意避免呆板的绝对对称，但又必须形成对应，给人以均衡的感觉。

对植可以分为对称对植和拟对称对植。对称对植要求在轴线两侧对应地栽植同种、同规格、同姿态树木，多用于宫殿、寺庙和纪念性建筑前，体现一种肃穆气氛。在平面上要求严格对称，立面上高矮、大小、形状一致。拟对称对植只是要求体量均衡，并不要求树种、树形完全一致，既给人以严整的感觉，又有活泼的效果。

三、列植

树木呈带状的行列式种植称为列植，有单列、双列、多列等类型(图4-5、图4-6)。列植主要用于公路、铁路、城市街道、广场、大型建筑周围、防护林带、农田林网、水边种植等。就行道树而言，既可单树种列植，也可两种或多种树种混用，应注意节奏与韵律的变化，西湖苏堤中央大道两侧以无患子、重阳木和三角枫等分段配置，效果很好。在形成片林时，列植常采用变体的三角形种植，如等边三角形、等腰三角形等。

图4-5 国槐列植

图4-6 水杉在建筑前列植

列植应用最多的是道路两旁。道路一般都有中轴线，最适宜采取列植的配置方式，通常为单行或双行，选用一种树木，必要时亦可多行，且用数种树木按一定方式排列。行道树列植宜选用树冠形体比较整齐一致的种类。株距与行距的大小应视树的种类和所需要遮阴的郁闭程度而定。一般大乔木株行距为 5～8m，中小乔木为 3～5m，大灌木为 2～3m，小灌木为 1～2m。完全种植乔木，或将乔木与灌木交替种植皆可。常用树种中，大乔木有油松、圆柏、银杏、国槐、白蜡、元宝枫、毛白杨、柳杉、悬铃木、榕树、臭椿、垂柳、合欢等；小乔木和灌木有丁香、红瑞木、小叶黄杨、西府海棠、玫瑰、木槿等。

列植树木要保持两侧的对称性，平面上要求株行距相等，立面上树木的冠径、胸径、高矮则要大体一致。当然这种对称并不一定是绝对的对称，如株行距不一定绝对相等，可以有规律地变化。列植树木形成片林，可作背景或起到分割空间的作用，通往景点的园路可用列植的方式引导游人视线。

四、丛植

由二、三株至一二十株同种或异种的树木按照一定的构图方式组合在一起，使其林冠线彼此密接而形成一个整体的外轮廓线，这种配置方式称为丛植（图4-7、图4-8）。在自然式园林中，丛植是最常用的配置方法之一，可用于桥、亭、台、榭的点缀和陪衬，也可专设于路旁、水边、庭院、草坪或广场一侧，以丰富景观色彩和景观层次，活跃园林气氛。运用写意手法，几株树木丛植，姿态各异、相互趋承，便可形成一个景点或构成一个特定空间。

图4-7　草地上的柏树树丛　　　　图4-8　扬州瘦西湖内的松树树丛

树丛景观主要反映自然界小规模树木群体形象美。这种群体形象美又是通过树木个体之间的有机组合与搭配来体现的，彼此之间既有统一的联系、又有各自形态变化。在空间景观构图上，树丛常作局部空间的主景，或配景、障景、隔景等，同时也兼有遮阴作用。以遮阴为主要目的的树丛常选用乔木，并多用单一树种，如毛白杨、朴树、樟树、橄榄，树丛下也可适当配置耐荫花灌木。以观赏为目的的树丛，为了延长观赏期，可以选用几种树种，并注意树丛的季相变化，最好将春季观花、秋季观果的花灌木以及常绿树种配合使用，并可于树丛下配置常绿地被。例如，在华北地区，"油松－元宝枫－连翘"树丛或"黄栌－丁香－珍珠梅"树丛可布置于山坡，"垂柳"—"碧桃"树丛则可布置于溪边池畔、水榭附近以形成桃红柳绿的景色，并可在水体内种植荷花、睡莲、水生鸢尾；在江南，"松 – 竹 – 梅"树丛布置于山坡、石间是我国传统的配置形式，谓之"岁寒三友"。

丛植形成的树丛既可作主景，也可以作配景。作主景时四周要空旷，宜用针阔叶混植的树丛，有较为开阔的观赏空间和通道视线，栽植点位置较高，使树丛主景突出。树丛配置在空旷草坪的视点中心上，具有极好的观赏效果；在水边或湖中小岛上配置，可作为水景的焦点，能使水面和水体活泼而生动；公园进门后配置一丛树丛，既可观赏，又有障景作用。在中国古典山水园中，树丛与山石组合，设置于粉墙前、廊亭侧或房屋角隅，组成特定空间内的主景是常用的手法。除了作主景外，树丛还可以作假山、雕塑、建筑物或其他园林设施的配景，如用作小路分歧的标志或遮蔽小路的前景，峰回路转，形成不同的空间分割。同时，树丛还能作背景，如用樟树、女贞、油松或其他常绿树丛植作为背景，前面配置桃花等早春观花树木或宿根花境，均有很好的景观效果。

我国画理中有"两株一丛的要一俯一仰，三株一丛要分主宾，四株一丛的株距要有差异"的说法，这也符合树木丛植配置的构图原则。在丛植中，有两株、三株、四株、五株以至十几株的配置。

（一）两株配合

树木配置构图上必须符合多样统一的原理，既要有调和又要有对比（图 4-9）。因此，两株树的组合，首先必须有其通相，同时又有其殊相，才能使二者有变化又有统一。凡是差别太大的两种树木，如棕榈和马尾松就对比太强、不太协调，很难配置在一起。

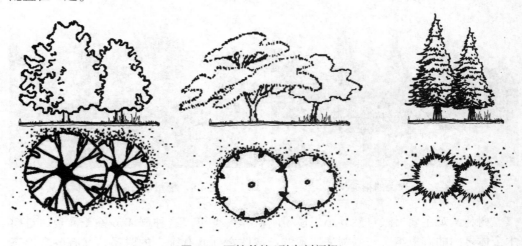

图 4-9 两株丛植（引自刘福智）

一般而言，两株丛植宜选用同一种树种，但在大小、姿态、动势等方面要有所变化，才能生动活泼。正如明朝画家龚贤所说："二株一丛，必一俯一仰，一欹一直，一向左一向右，一有根一无根，一平头一锐头，二根一高一下。""二树一丛，分枝不宜相似，即十树五树一丛，亦不得相似。"这说明两株相同的树木配置在一起，在动势、姿态和体量上要有差异、对比才能生动活泼。

二株的树丛，其栽植的距离不能与两树直径的 1/2 相等，必须靠近，其距离要比小树冠小得多，这样才能成为一个整体。如果栽植距离大于成年树的树冠，那就变成二株独树而不是一个树丛。不同种的树木，如果在外观上十分相似，也可以考虑配置在一起，如桂花和女贞为同科不同属的植物，但外观相似，又同为常绿阔叶乔木，配置在一起感到十分调和，不过在配置时应把桂花放在重要位置，女贞作为陪衬，否则就降低了桂花的景观。同一个树种下的变种和品种，一般差异很小，可以一起配置，如红梅与绿萼梅相配，就很调和。但是，即便是同一种的不同变种，如果外观上差异太大，仍然不适合配置在一起，如龙爪柳与馒头柳同为旱柳变种，但由于外形相差太大，配在一起就会不调和。

（二）三株配合

三株树丛的配合中，可以用同一个树种，也可用两种，但最好同为常绿树或同为落叶树，忌用三个不同树种（如果外观不易分辨不在此限）。龚贤说："古云：三树一丛，第一株为主树，第二第三为客树""三株一丛，则二株宜近，一株宜远以示别也。近者曲而俯，远者宜直而仰。""三株不宜结，亦不宜散，散则无情，结是病。"

三株配置，树木的大小、姿态都要有对比和差异，可全为乔木，也可乔灌结合。在平面布置上要把三株树置于不等边三角形的三个角顶上，立面以一树为主，其余两树为辅，构成主从相宜的画面。三株忌在一直线上，也忌等边三角形栽植。三株的距离都要不相等，其中有二株，即最大一株和最小一株要靠近些，使成为一小组，中等的一株要远离一些，使其成为另一小组，但两个小组在动势上要呼应，构图才不致分割（图4-10、图4-11）。

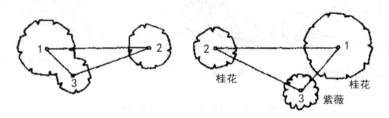

图4-10　三株丛植（引自卢圣）

（三）四株配合

四株树丛的配合，用一个树种或两种不同的树种，必须同为乔木或同为灌木才较调和。如果应用三种以上的树种，或大小悬殊的乔木、灌木，就不易调和，如果是外观极相似的树木，可以超过二种。所以原则上四株的组合不要乔、灌木合用。当树种完全相同时，在体形、姿态、大小、距离、高矮上，应力求不同，栽植点标高也可以变化。

四株树组合的树丛，不能种在一条直线上，要分组栽植，但不能两两组合，也不要任何三株成一直线，可分为两组或三组。分为两组，即三株较近一株远离；分为三组，即两株一组，另一株稍远，再一株远离。

树种相同时，在树木大小排列上，最大的一株要在集体的一组中，远离的可用大小排列在第二、三位的一株；当树种不同时，其中三株为一种，一株为另一种，

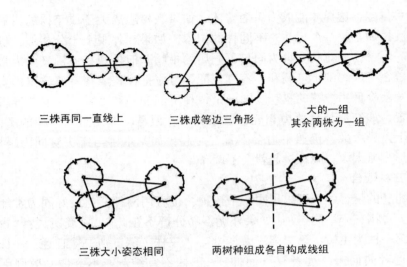

三株再同一直线上　　　三株成等边三角形　　　大的一组
　　　　　　　　　　　　　　　　　　　　　　其余两株为一组

三株大小姿态相同　　　两树种组成各自构成线组

图 4-11　三株配置忌用(引自卢圣)

这另一种的一株不能最大，也不能最小，这一株不能单独成一个小组，必须与其他种组成一个混交树丛，在这一组中，这一株应与另一株靠拢，并居于中间，不要靠边(图 4-12、图 4-13、图 4-14)。

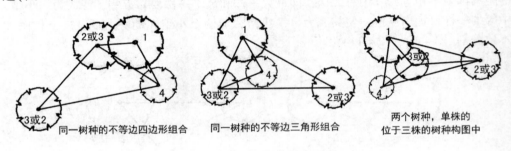

同一树种的不等边四边形组合　　同一树种的不等边三角形组合　　两个树种，单株的
　　　　　　　　　　　　　　　　　　　　　　　　　　　　　　　位于三株的树种构图中

图 4-12　四株配置的多样统一

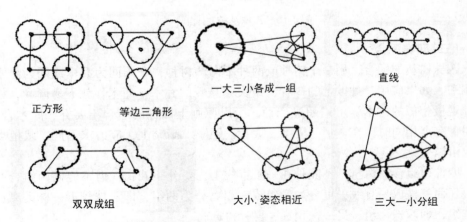

正方形　　　　等边三角形　　　一大三小各成一组　　　　直线

双双成组　　　　　　　　大小.姿态相近　　　　三大一小分组

图 4-13　四株同一树种配置忌用形式(引自卢圣)

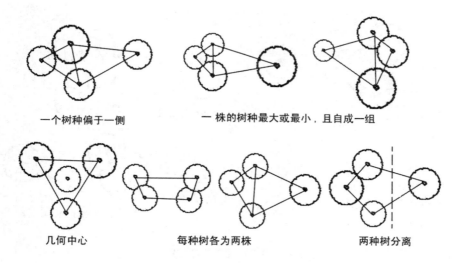

一个树种偏于一侧　　　　　一株的树种最大或最小，且自成一组

几何中心　　　　　每种树各为两株　　　　　两种树分离

图4-14　四株两种树种配置忌用形式(引自卢圣)

(四)五株配合

五株同为一个树种的组合方式，每株树的体形、姿态、动势、大小、栽植距离都应不同。最理想的分组方式为3:2，就是三株一小组、二株一小组，如果按照大小分为5个号，三株的小组应该是1、2、4成组，或1、3、4成组，或1、3、5成组。总之，主体必须在三株的那一组中。组合原则三株的小组与三株的树丛相同，二株的小组与二株的树丛相同，但是这两小组必须各有动势。另一种分组方式为4:1，其中单株树木，不宜最大或最小，最好是2、3号树种，两个小组距离不宜过远，动势上要有联系。

五株树丛由两个树种组成，一个树种为三株、另一个树种为二株合适，否则不宜协调。如三株桂花配二株械树配合容易均衡，如果四株黑松配一株丁香，就很不协调。

五株由两个树种组成的树丛，配置上可分为一株和四株两个单元，也可分为二株和三株的两个单元。当树丛分为1:4两个单元时，三株的树种应分置两个单元中，两株的一个树种应置一个单元中，不可把两株的那个树种分配为二个单元。或者，如有必要把两株的树种分为两个单元，其中一株应该配置在另一树种的包围之中。当树丛分为3:2两个单元时，不能三株的一种在同一单元，两株的种在同一单元（图4-15、图4-16）。

(五)五株以上的树丛

树木的配置，株数越多就越复杂，但分析起来，孤植树是一个基本，二株丛植也是一个基本，三株由二株和一株组成，四株又由三株和一株组成，五株则由一株和四株或二株和三株组成。理解了五株配置的道理，则六七八九株同理类推。例如，六株配置可以按照二株和四株的组合，七株配置可以按照三株和四株或者二株和五株的组合，八株配置可以按照三株对五株，九株配置可以按照四株对五株或者三株对六株。《芥子园画谱》中说："五株即熟，则千株万株可以类推，交搭巧妙，在此转关。"其关键仍在调和中要求对比差异，差异中要求调和，所以株数越少，树种越

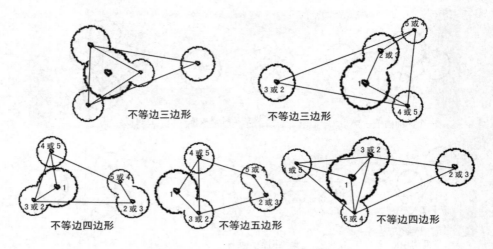

不等边三边形　　　　　　　不等边三边形

不等边四边形　　　不等边五边形　　　不等边四边形

图 4-15　五株配置的多样统一

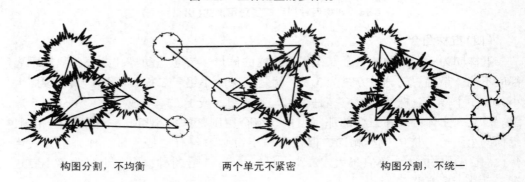

构图分割，不均衡　　　　两个单元不紧密　　　　构图分割，不统一

图 4-16 五株组合不妥的配置（引自卢圣）

不能多用。在 10 ~ 15 株以内时，外形相差太大的树种，最好不要超过 5 种。

五、群植

群植指成片种植同种或多种树木，常由二三十株以至数百株的乔灌木组成（图 4-17）。可以分为单纯树群和混交树群（图 4-18、图 4-19）。单纯树群由一种树种构成。混交树群是树群的主要形式，完整时从结构上可分为乔木层、亚乔木层、大灌木层、小灌木层和草本层，乔木层选用的树种树冠姿态要特别丰富，使整个树群的天际线富于变化，亚乔木层选用开花繁茂或叶色美丽的树种，灌木一般以花木为主，草本植物则以宿根花卉为主。

树群所表现的主要为群体美，观赏功能与树丛近似，在大型公园中可作为主景，应该布置在有足够距离的开朗场地上，如靠近林缘的大草坪上、宽广的林中空地、水中的小岛上、宽广水面的水滨、小山的山坡、土丘上等，尤其配置于滨水效果更佳。树群主要立面的前方，至少在树群高度的 4 倍，宽度的 1.5 倍距离上，要留出空地，以便游人欣赏。树群规模不宜太大，构图上要四面空旷；组成树群的每株树木，在群体的外貌上，都起到一定作用；树群的组合方式，一般采用郁闭式，成层的结合。树群内部通常不允许游人进入，因而不利于作庇荫休息之用，但是树群的

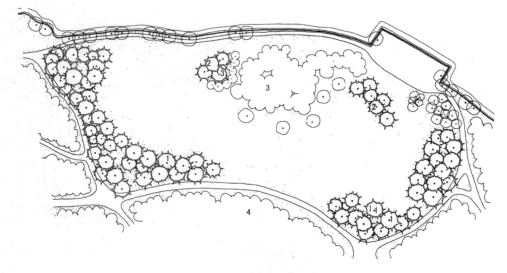

图 4-17　由雪松数群组成的开阔空间

1. 雪松群；2. 雪松；3. 桂花；4. 广玉兰

图 4-18　苏州金鸡湖边的樟树单纯树群

图 4-19　西安兴庆宫公园的混交树群

北面，以及树冠开展的林缘部分，仍可供庇荫休息之用。树群也可做背景，两组树群配合还可起到框景的作用。

群植是为了模拟自然界中的树群景观，根据环境和功能要求，可多达数百株，但应以一两种乔木树种为主体和基调树种，分布于树群各个部位，以取得和谐统一的整体效果。其他树种不宜过多，一般不超过 10 种，否则会显得凌乱和繁杂。在选用树种时，应考虑树群外貌的季相变化，使树群景观具有不同的季节景观特征。树群设计应当源于自然而高于自然，把客观的自然树群形象与设计者的感受情思结合起来，抓住自然树群最本质的特征加以表现，求神似而非形似。宋·郭熙在《林泉高致》中说，"千里之山，不能尽奇，万里之水，岂能尽秀"，此虽为画理，但与园林设计之理是共通的。群植主要表现树木的群体美，要求整个树群疏密自然，林冠线和林缘线变化多端，并适当留出林间小块隙地，配合林下灌木和地被植物的应用，以增添野趣（图 4-20、图 4-21）。

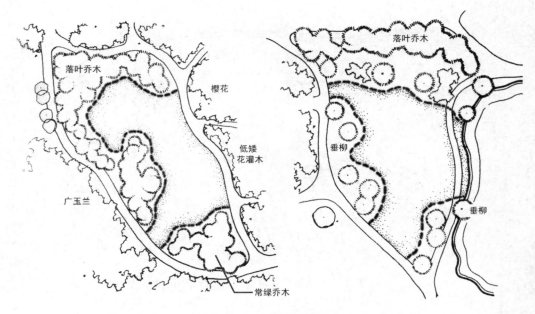

图 4-20 林缘线的设计

图 4-21 林冠线的变化

　　同丛植相比，群植更需要考虑树木的群体美、树群中各树种之间的搭配，以及树木与环境的关系，对树种个体美的要求没有树丛严格，因而树种选择的范围更广。乔木树群多采用密闭的形式，故应适当密植以及早郁闭。由于树群的树木数量多，特别是对较大的树群来说，树木之间的相互影响、相互作用会变得突出，因此在树群的配置和营造中要十分注意各种树木的生态习性，创造满足其生长的生态条件，要注意耐荫种类的选择和应用。从景观角度考虑，树群外貌要有高低起伏变化，注意林冠线、林缘线的优美及色彩季相效果。

树群组合的基本原则为：高度喜光的乔木层应该分布在中央，亚乔木在其四周，大灌木、小灌木在外缘，这样不致相互遮掩。但其各个方向的断面，不能像金字塔那样机械，树群的某些外缘可以配置一两个树丛及几株孤植树。树群内植物的栽植距离要有疏密的变化，构成不等边三角形，切忌成行、成排、成带的栽植，常绿、落叶、观叶、观花的树木，其混交的组合，不可用带状混交，应该用复层混交及小块混交与点状混交相结合的方式。树群内，树木的组合必须很好地结合生态条件，第一层乔木应该是阳性树，第二层亚乔木可以是弱阳性的，种植在乔木庇荫下及北面的灌木应该喜荫或耐荫；喜暖的植物应该配置在树群的南方和东南方。

大多数园林树种均适合群植，如以秋色叶树种而言，枫香、元宝枫、黄连木、黄栌、槭树等群植均可形成优美的秋色，南京中山植物园的"红枫岗"，以黄檀、榔榆、三角枫为上层乔木，以鸡爪槭、红枫等为中层形成树群，林下配置洒金珊瑚、吉祥草、土麦冬、石蒜等灌木和地被，景色优美。杭州植物园槭树杜鹃园内，也多采用群植手法。

六、林植

林植是大面积、大规模的成带成林状的配置方式，形成林地和森林景观。这是将森林学、造林学的概念和技术措施按照园林的要求引入自然风景区、大面积公园、风景游览区或休闲疗养区及防护林带建设中的配置方式。

林植一般以乔木为主，有林带、密林和疏林等形式，而从植物组成上分，又有纯林和混交林的区别，景观各异。林植时应注意林冠线的变化、疏林与密林的变化、林中树木的选择与搭配、群体内及群体与环境间的关系，以及按照园林休憩游览的要求留有一定大小的林间空地等措施。

(一)林带

林带一般为狭长带状，多用于周边环境，如路边、河滨、广场周围等。大型的林带如防护林、护岸林等可用于城市周围、河流沿岸等处，宽度随环境而变化。既有规则式的，也有自然式的。

林带多选用1~2种高大乔木，配合林下灌木组成，林带内郁闭度较高，树木成年后树冠应能交接。林带的树种选择根据环境和功能而定，如工厂、城市周围的防护林带，应选择适应性强的种类，如刺槐、杨树、白榆、侧柏等，河流沿岸的林带则应选择喜湿润的种类，如赤杨、落羽杉、桤木等，而广场、路旁的林带，应选择遮阴性好、观赏价值高的种类，如常用的有水杉、白桦、银杏、女贞、柳杉等，而杭州的带状风景区云栖竹径主要由毛竹组成(图4-22)。

(二)密林

密林一般用于大型公园和风景区，郁闭度常在0.7~1.0之间，阳光很少透入林下，土壤湿度很大，地被植物含水量高、组织柔软脆弱，经不起踩踏，容易弄脏衣物，不便游人活动(图4-23)。林间常布置曲折的小径，可供游人散步，但一般不供

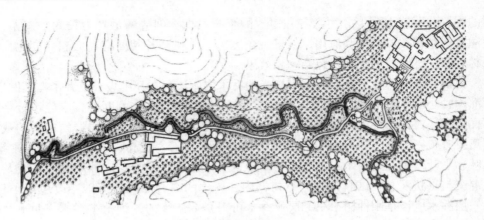

图 4-22　云栖竹径

游人作大规模活动。不少公园和景区的密林是利用原有的自然植被加以改造形成，如长沙岳麓山、广州越秀山等。

为了提高林下景观的艺术效果，密林的水平郁闭度不可太高，最好在 0.7 ~ 0.8 之间，以利林下植被正常生长和增强可见度。为了能使游人深入林地，密林内部可以有自然路通过，但沿路两旁垂直郁闭度不可太大，游人漫步其中犹如回到大自然中，必要时还可以留

图 4-23　马尾松密林

出大小不同的空旷草坪，利用林间溪流水体，种植水生花卉，再附设一些简单构筑物，以供游人短暂的休息或躲避风雨，更觉意味深长。

密林又有单纯密林和混交密林之分。在艺术效果上各有特点，前者简洁壮阔，后者华丽多彩，两者相互衬托，特点更突出，因此不能偏废。但是从生物学特性来看，混交密林比单纯密林好，故在园林中纯林不宜太多。

单纯密林。单纯密林是由一个树种组成的，它没有垂直郁闭景观美和丰富的季相变化。为了弥补这一缺点，可以采用异龄树种造林，结合利用起伏地形的变化，同样可以使林冠得到变化。林区外缘还可以配置同一树种的树群、树丛和孤植树，增强林缘线的曲折变化。林下配置一种或多种开花华丽的耐荫或半耐荫草本花卉，以及低矮、开花繁茂的耐荫灌木。单纯林植一种花灌木也可以取得简洁壮阔之美。从景观角度，单纯密林一般选用观赏价值较高、生长健壮的适生树种，如马尾松、油松、白皮松、水杉、枫香、桂花、黑松以及竹类植物。

混交密林。混交密林是一个具有多层复合结构的植物群落，大乔木、小乔木、大灌木、小灌木、高草、低草各自根据自己的生态要求和彼此相互依存的条件，形成不同的层次，所以季相变化比较丰富。供游人欣赏的林缘部分，其垂直成层构图

要十分突出，但也不能全部塞满，以致影响游人欣赏林下特有的幽邃深远之美。混交密林的种植设计，大面积的可采用不同树种的片状、带状或块状混交；小面积的多采用小片状或点状混交，一般不用带状混交，同时要注意常绿与落叶、乔木与灌木的配合比例，以及植物对生态因子的要求。

密林平面布局与树群基本相似，只是面积和树木数量较大。单纯密林无需作出所有树木单株定点设计，只需做小面积的树林大样设计。一般大样面积为25m×(20~40)m，在树林大样图上绘出每株树木的定位点，注明树种、编号、株距，编写植物名录和设计说明。树林大样图比例一般为1:(100~250)，设计总平面图比例1:(500~1 000)，并在总平面图上绘出树林边缘线、道路、设施及详图编号等。

(三)疏林

疏林常用于大型公园的休息区，并与大片草坪相结合，形成疏林草地景观(图4-24)。疏林的郁闭度一般为0.4~0.6，而疏林草地的郁闭度可以更低，通常在0.3以下。常由单纯的乔木构成，一般不布置灌木和花卉，但留出小片林间隙地，在景观上具有简洁、淳朴之美。疏林草地是园林中应用最多的一种形式，不论是鸟语花香的春天，浓荫蔽日的夏天，或是晴空万里的秋天，游人总是喜

图4-24 疏林草地

欢在林间草地上休息、游戏、看书、摄影、野餐、观景等活动，即使在白雪皑皑的严冬，疏林草地内仍然别具风味。

疏林中的树种应具有较高的观赏价值，树冠开展，树阴疏朗，生长强健，花和叶的色彩丰富，树枝线条曲折多变，树干美观，常绿树与落叶树搭配要合适，一般以落叶树为多。常用的树种有白桦、水杉、银杏、枫香、金钱松、毛白杨等。疏林中的树木的种植要三五成群，疏密相间，有断有续，错落有致，务使构图生动活泼。树木间距一般为10~20m。林下草坪应该含水量少，组织坚韧耐践踏，不污染衣服，最好冬季不枯黄。尽可能让游人在草坪上活动，所以一般不修建园路，但是作为观赏用的嵌花草地疏林，就应该有路可通，不能让游人随意在草地上行走。为了能使林下花卉生长良好，乔木的树冠应疏朗一些，不宜过分郁闭。

疏林还可以与广场相结合形成疏林广场，多设置于游人活动和休息使用较频繁的环境。树木选择同疏林草地，只是林下作硬地铺装，树木种植于树池中。树种选择时还要考虑具有较高的分枝点，以利于人员活动，并能适应因铺地造成的不良通气条件。地面铺装材料可选择混凝土预制块料、花岗岩、嵌草砖等，较少使用水泥混凝土整体铺筑。

七、散点植

以单株为一个点在一定面积上进行有韵律、有节奏的散点种植，有时可以双株或三株的丛植作为一个点来进行疏密有致的扩展。对每个点不是如独赏树般给以强调，而是强调点与点之间的呼应和动态联系，特点是既体现个体的特征又使其处于无形的联系之中。

八、篱植

由灌木或小乔木以近距离密植成行，形成规则的绿篱或绿墙，这种配置形式称为篱植，园林中主要常用来分隔空间、屏障视线，作范围或防范之用。

绿篱多选用常绿树种，并应具有以下特点：树体低矮、紧凑，枝叶稠密；萌芽力强，耐修剪；生长较缓慢，枝叶细小。但不同的绿篱类型对材料的要求也不尽相同。按照用途，绿篱可分为保护篱、观赏篱、境界篱等。保护篱主要用于住宅、庭院或果园周围，多选用有刺树种，如枸橘、花椒、枸骨、马甲子（*Paliurus ramosissimus*）、火棘、椤木石楠、龙舌兰（*Agave americana*）等。境界篱用于庭园周围、路旁或园内之局部分界处，也供观赏，常用的有黄杨、大叶黄杨、罗汉松、侧柏、圆柏、小叶女贞、紫杉等。观赏篱见于各式庭园中，以观赏为目的，如花篱可选用茶梅、杜鹃、扶桑、木槿、锦鸡儿等；果篱可选用火棘、南天竹、小檗、枸子等；蔓篱可选用葡萄、蔷薇、金银花等；竹篱可选用凤尾竹（*Bambusa multiplex* 'Fernleaf'）、菲白竹（*Pleioblastus fortunei*）等。大叶黄杨、罗汉松和珊瑚树被称为海岸三大绿篱树种。

按绿篱的高度可分为高篱、中篱和矮篱。根据《中国农业百科全书·观赏园艺卷》：高篱高于1.7m（人的视平线），中篱高0.5～1.7m，矮篱高0.5m以下。因此，珊瑚树、杨桐、罗汉松、柳杉、日本女贞等均可构成高篱，一般高3～8m，具有防风之效，珊瑚树篱兼有防火功能；黄杨、小叶女贞、海桐、小叶罗汉松（*Podocarpus macrophyllus* var. *maki*）、紫杉等均可形成中篱，常见的花篱和果篱也为中篱；六月雪、假连翘、菲白竹等可形成矮篱，除作境界外，还常用作花坛、草坪和喷泉、雕塑周围的装饰、组字、构成图案，起到标志和宣传作用，也常用作基础种植材料。

此外，根据配植形式和管理方式的不同，还可以分为自然篱、散植篱和整形篱，其中最为普通的是整形篱。

不同高度的绿篱还可组合使用，形成双层甚至多层形式，横断面和纵断面的形状也变化多端。常见的有波浪式、平头式、圆顶式、梯形等。单体的树木还可修剪成球形、方形、柱状，与绿篱组合为别致的艺术绿垣。

第三节　攀援植物造景的形式

攀援植物是园林植物中重要的一类，它们的攀援习性和观赏特性各异，在园林造景中有着特殊的用途，是重要的垂直绿化材料，可广泛应用于棚架、花格、篱垣、栏杆、凉廊、墙面、山石、阳台和屋顶等多种造景方式。花亭、花廊和垂花门等均由攀援植物布置而成，蔷薇架、木香亭、藤萝架、葡萄廊更是古典园林常见的造景形式。"水晶帘动微风起，满架蔷薇一院香"、"庭中青松四无邻，凌霄百尺依松身"、"惊风乱飐芙蓉水，密雨斜侵薜荔墙"，这些优美的诗词，都描绘了由攀援植物形成的优美园林意境。

目前，全世界城市发展中面临的共同问题是建筑密度大，人口集中，可用于植物造景的面积愈来愈小。如何拓展绿化空间、增加绿量和绿化覆盖率、提高城市的整体绿化水平，是现代城市园林建设中面临的共同问题。而充分利用攀援植物进行垂直绿化是增加绿化面积、改善生态环境的重要途径。垂直绿化不仅能够弥补平地绿化之不足，丰富绿化层次，有助于恢复生态平衡，而且可以增加城市及园林建筑的艺术效果，使之与环境更加协调统一、生动活泼。

一、附壁式造景

吸附类攀援植物不需要任何支架，可通过吸盘或气生根固定在垂直面上。因而，围墙、楼房等的垂直立面，可以用吸附类攀援植物进行绿化，从而形成绿色或五彩的挂毯(图4-25)。整座楼房的覆盖则有绿色雕塑的效果，如清华大学图书馆和化学馆楼面上均爬满爬山虎。同时，楼房的南立面和西立面覆盖攀援植物后能够有效地改善温度条件，起到冬暖夏凉的作用。由于墙面绿化所需绿化用地面积甚小，但能形成大面积的垂直绿面，绿化面积可达占地面积的十几倍甚至上百倍，因而减少城市辐射热的作用非同小可。在人口众多、建筑密集、绿化用地不足的城市有广阔的发展空间。

图4-25　爬山虎的附壁式造景

附壁式造景还可用于各种墙面、断崖悬壁、挡土墙、大块裸岩、桥梁(桥墩)等设施的绿化。如苏州盘门的古城墙用爬山虎覆盖，夏季叶幕浓密如绿色瀑布，秋季叶片变红灿若晚霞，给古老的盘门带来生机；西安市南门的古城墙、苏州市枫桥附近的铁铃关城楼均由爬山虎覆盖。园林中由于各种原因而建造的人造石壁往往是与视线正交的画面，若下面以扶芳藤、常春藤、爬山虎等吸附类植物攀援，上沿再植以观花或观果的悬垂植物如软枝黄蝉、探春、蔓长春花等，上下结合，会获得极佳的视觉和景观效果。各种园桥配以适当的攀援植物也会形成优美的园林意境，如南京蔓园（现花卉园）内有一座桥梁，美国凌霄吸附于侧壁，形成了"引蔓通津"的效果；苏州网师园的引静桥桥壁覆以薜荔，郁郁葱葱，极富野趣。而围墙用攀援植物覆盖后不但形成幽雅宁静的环境，而且使园内和园外的景色连成一体，从而拓展了园林空间，正如《园冶》所言，"围墙隐约于萝间"。

附壁式造景在植物材料选择上，应注意植物材料与被绿化物的色彩、形态、质感的协调。粗糙表面如砖墙、石头墙、水泥混沙抹面等可选择枝叶较粗大的种类，如爬山虎、薜荔、珍珠莲（*Ficus sarmentosa* var. *henryi*）、常春卫矛（*Euonymus hederaceus*）、凌霄等，而表面光滑、细密的墙面如马赛克贴面则宜选用枝叶细小、吸附能力强的种类，如络石、紫花络石、小叶扶芳藤、常春藤等。在华南地区，阴湿环境中还可选用蜈蚣藤、爬树龙（*Rhaphidophora decursiva*）、绿萝等。考虑到单一种类观赏特性的缺陷，可利用不同种类间的搭配以延长观赏期，创造四季景观。

目前在墙面绿化中应用最广泛的种类是爬山虎。爬山虎枝叶茂密，生长迅速，可以迅速覆盖墙面，起到美化和改善环境的作用，但过于千篇一律，可以考虑在不同地区、不同环境增加其他种类或几种合栽，使墙面绿化丰富多彩，如凌霄、常春藤等均可攀援到5~6层楼房的高度。对围墙而言，除墙面绿化外，如果墙体坚固，还可以在墙顶做一种植槽，种植小型的蔓生植物，如云南黄馨、探春、蔓长春花等，让细长的枝蔓披散而下，与墙面向上生长的吸附类植物配合，相得益彰。在山地风景区新开公路两侧或高速公路两侧常因施工或开山采石而形成许多岩仓残痕、裸岩石壁，极不自然，影响景观。由于自然条件恶劣，这些地段一般不适于种植乔灌木树种，但可以通过攀援植物的覆盖达到绿化目的。

墙面的附壁式造景除了应用吸附类攀援植物以外，还可以使用其他植物，但一般要对墙体进行简单的加工和改造。如将镀锌铁丝网固定在墙体上，或靠近墙体扎制花篱架，或仅仅在墙体上拉上绳索，即可供葡萄、猕猴桃、蔷薇等大多数攀援植物缘墙而上。固定方法的解决，为墙面绿化的品种多样化创造了条件。

二、篱垣式造景

篱垣式造景主要用于篱架、栏杆、铁丝网、栅栏、矮墙、花格的绿化，这类设施在园林中最基本的用途是防护或分隔，也可单独使用，构成景观（图4-26）。由于这类设施大多高度有限，对植物材料攀援能力的要求不太严格，几乎所有的攀援植物均可用于此类造景方式，但不同的篱垣类型各有适宜材料。

图4-26 红花菜豆篱架

竹篱、铁丝网、围栏、小型栏杆的绿化以茎柔叶小的种类为宜，如防己（*Sino-menium acutum*）、千金藤（*Stephania japonica*）、金线吊乌龟（*S. cepharantha*）、络石、牵牛花、月光花、茑萝、倒地铃、海金沙等。在庭院和居民区，应充分考虑攀援植物的经济价值，尽量选择可供食用或药用的种类，如金银花、绞股蓝以及丝瓜（*Luf-fa cylindrica*）、苦瓜、扁豆（*Dolichos lablab*）、豌豆、菜豆各种瓜豆类。在公园中，利用富有乡村特色的竹竿等材料，编制各式篱架或围栏，配以红花菜豆、菜豆、香豌豆、刀豆（*Canavalia gladiata*）、落葵、蝴蝶豆（*Clitoria ternatea*）、相思子（*Abrus precatorius*）等，结合葡萄棚架、茅舍，可以形成一派朴拙的村舍风光，别有一番农村田园的情趣。

　　栅栏绿化应当根据其在园林中的用途以及结构、色彩等而定。如果栅栏是作为透景之用，应是透空的，能够内外相望，种植攀援植物时宜以疏透为宜，并选择枝叶细小、观赏价值高的种类，如络石、铁线莲等，切忌因过密而封闭。如果栅栏起分隔空间或遮挡视线之用，则可选择枝叶茂密的木本种类，包括花朵繁密、艳丽的种类，将栅栏完全遮蔽，形成绿墙或花墙，如胶州卫矛、凌霄、蔷薇、常春藤等（图4-27）。

图 4-27　蔷薇花墙

就栅栏的结构、色彩而言，钢筋混凝土栅栏大多比较粗糙，色彩暗淡，应当选择生长迅速、枝叶茂密并色彩斑斓的种类如藤本月季、南蛇藤（*Celastrus orbiculatus*）、猕猴桃、五叶地锦等；格架较细小的钢栅栏配置金银花、蔓长春花较适宜；而有些本身观赏价值高的不锈钢栅栏，如果纯粹是观赏性的，则无需配置攀援植物。

　　普通的矮墙、石栏杆、钢架等可选植物更多，如缠绕类的使君子、金银花、北清香藤（*Jasminum lanceolarium*）、何首乌；具卷须的炮仗花、甜果藤（*Mappianthus io-doides*）、大果菝葜（*Smilax macrocarpa*）；具吸盘或气生根的五叶地锦、蔓八仙（*Hy-drangea anomala*）、钻地枫（*Schizophragma integrifolium*）、凌霄等。蔓生类攀援植物如蔷薇、藤本月季、云实、软枝黄蝉等应用于墙垣的绿化也极为适宜，枝蔓攀越墙垣后可再弯垂向下，优美自然。现代园林的围墙一般不高，既有云墙、平墙、花篱墙、乱石墙等，也有用钢栅栏、花格作围墙使用的，均可作为篱垣看待。在矮墙的内侧种植蔷薇、软枝黄蝉等观花类，细长的枝蔓由墙头伸出，可形成"春色满园关不住"的意境。城市临街的砖墙，如用蔷薇、凌霄、爬山虎等混植绿化，既可衬托道路绿化景观，达到和谐统一的绿化效果，又可延长观赏期。在污染严重的工矿区宜选用葛藤、南蛇藤、凌霄等抗污染植物。

　　此外，在篱垣式造景中，还应当注意各种篱垣的结构是否适于攀援植物攀附，或根据拟种植的种类采用合理的结构。一般而言，木本缠绕类可攀援直径20cm以下的柱子，而卷须类和草本缠绕类大多需要直径 3cm 以下的格栅供其缠绕或卷附，蔓生类则应在生长过程中及时人工引领。

三、棚架式造景

棚架式造景是园林中应用最广泛的攀援植物造景方式。棚架是用竹木、石材、金属、钢筋混凝土等材料构成一定形状的格架，供攀援植物攀附的园林设施，也称花架（图 4-28、图 4-29）。棚架式造景装饰性和实用性均强，既可作为园林小品独立形成景观或点缀园景，又具有遮阴和休闲功能，供人们休息、消暑，有时还具有分隔空间的作用。据记载，作为绿廊支撑体的花架起源于古埃及和两河流域的庭院中，最初用于生产葡萄，以后变为装饰目的，而且西欧和北美仍有这种遗风。在中国古典园林中，棚架也是常见的造景形式，尤其是葡萄架和紫藤架。

图 4-28　济南趵突泉内的葡萄架

图 4-29　苏州狮子林的紫藤廊架

棚架的形式不拘，繁简不限，可根据地形、空间和功能而定，"随形而弯，依势而曲"，但应与周围环境在形体、色彩、风格上相协调。按立面形式，可分为两面设立支柱的普通廊式棚架、两面为柱中间设墙的复式棚架、中间设柱的梁架式棚架、一面为柱一面为墙的半棚架，以及各种特殊造型的棚架，如花瓶状、伞亭状、蘑菇状等；按位置则有沿墙棚架、爬山棚架、临水棚架和跨水棚架等；按平面形式，棚架有直棚架、曲棚架、回廊式棚架以及"S"形、"L"形、弧形、半圆形等各种形式。因而棚架的类型多样，造型各异，既有独立式的，又有组合式的。棚架的顶部形状一般为圆拱形或平顶。就材料而言，有竹木结构、绳索结构、钢筋混凝土结构、砖石结构、金属结构和混杂结构等。竹木和绳索结构棚架朴实、自然、价廉，易加工，但耐久性差；钢筋混凝土结构可根据设计要求浇灌成各种形状，也可制作成预制构件现场安装，灵活多样，经久耐用，因而应用最为普遍；砖石结构厚实耐用，但运输不便；金属结构轻巧易制，但炎热的夏天容易烫伤植物的嫩枝叶，并应经常油漆养护，防止脱漆腐蚀。

棚架式造景可单独使用，成为局部空间的主景，也可用作为由室内到花园的类似建筑形式的过渡物，均具有园林小品的装饰性特点，并具有遮阴的实用目的。棚架可用于各种类型的绿地中，几乎可以布置在园林中的任何地方，如草地边缘、草地中央、水边、建筑附近、大门入口等，最宜设置在风景优美的地方供休息和点景；也可以和亭、廊、水榭、景门、园桥相结合，组成外形优美的园林建筑群，甚至可用于屋顶花园。苏州留园曲溪楼前的曲桥上覆盖着紫藤花架，成为别具一格的"花廊桥"；济南植物园在水边布置长形廊式棚架，由紫藤、凌霄和葎叶蛇葡萄覆盖，春季紫藤花香浓郁，夏季绿荫如盖，凌霄红花点缀其上，秋季蛇葡萄硕果累累，季相变化明显。棚架若布置在优美景点的对面作对景，效果尤佳，如昆明世博园内新疆园的葡萄廊对面设置一民族歌舞"摘葡萄"的圆形雕塑作对景，增添了园内的活跃气氛，而大连中山广场在广场外环园路边缘建有四座长形紫藤廊架。

卷须类和缠绕类攀援植物均可供棚架造景使用，紫藤、中华猕猴桃、葡萄、木通、五味子、菝葜、木通马兜铃、常春油麻藤、瓜馥木（*Fissistigma oldhamii*）、炮仗花、黎豆藤（*Mucuna castanea*）、西番莲、蓝花鸡蛋果（*Passiflora caerulea*）等都是适宜的材料。如大理玉洱园的炮仗花棚架、昆明翠湖公园的黎豆藤棚架以及各地最常见的紫藤棚架，甚至爬山虎、五叶地锦等吸附类攀援植物也可作棚架式造景。部分枝蔓细长的蔓生种类同样也是棚架式造景的适宜材料，如叶子花、木香、蔷薇、荷花蔷薇、软枝黄蝉等，但前期应当注意设立支架、人工绑缚以帮助其攀附。

如果以攀援植物覆盖长廊的顶部及侧方，可以形成凉廊形式的绿廊或花廊、花洞。此种凉廊一般是永久性的，而且侧方均有格架，不必急于将藤蔓引至廊顶，否则容易造成侧方空虚。植物材料应选择生长旺盛、分枝力强、叶幕浓密而且花果秀美的种类，北方宜用落叶种类，南方既可用落叶种类，也可用常绿种类。除了常用的紫藤外，北方还可选用金银花、木通、南蛇藤、凌霄、蛇葡萄等，在南方则有叶子花、炮仗花、鸡血藤、常春油麻藤、龙须藤、木香、扶芳藤、西番莲、使君子、红茉莉（*Jasminum beesianum*）、串果藤（*Sinofranchetia chinensis*）等多种可供应用。其中，花朵和果实藏于叶丛下面的种类如葡萄、猕猴桃、木通，尤其适于棚架式造景，人们坐在棚架下，在休息、乘凉的同时，又可欣赏这些植物的花果之美。

绿亭、绿门、拱架一类的造景方式也属于棚架式的范畴。不过，在植物材料选择上更应偏重于花色鲜艳、枝叶细小的种类，如铁线莲、叶子花、蔓长春花等。以金属或木架搭成的拱门，可用木香、蔓长春花、西番莲、夜来香、常春藤、藤本月季等攀附，形成绿色或鲜花盛开的拱门。建筑物的进出口，则可以利用遮雨板、柱子或花墙、栅栏作为攀援植物的支架进行绿化。

棚架式造景在选择攀援植物时还应当考虑棚架的结构形式、棚架构件的质地、色彩以及所占的空间位置和棚架的功能，做到因地制宜、因架适藤。如柔软纤细的绳索结构、美观精巧的金属结构、轻巧有致的竹木结构的棚架，适宜栽种牵牛花、啤酒花（*Humulus lupulus*）、红花菜豆、茑萝、扁豆、丝瓜、月光花、葫芦、香豌豆、何首乌、观赏南瓜等缠绕茎发达的草本攀援植物；笨重粗犷的砖石结构棚架、造型多变的钢筋混凝土结构棚架，因承受力大，栽种木质的紫藤、凌霄、猕猴桃、葡萄、木香、南蛇藤、五叶地锦等甚相宜；而混杂结构的棚架，配置攀援植物不必太严格，可以几种混植，如果观赏期衔接，观赏效果会更好。

四、立柱式

随着城市建设，各种立柱如电线杆、路灯灯柱、高架路立柱、立交桥立柱不断增加，它们的绿化已经成为垂直绿化的重要内容之一。从一般意义上讲，吸附类的攀援植物最适于立柱式造景，不少缠绕类植物也可应用。但立柱所处的位置大多交通繁忙，汽车废气、粉尘污染严重，土壤条件也差，高架路下的立柱还存在着光照不足的缺点。选择植物材料时应当充分考虑这些因素，选用那些适应性强、抗污染并耐荫的种类。上海的高架路立柱主要选用五叶地锦、常春油麻藤、常春藤等。此外，还可用木通、南蛇藤、络石、金银花、爬山虎、蝙蝠葛（*Menispermum dauricum*）、小叶扶芳藤等耐荫种类。电线杆及灯柱的绿化可选用凌霄、络石、素方花、西番莲等观赏价值高的种类，并防止植物攀爬到电线上。

园林中一些枯树如能加以绿化，也可给人一种枯木逢春的感觉。如岱庙内枯死的古柏，分别用以凌霄、紫藤和栝楼绿化，景观各异，平添无限生机。在不影响树木生长的前提下，活的树木也可用络石、薜荔、小叶扶芳藤或凌霄等攀援植物攀附，形成一根根"绿柱"，但活的树木一般不宜用缠绕能力强的大型木质藤本植物。

五、假山置石的绿化

我国聚土构石为山始于秦汉，从聚土构石，到山石堆叠，孤置赏石，到近代的泥灰塑山以及现代的水泥塑石，经历了漫长的发展过程。在中国古典园林中，不论是园墙廊间，还是树下水边，不论是小径尽头，还是房前屋后、台阶房角，到处可见点缀空间、丰富景观的山石小品，可以说是"无园不石，无园不山。"而假山的布置，加强了园林的山林情趣，因此常常成为全园的主景，如南京瞻园的南北大假山、扬州个园的四季假山、苏州环秀山庄的湖石假山等。

假山置石源于自然，应反映自然山石、植被的状况，以加强自然情趣。关于假山置石的绿化，古人有"山借树而为衣，树借山而为骨，树不可繁要见山之秀丽"的说法。悬崖峭壁倒挂三五株老藤，柔条垂拂、坚柔相衬，使人更感到山的崇高峻美。扬州"个园"，步入园门是太湖石叠筑的花坛，中央遍植金桂，边缘配以迎春、素馨，既与墙外青绿相映，又收多样统一之效；绕宜雨轩，湖石假山叠出，山腰紫藤盘根垂蔓，生机盎然，形成夏景；秋山的山腰悬崖间植千年古柏，攀以凌霄，红花绿叶凌空垂吊。再如苏州拙政园远香堂前的水边石岸，布满爬山虎，每到夏季郁郁葱葱、生机勃勃；而以白色粉墙为背景的湖石上攀附着凌霄，绿叶垂蔓、红花点缀，具有优美的视觉效果。现代园林如北京的龙潭公园，假山石上爬满爬山虎，夏季绿叶覆盖，秋季红叶似锦；亚运村中心花园的自然水景区内，各种山石间种植了金银花、红金银花、爬山虎、山荞麦（*Polygonum auberti*）等，援石而上或垂吊而下，与山石交融，形成一景，增加了山亭石瀑主景之美。

利用攀援植物点缀假山石，一般情况下，植物不宜太多，应当让山石最优美的部分充分显露出来，并注意植物与山石纹理、色彩的对比和统一。植物种类选择依假山类型而定，一般以吸附类为主。若欲表现假山植被茂盛的状况，可选择枝叶茂密的种类，如五叶地锦、紫藤、凌霄，并配合其他树木花草。

此外，攀援植物生长迅速，很多种类可形成低矮、浓密的覆盖层，是优良的地被植物。尤其是在地形起伏较大地段如坡岸、石崖、树间以及风景区内，考虑到修剪的不方便，不适于种植草坪，此时，攀援植物是最好的选择。

第四节　花卉的配置形式

花卉是园林植物造景的基本素材之一，具有种类繁多、色彩丰富艳丽、生产周期短、布置方便、更换容易、花期易于控制等优点，因此在园林中广泛应用，作观赏和重点装饰、色彩构图之用，在烘托气氛、基础装饰、分隔屏障、组织交通等方面有着独特的景观效果。主要应用形式有花坛、花境、花池、花台以及立体装饰、造型装饰等。

一、花坛

花坛是按照设计意图，在有一定几何形轮廓的植床内，以园林草花为主要材料布置而成的，具有艳丽色彩或图案纹样的植物景观。

(一) 花坛的类型和应用

花坛主要表现花卉群体的色彩美，以及由花卉群体所构成的图案美，能美化和装饰环境，增加节日的欢乐气氛，同时还有标志宣传和组织交通等作用。

根据形状、组合以及观赏特性不同，花坛可分为多种类型，在景观空间构图中可用作主景、配景或对景。根据外形轮廓可分为规则式、自然式和混合式；按照种植方式和花材观赏特性可分为盛花花坛、模纹花坛；按照设计布局和组合可分为独立花坛、带状花坛和花坛群等。从植物景观设计的角度，一般按照花坛坛面花纹图案分类，分为盛花花坛、模纹花坛、造型花坛、造景花坛等(图4-30)。

盛花花坛

模纹花坛

造型花坛

造景花坛

图4-30　花坛的类型

1. 盛花花坛

盛花花坛主要由观花草本花卉组成，表现花盛开时群体的色彩美。这种花坛在布置时不要求花卉种类繁多，而要求图案简洁鲜明，对比度强。常用植物材料有一串红、早小菊、鸡冠花、三色堇、美女樱、万寿菊等。独立的盛花花坛可作主景应用，设立于广场中心、建筑物正前方、公园入口处、公共绿地中等。

2. 模纹花坛

模纹花坛主要由低矮的观叶植物和观花植物组成，表现植物群体组成的复杂的图案美。包括毛毡花坛、浮雕花坛和时钟花坛等形式。毛毡花坛由各种植物组成一定的装饰图案，表面被修剪的十分平整，整个花坛好像是一块华丽的地毯；浮雕花坛的表面是根据图案要求，将植物修剪成凸出和凹陷的式样，整体具有浮雕的效果；时钟花坛的图案是时钟纹样，上面装有可转动的时针。模纹花坛常用的植物材料有五色苋、彩叶草、香雪球、四季海棠等。模纹花坛可作为主景应用于广场、街道、建筑物前、会场、公园、住宅小区的入口处等。

3. 造型花坛

造型花坛又叫立体花坛，即用花卉栽植在各种立体造型物上而形成竖向造型景观。造型花坛可创造不同的立体形象，如动物（孔雀、龙、凤、熊猫等）、人物（孙悟空、唐僧等）或实物（花篮、花瓶、亭、廊），通过骨架和各种植物材料组装而成。因此一般作为大型花坛的构图中心，或造景花坛的主要景观，也有的独立应用于街头绿地或公园中心，如可以布置在公园出入口、主要路口、广场中心，建筑物前等游人视线的焦点上成为对景。

4. 造景花坛

造景花坛是以自然景观作为花坛的构图中心，通过骨架、植物材料和其他设备组装成山、水、亭、桥等小型山水园或农家小院等景观的花坛。最早应用于天安门广场的国庆花坛布置，主要为了突出节日气氛，展现祖国的建设成就和大好河山，目前也被应用于园林中临时造景。

此外，设计宽度在1m以上，长宽比大于3:1的长条形花坛称为带状花坛。带状花坛通常作为配景，布置于主景花坛周围、宽阔道路的中央或两侧、规则式草坪边缘、建筑广场边缘、墙基、岸边或草坪上，有时也作为连续风景中的独立构图，具有较好的环境装饰美化效果和视觉导向作用。而根据花坛的空间布局，还可将花坛分为平面花坛、斜面花坛和立体花坛。平面花坛的花坛表面与地面平行，主要观赏花坛的平面效果，包括沉床花坛和稍高出地面的花坛，如盛花花坛多为平面花坛。斜面花坛设置在斜坡或阶地上，也可搭成架子摆放各种花卉，以斜面为主要观赏面，一般模纹花坛、文字花坛、肖像花坛多用斜面形式。立体花坛向空间展伸，可以四面观赏，常见的造型花坛、造景花坛是立体花坛。

就花坛的发展而言，其规模有扩大趋势，而且由平面发展到斜面、立面及三维空间花坛，由静态构图发展到连续动态构图，由室外扩展到室内。

（二）花坛设计

花坛在环境中可作为主景，也可作为配景。形式与色彩的多样性决定了它在设计上也有广泛的选择性。花坛的设计首先应在风格、体量、形状诸方面与周围环境相协调，其次才是花坛自身的特色。花坛的体量、大小也应与花坛设置的广场、出入口及周围的建筑的高度成比例，一般不应超过广场面积的1/3，不小于1/5。花坛的外部轮廓应与建筑边线、相邻的路边和广场的形状协调一致。色彩应与所在环境有所区别，既起到醒目和装饰作用，又与环境协调，融于环境之中，形成整体美。如现代建筑的外形趋于多样化、曲线化，在外形多变的建筑物前设置花坛，可用流线或折线构成外轮廓，对称、拟对称或自然式均可，以求与环境协调。

　　花坛一般布置于庭园广场中央、道路交叉口、大草坪中央以及其他规则式绿地构图中心，面积不宜太大，常呈轴对称或中心对称，可供多面观赏，呈封闭式，人不能进入其中。花坛的外形轮廓一般为规则几何形，如圆形、半圆形、三角形、正方形、长方形、椭圆形、五角形、六角形等（图4-31），内部图案应主次分明、简洁美观，忌过于复杂。长短轴之比一般小于3∶1，平面花坛的短轴长度在8~10m以内或圆形的半径在4.5m以内，斜面花坛倾斜角度<30°。

图4-31　常见花坛轮廓形状（引自吴涤新）

1. 花坛色调设计

（1）冷暖色调

　　将近似或相同色调的花卉配置在一起，易给人以柔和愉悦的感觉。例如金盏菊、鸡冠花、一串红、茼蒿菊、金鱼草等大多是橙黄色或红色花朵，属于暖色调，采用这些花卉设计的花坛景观，色彩鲜明亮丽，气氛热烈活泼；二月兰、勿忘我、翠菊、矢车菊等花朵多为蓝色，属冷色调，采用这类花卉设计的花坛景观给人以舒适、安静之感。

　　花坛设计要根据周围环境特点，选择与之协调适应的花卉色调。如公共庭园大门区、礼堂、游憩活动草坪等环境中的花坛宜选用暖色调的花卉作主体，使人感到空间明朗、色彩鲜艳、气氛活泼，而图书馆、纪念馆、实验室环境等，宜选用一些冷色调的花卉作主要花坛材料，以便更好地创造安静、幽雅的环境氛围。

（2）对比色

　　对比色多用于花坛轮廓线设计和花坛色块设计，具有图案清晰、轮廓分明、气氛活泼、色彩华丽等特点。常用的有蓝紫色与橙色、黄色与紫堇色等对比色。需要注意的是，两种对比色的花卉运用于同一花坛时，不宜数量均等。如成片紫堇色的三色堇中间种植带状金盏菊，则金盏菊更鲜艳夺目。

（3）调和色

白色花卉不仅自身色彩单纯典雅，也能衬托其他颜色的花卉，同时还具有色调调和的作用。所以，当两种花卉色调对比过于强烈时可选用白色花卉间植布置以作调和。另外，白色花卉可勾画、强调花坛边缘或图案轮廓等。常见白色花卉有滨菊、银叶菊、葱莲、白花矮牵牛、雏菊、香雪球、白花石竹、小丽花、一串白、白鸡冠花、白花地被菊等。

（4）主次色调

一个或一组花坛应有主次色调，使花卉景观色彩主次分明，丰富而不杂乱，具有较好的艺术感染力。一般选用 1 ~ 2 种花卉作主色调，布置面积较大，其他花卉作陪衬，为次色调，用量相对较少，只作配色或勾画图案轮廓线条等。同一个花坛，选用花卉的色彩变化也不宜太多太杂，小型花坛一般 5 种以下，大型花坛也不宜超过 10 种花卉，以能满足构图需要为准，过多会令人感到凌乱繁杂，景观效果不佳。

此外，还应注意花卉色彩不同于调色板上的色彩，如同为红色的天竺葵、一串红、一品红，在明度上有差别，若分别与黄色的黄早菊搭配，效果不同。一品红红色较稳重，一串红较鲜艳，而天竺葵较艳丽，后两者直接与黄早菊配合也有明快的效果，而一品红与黄菊中加入白色的花卉才有较好的效果。

2. 花坛植床设计

为了突出表现花坛的外形轮廓和避免人员踏入，花坛植床一般设计高出地面 10 ~ 30cm。植床形式多样，围边材料也各异，需因地制宜，因景而用。

（1）设计形式

有平面式、龟背式、阶梯式、斜面式、立体式等。

平面式花坛给人以舒展、平稳和安定的感觉。植床高出地面 10 ~ 30cm，中央稍微凸起，形成 2% 左右的坡度，以利排水。

龟背式花坛具有厚重平稳之感。植床中央高，四周低，似龟背状，中央高度一般不超过花坛半径的 1/4 或 1/5，通常高 1 ~ 1.2m 以下，既方便喷水灌溉，又不致产生水土流失，同时又利于观赏。

阶梯式花坛，利用建筑材料围成几个不同高度的植床床面，中间高，四周低或顺着某一方向逐渐降低，呈阶梯状。此类花坛一般面积较大，具有层次性和一定造型特点。

斜面式花坛，植床呈一边高一边低的斜坡状，一般单面观赏，前低后高，常用于路边坡地、墙边等，且多设计成模纹花坛。斜面式花坛有利于平视观赏，但植床斜面倾斜度不宜过大，否则易造成水土流失，栽植也较困难，以不超过 30° 为宜。但有一种架式钵栽装饰"模纹花坛"，坡度可接近 90°，此类"花坛"已不属常规花坛。

立体式，又称植物雕塑式花坛、立体模纹花坛，是在平面式、龟背式或阶梯式植床上，利用竹、木、钢筋等材料制作成立体造型骨架，骨架内填充栽培基质进行植物种植，经培养后形成立体花卉造型。

（2）植床围边材料

花坛植床边缘通常用一些建筑材料作围边或床壁，如水泥砖、块石、圆木、竹片、钢质护栏、机制砖、废旧电瓷瓶等，设计时可因地制宜，就地取材。一般要求形式简单，色彩朴素，以突出花卉造景。花坛植床围边一般高出周围地面10cm，大型花坛可高出30～40cm，以增强围护效果。厚度因材而异，一般10cm左右，大型花坛的高围边可以适当增宽至25～30cm，兼有坐凳功能的床壁通常较宽些。

（3）植床厚度

花坛植床土壤或基质厚度因地因景而异。花坛布置于硬质地面时，种植床基质宜深些，直接设计于土地的花坛，植床栽培基质可浅些，一年生草花种植层厚度不低于25cm，多年生花卉和灌木则不低于40cm。

3. 花坛图案设计

花坛图案设计要有美感，并富有时代气息，还要与环境及所陪衬的主体内容相呼应。设计时，图案纹样宜简洁、大方，线条流畅，富有表现力，不宜过于琐碎和复杂，避免产生凌乱感和种植施工困难。

（1）花叶形

模仿植物花朵和叶子形状，如梅花形、葵花形，多用于圆形或正多边形花坛，且花坛规模不大。

（2）角星形

又称星芒式，图案为放射状尖角形，常见的有五角星形、八角星形等。

（3）几何形

以一种或几种几何图形组成，如三角形、正方形、长方形、菱形、正六边形、圆形等。

（4）自然曲线形

以自然流畅的曲线构成优美的图形，如水浪、卷云纹样及其他抽象曲线。

（5）动物形

以动物如鱼、鸟、兽、蝶等形态作为花坛设计图案纹样。多选择人们喜爱的或象征吉祥的动物图案。

（6）徽标形

根据花坛具体布置环境特点，选用一定形式和内容的徽章、徽标作为图案纹样，如各种展览会会场布置的花坛常用展览会会标作为花坛装饰图案，以强调环境主题。校园环境绿地中亦可采用校徽图案进行花坛装饰造景。

（7）器物形

以各种物体或容器的形状作为花坛图案，如花瓶、花篮、时钟、地球仪等。

（8）文字形

用醒目的文字标语形式作为花坛图案纹样，如节日庆祝语、展览会名称与内容、训言等文字形式。文字图案可用常绿小灌木种植修剪而成，具有时间长、管理方便等特点，也可用五色苋及草花组成。

4. 花坛设计图绘制

花坛设计要求提供环境总平面图、花坛平面图、立体效果图，并编制设计说明

（图4-32）。

环境总平面图应标出花坛所在环境的道路、建筑边界线、广场及绿地等，并绘制出花坛平面轮廓。根据面积大小，通常可选用1∶100或1∶1 000的比例。

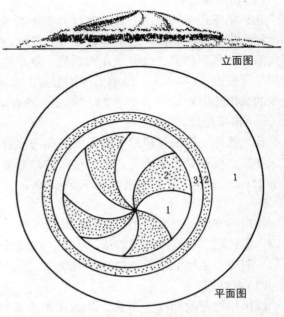

立面图

平面图

植物种类: 1. 五色苋（绿）　2. 五色苋（紫）　3. 银叶菊（白）

图4-32　模纹花坛设计(引自吴涤新)

花坛平面图应表明花坛的图案纹样及所用植物材料。如果用水彩或水粉表现，则按所设计的花色上色，或用写意手法渲染。绘出花坛的图案后，用阿拉伯数字或符号在图上依纹样使用的花卉，从花坛内部向外依次编号，并与图旁植物材料表相对应。表内项目包括花卉的中文名称、拉丁学名、株高、花色、花期、用量等，以便于阅图。若花坛用花随着季节变化需要轮换，也应在平面图和材料表中予以绘制或说明。

立体效果图用来展示和说明花坛的效果和景观。花坛中某些局部，如造型物等细部必要时需绘出立面放大图，其比例及尺寸应准确，为制作和施工提供可靠数据。立体阶梯式花坛还可绘出阶梯架的侧剖面图。

设计说明书应简述花坛的主题、构思，并说明设计图中难以表现的内容，如对植物材料的要求，包括用苗量的计算、起苗、定植的要求，以及花坛建立后的一些养护管理要求。文字应简练，可以附在花坛设计图纸内，也可以单独作为一个文件。

5. 几种花坛的设计要点

（1）盛花花坛

盛花花坛又称花丛花坛，应选用观花草木，是以花朵盛开时群体色彩美为表现主题的花坛。以色彩设计为主，图案设计处于从属地位，所以选用草花植物要求花期集中一致，植株高矮比较整齐，花朵繁茂，盛开时花朵能掩盖枝叶，达到见花不见叶的程度。为了维持花卉盛开时的华丽效果，必须经常更换花卉，所以常用球根花卉及一二年生草花。

盛花花坛要求色彩艳丽，突出群体的色彩美，因此色彩上要精心选择，巧妙搭配，一个花坛的色彩不宜太多，要主次分明。可为一种草花，也可为几种不同色彩的花卉组合。几种草花合用时，要求色彩搭配协调，株型相近、花期也基本一致。常用草花有一串红、福禄考、矮雪轮、矮牵牛、金盏菊、孔雀草、万寿菊、雏菊、三色堇、石竹、美女樱、千日红、百日草、滨菊、银叶菊、羽衣甘蓝、风信子、韭莲、郁金香、球根鸢尾、地被菊、满天星、四季海棠。

（2）模纹花坛

模纹花坛表现植物所构成的精美复杂的图案美，花坛外形轮廓宜简单，而内部图案纹样要复杂华丽，根据图案纹样决定色彩，尽量保持纹样清晰精美。常选用低矮的观叶植物和常绿小灌木，有时也选用低矮整齐的草本花卉。

各种不同色彩的五色苋是最理想的植物材料，能形成细致精美的装饰图案。该植物不仅色彩整齐，而且叶子细小、株型紧密，可以作出 2～3cm 的线条来。其他适于表现花坛平面图案变化的低矮植物还有花叶细小的香雪球、雏菊、白叶菊、四季海棠、孔雀草、三色堇、半支莲等，以及一些生长缓慢、耐修剪的常绿小灌木类，如黄杨。由于模纹花坛的施工费用较大，所以选用的花卉最好具有较长的观赏期。

（3）造型花坛

造型花坛的植物选择基本与模纹花坛相同，其中五色苋应用最为广泛，但随着栽培技术和设计技术的提高，其他草花如四季海棠、矮一串红、矮牵牛等也已有大量应用。

造型花坛的造型要求线条简洁、形象生动、明暗凸显，立体感强，便于制作。造型花坛的制作材料主要用钢筋、铁网、三角铁、砖石等。先设计好形象造型，按造型用三角铁、钢筋焊制骨架，再用铁网将外形包好，用砖石做好基础后把铁网造型竖立起来。然后将铁网造型中空部分填满实土，再在铁网外敷上掺入稻草的泥塑造外形，然后按照造型需要把各色五色草和花卉插栽入泥中，经修剪整形后就完成了。

一个优美造型的立体花坛就是一座彩色雕塑，艺术性、观赏性都很强。如昆明世博园花园大道上的大型花柱高达 7～9m，直径达 1.5m，蔚为壮观（图 4-33）。

图 4-33　昆明世博园的大型花柱

（4）组合花坛

组合花坛又称花坛群，是指由多个花坛按一定的对称关系近距离组合而成的一个不可分割的景观构图整体。各个花坛呈轴对称或中心对称。呈轴对称时，各个花坛排列于对称轴两侧；呈中心对称时，各个花坛围绕一个对称中心规则排列。轴对称的纵、横轴的交点或中心对称的对称中心就是组合花坛景观的构图中心。在构图中心上可以设计一个花坛，也可以设计喷水池、雕塑、纪念碑或铺装场地等。多用于大面积规则式绿地、大型建筑广场及公共建筑前。组合花坛各个花坛之间的地面通常铺装，还可设置坐凳、坐椅或直接将花坛植床床壁设计成坐凳，人们可以进入组合花坛内观赏、休息。

（三）花坛常用花卉

花坛常用花卉见表4-1。此外，常用作花坛中心的花材还有苏铁、龙舌兰、三角花、橡皮树、蒲葵、桂花、海桐、杜鹃花等。

表4-1 常用花坛花卉

中名	学名	株高（cm）	花色								花期（月份）
			紫红	红	粉	白	黄	橙	蓝紫	紫堇	
霍香蓟	*Ageratum conyzoides*	30~60							√		4~10
心叶霍香蓟	*Ageratum houstonianum*	15~30							√		5，10
五色苋	*Alternanthera bettzickiana*	根据修剪控制									观叶
红草五色苋	*Alternanthera amoena*	根据修剪控制									观叶
金鱼草	*Antirrhinum majus*	15~25（矮）；45~60（中）；90~120（高）	√	√	√	√	√				5~7，10
天门冬	*Asparagus cochinchinensis*	40				√					观叶
荷兰菊	*Aster novi~belgii*	50							√		8~10
四季秋海棠	*Begonia semperflorens*	20~25			√	√					5~10
雏菊	*Bellis perennis*	10~15（20）		√	√	√					4~6
红叶甜菜	*Beta vulgaris* var. *cicla*	40									观叶，3~10
羽衣甘蓝	*Brassica oleracea* var. *acephala* f. *tricolor*	30~40									观叶
金盏菊	*Calendula officinalis*	30~40					√	√			4~6
翠菊	*Callistephus chinensis*	10~30（矮）	√	√	√	√			√	√	5~10
蕉藕	*Canna edulis*	200~300		√							8~10，茎叶紫色
大花美人蕉	*C. generalis*	100~150		√	√		√				8~10
美人蕉	*C. indica*	100~130		√							8~10
长春花	*Catharanthus roseus*	30~60		√	√	√					5~10
鸡冠花	*Celosia cristata*	15~30（矮）；80~120（高）	√	√			√	√			8~10
桂竹香	*Cheiranthus cheiri*	30~60	√	√	√						4~6
矢车菊	*Centaurea cyanus*	60~80	√	√	√	√			√	√	5~6
彩叶草	*Coleus scutellarioides*	50~80									观叶
大丽花	*Dahlia pinnata*	20~40（矮）；60~150	√	√	√	√	√	√	√	√	8~10
须苞石竹	*Dianthus barbatus*	40~50	√	√	√						5~6
石竹	*Dianthus chinensis*	30~50			√	√					5~9
菊花	*Chrysanthemum grandiflorum*	30~50（矮）；60~150	√	√	√	√	√	√			5~8；10~12

（续）

中名	学名	株高（cm）	紫红	红	粉	白	黄	橙	蓝紫	紫堇	花期（月份）
毛地黄	*Digitalis purpurea*	60~120	√		√	√					6~8
银边翠	*Euphorbia marginata*	50~80				√					7~10
一品红	*E. pulcherrima*	60~70		√	√	√	√				11~3
千日红	*Gomphrena globosa*	20（矮）；40~60	√	√		√				√	6~10
霞草	*Gypsophila elegans*	30~50			√	√					4~6
麦秆菊	*Helichrysum bracteatum*	40~90		√		√	√	√			7~9
风信子	*Hyacinthus orientalis*	15~25	√	√	√	√			√		5~6
屈曲花	*Iberis amara*	15~30				√					4~6
凤仙花	*Impatiens balsamina*	20（矮）；60~80；150（高）		√	√	√					6~10
苏丹凤仙	*I. sultanii*	15~20（矮）；30~60		√	√						四季
何氏凤仙	*I. holstii*	50~100		√	√	√		√			四季
血苋	*Iresine herbstii*	根据修剪控制									观叶
扫帚草	*Kochiascoparia*	100~150，根据修剪可控制									观叶
香雪球	*Lobularia maritima*	15~30				√					6~10
紫罗兰	*Matthiola incana*	40~60	√	√							4~5
勿忘草	*Myosotis silvatica*	30~60			√	√			√		5~6
葡萄风信子	*Muscaris botryoides*	15~20							√		3~5
喇叭水仙	*N. pseudonarcissus*	35~40					√				3~4
水仙	*Narcissus tazetta* var. *chinensis*	30~40				√					1~2
二月兰	*Orychophragmus violaceus*	30~40							√		3~5
天竺葵	*Pelargonium hortorum*	30~60		√	√	√					5~6；9~10
矮牵牛	*Petunia hybrida*	30~40		√	√	√		√		√	4~5；6~8
福禄考	*Phlox drummondii*	15~40		√	√				√		6~8
半支莲	*Portulaca grandiflora*	15~20	√	√	√	√	√	√			6~10
一串红	*Salvia splendens*	30~60		√							9~10；5~6
一串紫	*S. horminum*	30~50							√	√	8~10
高雪轮	*Silene armeria*	30~60			√	√					5~6
矮雪轮	*S. pendula*	30			√	√					5~6
孔雀草	*Tagetes patula*	20~40					√	√			7~10
万寿菊	*T. erecta*	25~30（矮）；40~60（中）；70~90（高）					√	√			7~10
夏堇	*Torenia fournieri*	30				√			√		6~10
郁金香	*Tulipa gesneriana*	20~40	√	√	√	√	√	√	√	√	4~5
美女樱	*Verbena hybrida*	30~40	√	√	√	√					5~10

（续）

中名	学名	株高（cm）	花色								花期（月份）
			紫红	红	粉	白	黄	橙	蓝紫	紫堇	
三色堇	*Viola tricolor*	10~25	√			√	√			√	4~5
葱莲	*Zephyranthes candida*	15~25				√					7~11
韭莲	*Z. grandiflora*	15~25			√						6~9
百日草	*Zinnia elegans*	15~30（矮）；50~90	√	√	√	√	√				6~10

二、花境

花境是以宿根和球根花卉为主，结合一二年生草花和花灌木，沿花园边界或路缘布置而成的一种园林植物景观，亦可点缀山石、器物等（图4-34）。花境外形轮廓多较规整，通常沿某一方向作直线或曲折演进，而其内部花卉的配置成丛或成片，自由变化。

图4-34 花境

花境源自欧洲，是从规则式构图到自然式构图的一种过渡和半自然式的带状种植形式。它既表现了植物个体的自然美，又展现了植物自然组合的群落美。一次种植可多年使用，不需经常更换，能较长时间保持其群体自然景观，具有较好的群落稳定性，色彩丰富，四季有景。花境不仅增加了园林景观，还有分割空间和组织游览路线的作用。

（一）花境的类型

1. 从设计形式上分

花境主要有单面观赏花境、双面观赏花境和对应式花境3类。

单面观赏花境是传统的花境形式，多临近道路设置，常以建筑物、矮墙、树丛、绿篱等为背景，前面为低矮的边缘植物，整体上前低后高，供一面观赏。

双面观赏花境没有背景，多设置在草坪上或树丛间及道路中央，植物种植是中间高两侧低，供双面观赏。

对应式花境是在园路两侧、草坪中央或建筑物周围设置相对应的两个花境，这两个花境呈左右二列式，在设计上统一考虑，作为一组景观，多采用拟对称的手法，以求有节奏和变化。

2. 从植物选择上分

可分为宿根花卉花境、球根花卉花境、灌木花境、混合式花境、专类花卉花境5 类。

宿根花卉花境由可露地越冬的宿根花卉组成，如芍药、萱草、鸢尾、玉簪、蜀葵、荷包牡丹、楼斗菜等。

球根花卉花境栽植的花卉为球根花卉，如百合、郁金香、大丽花、水仙、石蒜、美人蕉、唐菖蒲等。

灌木花境应用的观赏植物为灌木，以观花、观叶或观果的体量较小的灌木为主，如迎春、月季、紫叶小檗、榆叶梅、金银木、映山红、石楠。

混合式花境以耐寒宿根花卉为主，配置少量的花灌木、球根花卉或一二年生花卉。这种花境季相分明，色彩丰富，多见应用。

专类花卉花境由同一属不同种类或同一种不同品种植物为主要种植材料，要求花期、株形、花色等有较丰富的变化，如鸢尾类花境、郁金香花境、菊花花境、百合花境等。

（二）花境的应用

花境是模拟自然界中林地边缘地带多种野生花卉交错生长的状态，运用艺术手法设计的一种花卉应用形式。花境是一种带状布置形式，适合周边设置，能充分利用绿地中的带状地段，创造出优美的景观效果。可设置在公园、风景区、街心绿地、家庭花园、林荫路旁等。

作为一种自然式的种植形式，花境也极适合用于园林建筑、道路、绿篱等人工构筑物与自然环境之间，起到由人工到自然的过渡作用，软化建筑的硬线条，丰富的色彩和季相变化可以活化单调的绿篱、绿墙及大面积草坪景观，起到很好的美化装饰效果。

（三）花境设计

花境在设计形式上是沿着长轴方向演进的带状连续构图，带状两边是平行或近于平行的直线或曲线。其基本构图单位是一组花丛，每组花丛通常由 5～10 种花卉组成，每种花卉集中栽植，平面上看是多种花卉的块状混植；立面上看高低错落，状如林缘野生花卉交错生长的自然景观。植物材料以耐寒的宿根花卉为主，间有一些灌木、耐寒的球根花卉，或少量的一二年生草花。

花境设计包括种植床设计、背景设计、边缘设计及种植设计。设计图应包括位置图、平面图和立面效果图等。

1. 种植床设计

花境的种植床是带状的。一般来说单面观赏花境的前边缘线为直线或曲线，后边缘线多采用直线；双面观赏花境的边缘线基本平行，可以是直线，也可以是曲线；对应式花境的长轴沿南北方向延伸较好，这样对应的两个花境光照均匀，生长势相近，能达到均衡的观赏效果。

为了方便管理和增加花境的节奏和韵律感，可以把过长的植床分为几段，每段长度不超过 20m，段与段之间可留出 1～3m 的间歇地段，设置雕塑或座椅及其他园林小品(图4-35)。

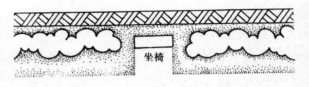

图4-35　花境分段设计示意图(引自吴涤新)

　　花境的短轴长度一般为：单面观宿根花境2~3m，单面观混合花境4~5m，双面观花境4~6m。较宽的单面观花境的种植床与背景间可留出70~80cm的小路，便于管理和通风，同时可使花境植物不受背景植物的干扰。种植床依环境土壤条件及装饰要求可设计成平床或高床，有2%~4%的坡度，以利排水。有围边时，植床可略高于周围地面。

　　2. 背景和边缘设计

　　单面观赏花境需要背景。背景是花境的组成部分之一，按设计需要，可与花境有一定距离也可不留距离。花境的背景依设置场所的不同而异，理想的背景是绿色的树墙或高篱。建筑物的墙基及各种栅栏也可作背景，以绿色或白色为宜。如果背景的颜色或质地不理想，可在背景前选种高大的绿色观叶植物或攀援植物，形成绿色屏障，再设置花境。

　　花境的边缘不仅确定了花境的种植范围，也便于前面的草坪修剪和园路清扫工作。高床边缘可用自然的石块、砖块、碎瓦、木条等垒砌而成；平床多用低矮植物镶边，以15~20cm高为宜。若花境前面为园路，边缘可用草坪带镶边，宽度至少30cm以上。若要求花境边缘整齐、分明，则可在花境边缘与环境分界处挖沟，填充金属或塑料条板，阻隔根系，防止边缘植物侵蔓路面或草坪。

　　3. 种植设计

　　种植设计是花境设计的关键。全面了解植物的生态习性并正确选择适宜的植物材料是种植设计成功的根本保证。选择植物应注意以下几个方面：以在当地能露地越冬、不需特殊管理的宿根花卉为主，兼顾小灌木及球根和一二年生花卉；有较长的花期，且花期能分布于各个季节，花序有差异，花色丰富多彩；有较高的观赏价值(图4-36、图4-37、图4-38)。

　　花境的色彩主要由植物的花色来体现，当然少量观叶植物的叶色也不能忽视。常用的配色方法有以下几种。

　　(1)单色系设计。这种配色不常用，只为强调某一环境的某种色调或一些特殊需要时才使用。

　　(2)类似色设计。这种配色法常用于强调季节的色彩特征时使用，如早春的鹅黄色，秋天的金黄色等。有浪漫的格调，但应注意与环境协调。

　　(3)补色设计。多用于花境局部配色，使色彩鲜明、艳丽，常会由于夸大表现而易取得比较活泼的景观效果。

　　(4)多色设计。这是花境中常用的方法，能使花境具有鲜艳、热烈的气氛。例如，采用相关色调由浓到淡的系列变化，并为取得鲜明效果在其中偶尔采用对比手法。当需采用多种色调搭配时，最好选用黄色或蓝色色调为基调，虽然花色的变化几乎是无穷的，但自然界中这两种花卉的颜色最为纯正。对于一个花境的具体花色数量，应根据花境大小来确定，如果在较小的花境上使用过多的花色反而产生杂

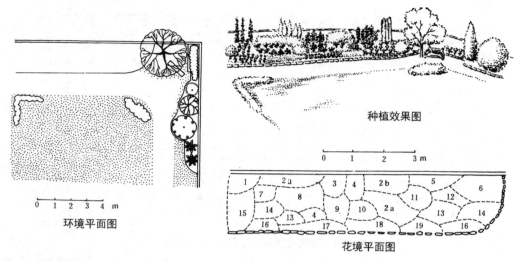

种植效果图

花境平面图

植物种类：1.蜀葵；2.小菊[a.黄；b.紫红]；3.火炬花；4.冰岛罂粟；5.桃叶风铃草；6.大花金鸡菊；7.杏叶沙参；8.鸢尾；9.蓍草；10.黄菖蒲；11.丝兰；12.蛇鞭菊；13.紫菀；14.大滨菊；15.宿根福禄考；16.宿根天人菊；17.二月兰；18.岩生庭荠；19.丛生福禄考

图 4-36　单面观花境设计(引自吴涤新)

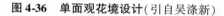

环境平面图　　　　　　　　　　　花境平面图

植物种类：1.大滨菊 2.马蔺 3.小菊[a 红 b 黄 c 白] 4.冰岛罂粟；5.大花金鸡菊；6.玉簪；7.牛舌草 8.风铃草 9.宿根福禄考[a 红 b 粉] 10.岩生肥皂草 11.丽蚌草 12.千屈菜 13.凤尾鸡 14.耧斗菜 15.射干 16.白头翁 17.德国鸢尾 18.一枝黄花；19.八宝景天 20.拟鸢尾 21.美洲薄荷 22.紫松果菊

图 4-37　双面观花境设计(引自吴涤新)

乱感。

　　每种植物都有其独特的外形、质地、观赏期和色彩，如果不充分考虑这些因素，任何种植设计都将成为一种没有特色的混杂体。

　　季相变化是花境的重要特征之一，利用花期、花色、叶色及各季节所具有的代表植物可创造季相景观。如早春的福禄考、秋季的菊花等。花境中的开花植物应连续不断，以保证各季的观赏效果；在某一季节中，开花植物应散布于整个花境中，以保证花境的整体效果。

　　花境要有较好的立面观赏效果，植株高低错落有致、花色层次分明，以充分体现群落的美观。利用植物的株高、株形、花序及质地等观赏特性可创造出花境高低错落、层次分明的立面景观。一般原则是前低后高，但在实际应用中高低植物可有穿插，以不遮挡视线、表现景观效果为准。一个花境在立面上，最好有不同株形的

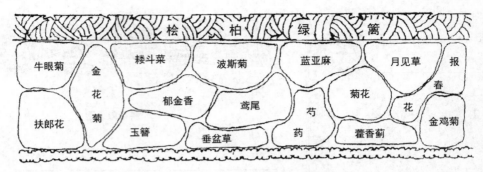

春季: 花色以鲜艳为主, 如扶郎花、郁金香、芍药、报春花、美国石竹、美女樱
夏季: 花色以淡雅为主, 如牛眼菊、鸢尾、风铃草、蓝亚麻、玉簪、百合、藿香蓟
秋季: 花色以金黄、橙为主, 如金鸡菊、菊花、垂盆草、月见草、波斯菊、硫华菊、蓍草

图 4-38 花境色彩设计示例(引自余树勋)

植物相互配合, 如水平形的蓍草、金光菊, 具有垂直线条的火炬花、蛇鞭菊, 花序、花形特别的大花葱、鸢尾、石蒜等。

要使花境设计取得满意的效果, 需要充分了解自然环境中优势植物及次要植物的分布比例和在野生状态下植物群落的盛衰关系, 掌握优势植物的更替、聚合、混交的演变规律, 不同土壤状况对优势植物分布的影响及植物根系在土壤不同层次中的分布和生长状况。

(四) 花境常用的植物材料

花境常用草花见表 4-2。此外, 常用于花境的花灌木有南天竹、凤尾竹(*Bambusa multiplex* 'Fernleaf')、日本五针松、倒挂金钟(*Fuchsia hybrida*)、八仙花、棣棠、月季、金钟花、珍珠梅、金丝桃、杜鹃花、蜡梅、棕竹、朱蕉(*Cordyline fruticosa*)、变叶木、十大功劳、红枫、龙舌兰、苏铁、铺地柏、山茶、矮生紫薇、贴梗海棠等。有些用于花坛的花卉也适于花境, 如沿阶草、水仙、毛地黄、郁金香、美人蕉、葱莲、韭莲、大丽花等。

表 4-2 花境常用植物材料

中名	学名	株高(cm)	花色								花期(月份)
			紫红	红	粉	白	黄	橙	蓝紫	紫堇	
千叶蓍草	*Achillea millefolium*	60 ~ 100		√	√	√					6 ~ 10
凤尾蓍草	*A. filipendulina*	50 ~ 100					√				6 ~ 9
乌头	*Aconitum chinense*	150 ~ 180							√		5 ~ 6
百子莲	*Agapanthus africanus*	40 ~ 80						√	√	√	7 ~ 8
大花葱	*Allium giganteum*	100 ~ 120	√	√							6 ~ 7
海芋	*Alocasia macrorhiza*	150 ~ 300									观叶
冠状银莲花	*Anemone coronaria*	25 ~ 40	√	√					√		4 ~ 5
蜀葵	*Althaea rosea*	200 ~ 300	√	√	√	√					6 ~ 8

（续）

中名	学名	株高（cm）	紫红	红	粉	白	黄	橙	蓝紫	紫堇	花期（月份）
华北耧斗菜	*Aquilegia yabeana*	50~60							√	√	4~5
黄花耧斗菜	*A. chrysantha*	90~120					√				7~8
杂种耧斗菜	*A. hybrida*	60~90	√	√			√				5~8
花叶芦竹	*Arundo donax* var. *versicolor*	100~200									观叶
一叶兰	*Aspidistra elatior*	30~40									观叶
落新妇	*Astilbe chinensis*	40~80	√								7~8
泡盛草	*A. japonica*	30~60				√					5~6
射干	*Belamcanda chinensis*	50~100						√			7~8
白芨	*Bletilla striata*	30~60	√								3~5
风铃草	*Campanula carpaticas*	15~45				√			√		6~9
聚花风铃草	*C. glomerata*	40~100				√			√		5~9
紫斑风铃草	*C. punctata*	20~50				√					6~9
大花美人蕉	*Canna generalis*	100~130		√	√	√					8~10
矢车菊	*Centaurea cyanus*	60~80	√	√	√	√			√	√	5~6
彩叶草	*Coleus scutellarioides*	50~80									观叶
大花金鸡菊	*Coreopsis grandiflora*	30~60					√				6~9
波斯菊	*Cosmos bipinnata*	50~120	√		√	√					6~9
铃兰	*Convallaria majalis*	20~30				√					4~5
文殊兰	*Crinum asiaticum* var. *sinicum*	60~100				√					7~9
番黄花	*Crocus maesiacus*	20~30					√				2~3
番红花	*C. sativus*	20~30	√			√					9~10
高飞燕草	*Delphinium elatum*	100~200							√	√	7~9
菊花	*Chrysanthemum grandiflorum*	60~150	√	√	√	√	√				10~12
西洋石竹	*Dianthus deltoides*	20~25	√		√	√					6~9
常夏石竹	*D. plumarius*	20~30	√		√	√					5~10
瞿麦	*D. superbus*	50~60				√					5~10
松果菊	*Echinacea purpurea*	60~120			√						6~9
伞形蓟	*Eryngium planum*	70~90							√		6~8
宿根天人菊	*Gaillardia aristata*	60~90		√			√				6~10
雪钟花	*Galanthus nivalis*	10~20				√					2~3
山桃草	*Gaura lindheimeri*	60~100			√	√					5-8
丝石竹	*Gypsophila paniculata*	50~100			√	√					6~8
向日葵	*Helianthus annuus*	50~80（矮）；150~250					√				7~9
菊芋	*H. tuberosu*	150~200					√				7~9

（续）

中名	学名	株高（cm）	紫红	红	粉	白	黄	橙	蓝紫	紫堇	花期（月份）
			花色								
萱草	*Hemerocallis fulva*	30（矮）；60~100					√	√			6~8
黄花菜	*H. citrina*	60~100					√				7~8
槭葵	*Hibiscus coccineus*	100~200		√							7~9
芙蓉葵	*H. moscheutos*	100~200	√	√	√	√					6~8
玉簪	*Hosta plantaginea*	30~50				√					6~8
紫萼	*H. ventricosa*	30~50								√	6~8
鸢尾	*Iris tectorum*	30~40							√		5
德国鸢尾	*I. germanica*	60~90				√	√	√	√		5~6
银苞鸢尾	*I. pallida*	50~60							√		5~6
溪荪	*I. sanguinea*	30~60							√		5~6
马蔺	*I. lacteal* var. *chinensis*	30~50								√	5
黄菖蒲	*I. pseudacorus*	60~100				√	√				5~6
火炬花	*Kniphofia uvaria*	80~100		√			√				6~10
荷包牡丹	*Lamprocapnos spectabilis*	30~60			√						4~5
薰衣草	*Lavandula angustifolia*	60~120							√		7~9
大滨菊	*Leucanthemum maximum*	60~100				√					6~7
滨菊	*L. vulgate*	20~80				√					5~10
雪滴花	*Leucojum vernum*	10~30				√					3~4
蛇鞭菊	*Liatris spicata*	60~150							√		7~9
百合	*Lilium brownei* var. *viridulum*	60~120				√					8~10
宿根亚麻	*Linum perenne*	50~70							√		6~7
二色羽扇豆	*Lupinus hartwegii*	60~100			√				√		7~9
多叶羽扇豆	*L. polyphyllus*	90~150	√	√	√	√	√	√	√	√	5~6
剪春罗	*Lychnis coronata*	40~90						√			5~6
剪秋罗	*L. senno*	50~60		√							7~9
大花剪秋罗	*L. fulgens*	30~60		√							7~8
忽地笑	*Lycoris aurea*	30~50					√				7~9
鹿葱	*L. squamigera*	30~40			√						6~8
石蒜	*L. radiata*	30~60		√							9~10
长筒石蒜	*L. longituba*	60~80					√				7~8
紫茉莉	*Mirabilis jalapa*	60~100		√			√	√			6~10
马薄荷	*Monarda didyma*	50~80		√							7~8
月见草	*Oenothera biennis*	100~200					√				6~9
粉花月见草	*O. rosea*	50~100		√	√						4~11

（续）

中名	学名	株高（cm）	紫红	红	粉	白	黄	橙	蓝紫	紫堇	花期（月份）
二月兰	*Orychophragmus violaceus*	30～40							√		3～5
芍药	*Paeonia lactiflora*	60～120	√	√	√	√	√				5～6
东方罂粟	*Papaver orientale*	60～80		√	√	√	√	√			6～7
吊钟柳	*Penstemon campaunlatus*	40～60	√		√	√			√		7～10
丛生福禄考	*Phlox subulata*	10～15			√	√	√				3～5
宿根福禄考	*P. paniculata*	60～120	√		√	√		√			7～9
桔梗	*Platycodon grandiflorus*	30～100							√		5～6
晚香玉	*Polianthes tuberosa*	50～80				√					7～11
白头翁	*Pulsatilla chinensis*	10～40							√		3～5
花毛茛	*Ranunculus asiaticus*	20～40	√	√	√	√	√				4～5
金光菊	*Rudbeckia laciniata*	60～250					√				7～9
肥皂草	*Saponaria officinalis*	20～100		√	√	√					6～8
蓝盆花	*Scabiosa atropurea*	30～50							√		4～5
华北蓝盆花	*S. tschiliensis*	30～60							√		7～9
八宝	*Sedum spectabile*	30～50			√						7～9
一枝黄花	*Solidago decurens*	40～90					√				7～9
唐松草	*Thalictrum minus*	30～60				√					7～9

三、花台

在高于地面的空心台座（一般高40～100cm）中填土或人工基质并栽植观赏植物，称为花台（图4-39）。

花台面积较小，适合近距离观赏，有独立花台、连续花台、组合花台等类型，以植物的形体、花色、芳香及花台造型等综合美为观赏要素。花台的形状各种各样，多为规则式的几何形体，如正方形、长方形、圆形、多边形，也有自然形体的。

中国古典园林中常采用花台，现代公园、广场以及庭院中也常见。花台还可与假山、座凳、墙基相结合，作为大门、窗前、墙基、角隅的装饰，但在花台下面必须设有盲沟，以利排水。

花台中的植物材料，最好选用花期长、小巧玲珑、花多枝密、易于管理的草本和木本花卉，也可和形态优美的树木配置在一起。常用的有一叶兰、玉簪、芍药、土麦冬、三色堇、孔雀草、菊花、日本五针松、梅、榔榆、小叶榕、杜鹃花、牡丹、山茶、黄杨、竹类、铺地柏、福禄考、金鱼草、石竹等。植床有固定式和可移动式两种，材料可以用石材、砖砌饰面，也可用玻璃钢（环氧树脂）做成可移动的花台。

（一）规则形花台

花台种植台座外形轮廓为规则几何形体，如圆柱形、棱柱形以及具有几何线条

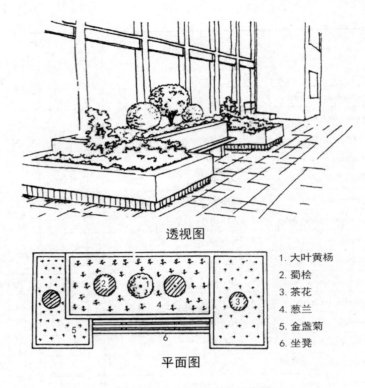

透视图

1. 大叶黄杨
2. 蜀桧
3. 茶花
4. 葱兰
5. 金盏菊
6. 坐凳

平面图

图 4-39 规则形花台(引自吴涤新)

的物体形状（如瓶状、碗状）等。常用于规则式绿地的小型活动休息广场、建筑物前、建筑墙基、墙面（又称花斗）、围墙墙头等。用于墙基时多为长条形。

规则形花台可以设计为单个花台，也可以由多个台座组合设计成组合花台。组合花台可以是平面组合(各台座在同一地面上)，也可以是立体组合(各台座位于不同高度，高低错落)。立体组合花台设计既要注意局部造型的变化，又要考虑花台整体造型的均衡和稳定。

规则形花台还可与坐椅、坐凳、雕塑等景观和设施结合起来设计，创造多功能的景观。规则形花台台座一般用砖砌成一定几何形体，然后用水泥砂浆粉刷，也可用水磨石、马赛克、大理石、花岗岩、贴面砖等进行装饰。还可用块石干砌，显得自然、粗犷或典雅、大方。立体组合花台台座有时需用钢筋混凝土浇铸，以满足特殊造型与结构要求。

规则形花台台座一般比花坛植床造型华丽，以提高观赏效果，但不能喧宾夺主，偏离花卉造景设计的主题。除选用草花外，也较多运用小型花灌木和盆景植物，如月季、牡丹、迎春、日本五针松等。

（二）自然形花台

花台台座外形轮廓为不规则的自然形状，多采用自然山石叠砌而成。我国古典庭园中的花台大多数为自然形花台。台座材料有湖石、黄石、宣石、英石等，常与假山、墙脚、自然式水池等相结合，也可单独设置于庭院中。

自然形花台设计时可自由灵活，高低错落，变化有致，与环境中的自然风景协调统一。台内种植小巧玲珑、形态别致的草本或木本植物，如沿阶草、石蒜、萱草、松、竹、梅、牡丹、芍药、南天竹、月季、玫瑰、丁香、菊花等，还可适当配置点缀一些山石，如石笋石、斧劈石、钟乳石等，创造具有诗情画意的园林景观（图4-40）。

图4-40　自然形花台

四、花池和花丛

(一)花池

花池是以山石、砖、瓦、原木或其他材料直接在地面上围成具有一定外形轮廓的种植地块，主要布置园林草花的造景类型。花池与花台、花坛、花境相比，特点是植床略低于周围地面或与周围地面相平。

花池一般面积不大，多用于建筑物前、道路边、草坪上等。池内花卉布置灵活，设计形式有规则式和自然式。规则式多为几何形状，如正方形、长方形和圆形等，构图简洁，多种植低矮的草花。自然式以流畅的曲线组成抽象的图形。花池有围边时，植床略低于周围地面，具池的特点；无围边时，植床中部与周围地面相平，植床边缘略低于地面。

植物选择除草花及观叶草本植物外，自然式花池中也可点缀传统观赏花木和湖石等景石小品。常用植物材料有南天竹、沿阶草、土麦冬、葱莲、芍药等。

(二)花丛

花丛是直接布置于绿地中、植床无围边材料的小规模花卉群体景观，更接近花卉的自然生长状态。

花丛景观色彩鲜艳，形态多变，自然美丽，可布置于树下、林缘、路边、河边、湖畔、草坪四周、疏林草地、岩石边等处。宜选择一种或几种多年生花卉，单种或混交，忌种类多而杂，或选用野生花卉和自播繁衍能力强的一二年生花卉，如紫茉莉。

如果面积较大，也可称为花群，具有强烈的色块效果，形状自由多变，布置灵活，与花坛、花台相比，更易与环境取得协调，常用于林缘、山坡、草坪等处。

此外，花钵是用盆钵配置花卉的一种形式，分为高脚钵、落地钵两种类型。用花钵配置花卉的特点是装饰性强，可以随意移动和组合。多用于公园的园路两侧、广场、出入口、花坛中央等地作为装饰点缀。植物材料宜用花繁枝密的草花，也可配置一些垂吊花卉，如旱金莲、常春藤、叶子花、紫鸭趾草等（图4-41）。钵体材料可用白色石材，也可用玻璃钢、白水泥等。

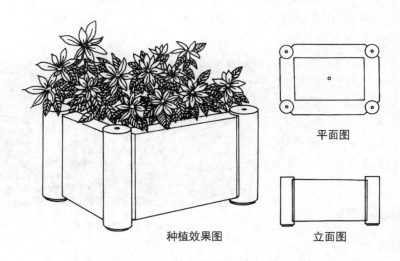

平面图

种植效果图   立面图

图 4-41   花钵造型设计示意图(引自吴涤新)

第五节   草坪与地被植物的造景设计

一、草坪

(一) 草坪的含义及其分类

草坪是指有一定设计、建造结构和使用目的的人工建植的草本植物形成的坪状草地,具有美化和观赏效果,或供休闲、游乐和体育运动等用。按照用途,草坪可分为以下几种类型。

1. 游憩性草坪

一般建植于医院、疗养院、机关、学校、住宅区、公园及其他大型绿地之中,供人们工作、学习之余休息和开展娱乐活动。这类草坪多采取自然式建植,没有固定的形状,大小不一,允许人们入内活动,管理较粗放。选用的草种适应性要强,耐践踏,质地柔软,叶汁不易流出以免污染衣服。面积较大的游憩性草坪要考虑配置一些乔木树种以供遮阴,也可点缀石景、园林小品及花丛、花带。

2. 观赏性草坪

园林绿地中专供观赏的草坪,也称装饰性草坪。常铺设在广场、道路两边或分车带中、雕像、喷泉或建筑物前以及花坛周围,独立构成景观或对其他景物起装饰衬托作用。这类草坪栽培管理要求精细,严格控制杂草生长,有整齐美观的边缘并多采用精美的栏杆加以保护,仅供观赏,不能入内游乐。草种要平整、低矮,绿色期长,质地优良,为提高观赏性,还可配置一些草本花卉,形成缀花草坪。

3. 运动场草坪

指专供开展体育运动的草坪,如高尔夫球场草坪、足球场草坪、网球场草坪、赛马场草坪、垒球场草坪、滚木球场草坪、橄榄球场草坪、射击场草坪等。此类草坪管理精细,要求草种韧性强、耐践踏,并耐频繁修剪,形成均匀整齐的平面。

4. 环境保护草坪

这类草坪主要是为了固土护坡，覆盖地面，起保护生态环境的作用。如在铁路、公路、水库、堤岸、陡坡处铺植草坪，可以防止雨水冲刷引起水土流失，对路基和坡体起到良好的防护作用。这类草坪的主要目的是发挥其防护和改善生态环境的功能，要求草种适应性强、根系发达、草层紧密、抗旱、抗寒、抗病虫害能力强，耐粗放管理。

5. 其他草坪

指一些特殊场所应用的草坪，如停车场草坪、人行道草坪。建植时多用空心砖铺设停车场或路面，在空心砖内填土建植草坪，这类草坪要求草种适应能力强、耐高度践踏和干旱。

以上对草坪应用的分类不是绝对的，只是侧重于某一方面来界定其类型，一种草坪往往具有双重或多重功能，如观赏性草坪同样具有改善环境的生态作用，而环境保护草坪本身就包括美化环境的观赏功能。

(二)园林中常用的草坪草

根据草坪植物对生长适宜温度的不同要求和分布的地域，可以将其分为暖季型草坪草和冷季型草坪草。但即使是同一类型的草坪草，其耐践踏、耐寒、耐热等特性仍有较大差别(表4-3)。

表4-3　几种草坪草的适应性比较

草坪草	类型	耐践踏性			耐寒性			耐旱性			耐热性		
		强	中	弱	强	中	弱	强	中	弱	强	中	弱
结缕草 *Zoysia japonica*	暖季型	√					√	√			√		
狗牙根 *Cynodon dactylon*	暖季型	√					√	√			√		
苇状羊茅 *Festuca arundinacea*	冷季型	√				√		√			√		
草地早熟禾 *Poa pratensis*	冷季型		√		√				√			√	
加拿大早熟禾 *P. compressa*	冷季型		√		√				√				√
普通早熟禾 *P. trivialis*	冷季型			√	√					√			√
紫羊茅 *Festuca rubra*	冷季型		√		√				√				√
钝叶草 *Stenotaphrum secundatum*	暖季型		√				√	√			√		
地毯草 *Axonopus compressus*	暖季型			√			√			√		√	
匍茎剪股颖 *Agrostis stolonifera*	冷季型			√	√				√			√	
细弱剪股颖 *A. tenuis*	冷季型			√	√				√				√
假俭草 *Eremochloa ophiuroides*	暖季型			√			√	√			√	√	

1. 暖季型草坪草

又称夏绿型草，其主要特点是早春返青后生长旺盛，进入晚秋遇霜茎叶枯萎，冬季呈休眠状态，最适生长温度为26～32℃。这类草种在我国适合于黄河流域以南的华中、华南、华东、西南广大地区，有的种类耐寒性较强，如结缕草、野牛草、中华结缕草(*Zoysia sinica*)，在华北地区也能良好生长。

常用的暖季型草还有狗牙根、地毯草(*Axonopus compressus*)、爱芬地毯草(*Axono-*

pus affinis)、细叶结缕草(*Zoysia tenuifolia*)、沟叶结缕草(*Z. matrella*)、大穗结缕草(*Z. macrostachya*)、假俭草、百喜草(*Paspalum natatum*)、巴哈雀稗(*P. notatum*)、两耳草(*P. conjugatum*)、双穗雀稗(*P. distichum*)、竹节草(*Chrysopogon aciculatus*)、钝叶草(*Stenotaphrum secundatum*)、条纹钝叶草(*S. secundatum* 'Variegatum')、铺地狼尾草(*Pennisetum clandestinum*)、格兰马草(*Bouteloua gracilis*)、画眉草(*Eragrostis pilosa*)等。

2. 冷季型草坪草

亦称寒地型草,其主要特征是耐寒性强,冬季常绿或仅有短期体眠,不耐夏季炎热高湿,春、秋两季是最适宜的生长季节。适合我国北方地区栽培,尤其适应夏季冷凉的地区,部分种类在南方也能栽培。

常用的冷季型草有:草地早熟禾、加拿大早熟禾(*Poa compressa*)、苇状羊茅、高羊茅(*Festuca elatior*)、紫羊茅(*F. rubra*)、细羊茅(*F. rubra* var. *commutata*)、匍茎剪股颖(*Agrostis stolonifera*)、匍匐剪股颖(*A. palustris*)、细弱剪股颖(*A. tenuis*)、绒毛剪股颖(*A. canina*)、小糠草(*A. alba*)、美国海滨草(*Ammophila breviligulata*)、猫尾草(*Phleum pratense*)、蓝茎冰草(*Agropyron smithii*)、扁穗冰草(*A. cristantum*)、细叶薹草(*Carex stenophylla*)、异穗薹草(*C. heterostachya*)、白颖薹草(*C. regesens*)、无芒雀麦(*Bromus inermis*)、多年生黑麦草(*Lolium perenne*)等。

(三)草坪的配置原则

草坪在现代园林中应用广泛,几乎无处不可。但不同的环境条件和立地特点,对草坪设计的景观效果和使用功能具有直接的影响。就空间特性而言,草坪具有开阔明朗的特点。因此,最适宜的应用环境是面积较大的集中绿地,尤其是自然式的草坪景观面积不宜过小。就环境地形而言,观赏与游憩草坪适用于缓坡地和平地,山地多设计树林景观。陡坡设计草坪则以水土保持为主要功能,或作为坡地花坛的绿色基调。

草坪具有多功能性,在配置时应首先考虑其环境保护作用,同时适当注意其他综合功能。要适地适草、合理配置。选择草种时,必须根据不同的立地条件,选择生态习性适合的草种,必要时还需合理混合搭配草种。

1. 草坪植物的选择

草坪植物的选择应依草坪的功能与环境条件而定。游憩活动草坪和运动场草坪应选择耐践踏、耐修剪、适应性强的草坪草,如狗牙根、结缕草、沟叶结缕草等;干旱少雨地区要求草坪草具有耐旱、抗病性强等特性,如假俭草、狗牙根、野牛草等,以减少草坪养护成本;观赏草坪则要求草坪植株低矮,叶片细小美观,叶色翠绿且绿叶期长等,如天鹅绒、早熟禾、沟叶结缕草、紫羊茅等,此外还可选用块茎燕麦(*Arrhenatherum elatius* var. *bulbosum*)、斑叶虉草(*Phalaris arundinacea* var. *picta*)等叶面具有条纹的观赏草种;护坡草坪要求选用适应性强、耐干旱瘠薄、根系发达的草种,如结缕草、白三叶、百喜草、假俭草等;湖畔河边或地势低凹处应选择耐湿草种,如剪股颖、细叶薹草、假俭草、两耳草等;树下及建筑阴影环境选择耐荫草种,如两耳草、细叶薹草、羊胡子草等。

2. 草坪坡度设计

草坪坡度大小因草坪的类型、功能和用地条件不同而异。

为了便于开展体育活动，在满足排水条件下，一般体育场草坪越平越好，自然排水坡度为0.2%~1%，如果场地具有地下排水系统，则坡度可以更小。草地网球场的草坪由中央向四周的坡度为0.2%~0.8%，纵向坡度大一些，横向坡度小一些。足球场草坪由中央向四周坡度以小于1%为宜。高尔夫球场草坪因具体使用功能不同而变化较大，如发球区草坪坡度应小于0.5%，果岭（球穴区或称球盘）一般以小于5%为宜，障碍区则可起伏多变，坡度可达到15%或更高。赛马场草坪直道坡度为1%~2.5%，转弯处坡度7.5%，弯道坡度5%~6.5%，中央场地草坪坡度1%左右。

规则式游憩草坪的坡度较小，一般自然排水坡度以0.2%~5%为宜；自然式游憩草坪的坡度可大一些，以5%~10%为宜，通常不超过15%。观赏草坪可以根据用地条件及景观特点，设计不同的坡度。平地观赏草坪坡度不小于0.2%，坡地观赏草坪坡度不超过50%。

3. 草坪边缘的处理、装饰和保护管理

草坪的边缘处理作为草坪的界限标志，也是组成草坪空间感的重要因素。草坪的边缘是草坪与路面、草坪与其他景观的分界线，可以实现向草坪的自然过渡，并对草坪起到装饰美化作用。草坪边缘有的用直线形成规则式，有的采用曲线形成自然式，有时用其他材料镶边，草坪与路面之间有一个过渡，有的则用花卉、灌木镶边增强草坪的景观效果。对禁止游人入内的观赏性草坪，在边界用各种样式的围栏围合也是常用的方法。

草坪的边缘也可用乔木或灌木包围起来，形成封闭草地或半开敞草地，如采用灌木修剪成绿篱，这些植物可以是观叶的，也可以是观花的，如栀子花、大叶黄杨、黄杨、桃叶珊瑚、月季等。如北京日坛公园的"曲池胜春"花果园的主题主要是五彩缤纷的月季花沿着大草坪的周边种植，还结合地形、山石、花坛散植多处。开花时期，草坪外圈繁花朵朵、与绿色的大草坪相衬比，给人一种闹而不喧的感觉。

（四）草坪的配置应用

1. 草坪作主景

草坪以其平坦、致密的绿色平面，能够创造开朗柔和的视觉空间，具有较高的景观作用，可以作为园林的主景进行配置。如在大型的广场、街心绿地和街道两旁，四周是灰色硬质的建筑和铺装路面，缺乏生机和活力，铺植优质草坪，形成平坦的绿色景观，对广场、街道的美化装饰具有极大的作用。公园中大面积的草坪能够形成开阔的局部空间，丰富了景点内容，并为游客提供安静的休息场所。机关、医院、学校及工矿企业也常在开阔的空间建草坪，形成一道亮丽的风景。草坪也可以控制其色差变化，而形成观赏图案，或抽象或现代或写实，更具艺术魅力。

2. 草坪作基调

绿色的草坪是城市景观最理想的基调，是园林绿地的重要组成部分，在草坪中心配置雕塑、喷泉、纪念碑等建筑小品，可以用草坪衬托出主景物的雄伟（图4-42）。如同绘画一样，草坪是画面的底色和基调，而色彩艳丽、轮廓丰富、变化多样的树木、花卉、建筑、小品等，则是主角和主调。如果园林中没有绿色的草坪作基调，这些树木、花卉、建筑、小品无论色彩多么绚丽、造型多么精致，由于缺乏底色的对比与衬托，得不到统一的美感，就会显得杂乱无章，景观效果明显下降。目前，许多大中城市都辟建面积较大的公园休息绿地、中心广场绿地，借助草坪的宽广，烘托出草坪中心的纪念碑、喷泉、雕塑等景物的雄伟。但要注意不要过分应用草坪，特别是缺水城市更应适当应用。

图 4-42　草坪对雕塑的衬托作用

3. 草坪与其他植物材料的配置

（1）草坪与乔木树种的配置

草坪与孤植树、树丛、树群相配既可以表现树体的个体美，又能加强树群、树丛的整体美。疏林草地景观是应用最多的设计手法，既能满足人们在草地上游憩娱乐的需要，树木又可起到遮阴功能（图4-43）。

树丛和树群与草坪配置时，宜选择高大乔木，中层配置灌木作过渡，可与地面的草坪配合形成丛林意境，如能借助周围自然地形，如山坡、溪流等，则更能显示山林意境。这种配

图 4-43　草坪与树群的配置

置如果以树丛或树群为主景，草坪为基调，则一般要把树丛、树群配置于草坪的主要位置，或作局部的主景处理，要选择观赏价值高的树种以突出景观效果，如春季观花的木棉、樱花、玉兰，秋季观叶的乌桕、银杏、枫香以及紫叶李、雪松等都适宜作草坪上的主景树群或树丛。如果以草坪为主景，树丛、树群做背景，则应该把树丛、树群配置于草坪的边缘，增加草坪的开朗感，丰富草坪的层次。这时选择的树种要单一，树冠形状、高度与风格要一致，结构应适当紧密，形成完整的块面，并与草坪的色彩相适宜。

（2）草坪与花灌木的配置

花灌木经常用草坪作基调和背景，如碧桃以草坪为衬托，加上地形的起伏，当桃花盛开时，鲜艳的花朵与碧绿的草地形成一幅美丽的图画，景观效果非常理想

（图4-44）。大片的草坪中间或边缘用樱花、海棠、连翘、迎春或棣棠等花灌木点缀，能够使草坪的色彩变得丰富，并引起层次和空间上的变化，提高草坪的观赏价值。这种配置仍以草坪为主体，花灌木起点缀作用，所占面积不超过整个草坪面积的1/3。

图4-44　草坪与花灌木的配置

（3）草坪与花卉的配置

常见的是"缀花草坪"，在空旷的草地上布置低矮的开花地被植物如鸢尾、葱莲、韭莲、水仙、石蒜、红花酢浆草、葡萄风信子草等，形成开花草地，草坪与花卉呈镶嵌状态，增强观赏效果。缀花草坪的花卉数量一般不宜超过草坪总面积的1/4～1/3，分布自然错落，疏密有致，以观赏为主，缀花处不能踩踏（图4-45）。

图4-45　草坪与花卉的配置

此外，用花卉布置花坛、花带或花境时，一般用草坪作镶边或陪衬来提高花坛、花带、花境的观赏效果，使鲜艳的花卉和生硬的路面之间有一个过渡，显得生动而自然，避免产生突兀的感觉。

4. 草坪与山石、水体、道路、建筑的配置

草坪配置在山坡上可以显现出地势的起伏，展示山体的轮廓，而用景石点缀草坪是常用的手法，如在草坪上埋置石块，半露上面，犹如山的余脉，能够增加山林野趣、影响整个草坪的空间变化。在水池、河流、湖面岸边配置草坪能够为人们创

造观赏水景或游乐的理想场地，使空间扩大，视野开阔，便于游人停步坐卧于平坦的草坪之上，可稍事休息，又能眺望水面的秀丽景色。随着城市街道、高速公路两边及分车带草坪用量的增加，草坪和道路配置也越来越引起人们的重视。在道路的两边及分车带中配置草坪可以装饰、美化道路环境，又不遮挡视线，还能提供一个交通缓冲地带，减少交通事故的发生。选择草种要有较强的抗污染能力和适应性。

草坪与纪念碑、雕塑、喷泉及其他园林景点配置，具有很好的衬托效果。例如，天安门广场中心的人民英雄纪念碑，碑身安放在汉白玉雕栏的月台上，月台的四面铺植翠绿的冷季型草坪，使纪念碑整体在规整、开阔的草坪的衬托下，显得更加雄伟、庄严。又如北京植物园的展览温室是一座庞大的现代化建筑，造型优美，为不影响视觉效果，又能很好地衬托建筑，在四周布置了大面积的草坪，产生了很好的艺术效果。建筑物周围的草坪，可作为建筑的底景，作为和环境过渡的空间，增加艺术表现力，软化建筑的生硬性，同时也使建筑物的色彩变得柔和。

二、地被植物

地被植物是园林中用以覆盖地面的低矮植物。它可以有效控制杂草滋生、减少尘土飞扬、防止水土流失，把树木、花草、道路、建筑、山石等各景观要素更好地联系和统一起来，使之构成有机整体，并对这些风景要素起衬托作用，从而形成层次丰富、高低错落、生机盎然的园林景观。地被植物比草坪更为灵活，在地形复杂、树阴浓密、不良土壤等不适于种植草坪的地方，地被植物是最佳选择。如杭州花港公园牡丹园的白皮松林下覆盖着常春藤地被，生长强健而致密，其他杂草无法生长。

(一)地被植物的类别

地被植物种类繁多，类型复杂，但一般应具有以下特点：植株低矮，最好能够紧贴地面；易于分枝，能够形成密丛；适应性强；繁殖容易，前期生长迅速；群体表现力好，观赏价值较高。既有草本植物，也包括部分低矮的木本和藤本植物。

1. 草本地被植物

指草本植物中株形低矮、株丛密集自然、适应性强、可粗放管理的种类。以宿根草本为主，也包括部分球根和能自播繁衍的一二年生花卉，其中有些蕨类植物也常用作耐荫地被。宿根植物有土麦冬、阔叶土麦冬、吉祥草、萱草类、玉簪、蟛蜞菊、石菖蒲（*Acorus gramineus*）、长春蔓（图4-46）、红花酢浆草、马蔺、沿阶草、金叶过路黄、白三叶、红三叶（*Trifolium pratense*）、万年青、

图4-46 长春蔓地被景观

蛇莓（*Duchesnea indica*）、钩状地丁（*Viola labradorica*）石竹、铃兰、紫花苜蓿（*Medi-*

cago sativa）、百脉根（*Lotus corniculatus*）、深裂竹根七（*Disporopsis pernyi*）、大叶仙茅等；球根种类有石蒜、鹿葱、忽地笑、葱莲、喇叭水仙、番红花、水仙等；一二年生植物有二月兰、紫茉莉、半支莲、扫帚草、月见草等。蕨类植物有荚果蕨（*Matteuccia struthiopteris*）、翠云草、肾蕨（*Nephrolepis auriculata*）、贯众（*Cyrtonium fortunei*）、铁线蕨（*Adiantum capillarus-veneris*）等。

2. 木本地被植物

符合木本地被植物标准，适于作为木本地被植物应用的主要有4类，即匍匐灌木类、低矮灌木类、地被竹类和木质藤本类（表4-4）。匍匐灌木有铺地柏、偃柏、砂地柏（图4-47）、铺地蜈蚣、单叶蔓荆（*Vitex trifolia* var. *simplicifolia*）、匍枝亮叶忍冬（*Lonicera nitida* 'Maigrun'）、紫金牛、地菍（*Melastoma dodecandrum*）、紫金牛（*Ardisia japonica*）、越橘（*Vaccinium vitis-idaea*）等。

图4-47　砂地柏地被景观

低矮灌木指植株低矮、株丛密集的灌木，如朱砂根、八角金盘、红背桂（*Excoecaria cochinchinensis*）、朱砂杜鹃、黄金榕（*Ficus microcarpa* 'Golden Leaves'）、熊掌木（*Fatshedera lizei*）。地被竹指竹秆低矮、叶片密集的灌木竹，有菲黄竹（*Sasa auricoma*）、爬地竹（*S. argenteastriatus*）、阔叶箬竹（*Indocalamus latifolius*）、鹅毛竹（*Shibataea chinensis*）等。木质藤本有小叶扶芳藤、薜荔、络石（*Trachelospermum jasminoides*）、中华常春藤等。

表4-4　重要木本地被植物简表

植物名称	观赏价值	耐寒性			耐阴性			耐旱瘠		
		强	中	弱	强	中	弱	强	中	弱
铺地柏 *Sabina procumbens*	常绿匍匐灌木，高约75cm，冠幅达2m。叶刺形。有银枝、金枝等品种	√				√	√		
砂地柏 *S. vulgaris*	常绿匍匐灌木，高不及1m，枝密生	√				√	√		
偃柏 *S. chinensis* var. *sargentii*	常绿，大枝匍地，小枝上伸成密丛状	√				√	√		
草麻黄 *Ephedra sinica*	高20～40cm。枝绿色，四季常青。种子具肉质红色苞片。能形成单优群落	√				√		√	
大叶铁线莲 *Clematis heracleifolia*	花蓝紫色，宿存花柱长达1.5～3cm，有白色长柔毛。适于自然疏林下	√				√			√
阔叶十大功劳 *Mahonia bealei*	株形美观，叶形秀丽。常绿，叶光亮，花黄色、芳香		√			√			√

（续）

植物名称	观赏价值	耐寒性			耐阴性			耐旱瘠		
		强	中	弱	强	中	弱	强	中	弱
绵毛马兜铃 *Aristolochia mollissima*	半木质藤本，全株被黄白色绵毛。花被弯曲成烟斗形，淡黄色并带紫色	√				√		√		
金粟兰 *Chloranthus spicatus*	常绿，枝叶鲜绿色，花黄绿色、香气浓烈			√	√					√
平枝栒子 *Cotoneaster horizontalis*	匍匐灌木，枝条水平开张成整齐二列，宛如蜈蚣；花粉红色。果鲜红色，经冬不落，秋叶变红	√				√		√		
匍匐栒子 *C. adpressus*	枝干平铺地上，分枝密，花粉红色，果鲜红色		√				√	√		
金山绣线菊 *Spiraea bumalda* 'Gold Mound'	矮生，几匍匐状；新叶金黄色，夏季浅黄色；花色淡紫红	√							√	
小叶扶芳藤 *Euonymus fortunei* f. *minimus*	常绿藤本，叶入秋红艳可爱。生长迅速、枝叶稠密。有红边、银边等品种	√				√			√	
顶花板凳果 *Pachysandra terminalis*	常绿，高 20~30cm，枝绿色，叶色光绿。花白色		√		√				√	
野扇花 *Sarcococca ruscifolia*	常绿，分枝密集，叶片光亮，花白色、芳香。果红色				√	√				√
茵芋 *Skimmia reevesiana*	常绿，叶革质，亮绿色。花白色、芳香。果红色				√	√				√
小萼距花 *Cuphea micropetala*	高 30~70cm，叶细小，披针形或卵状披针形，花紫红色				√	√		√		
八角金盘 *Fatsia japonica*	株型优美，叶大而光亮，花白色。有白边、白斑、黄斑等品种				√	√			√	
熊掌木 *Fatshedera lizei*	藤状灌木，四季青翠碧绿，叶光亮，花淡绿色				√	√			√	
通脱木 *Tetrapanax papyrifera*	叶大型，掌状 7~12 裂，花黄白色。花期冬季。富野趣				√			√	√	
中华常春藤 *Hedera nepalensis* var. *sinensis*	常绿藤本，叶深绿色，花黄色或绿白色、芳香，果橙红或橙黄色									√
常春藤 *H. helix*	常绿藤本，花白色，核果球形，径约 6mm，熟时黑色				√	√				
地石榴 *Ficus tikoua*	常绿灌木，匍匐性，株丛密集、浓绿色。榕果熟时淡红色，可食，常埋于土中，故名"地石榴"					√	√			√
越橘 *Vaccinium vitis-idaea*	常绿匍匐灌木，地上茎高仅 10cm，花粉红或白色，果实红艳	√								√
朱砂杜鹃 *Rhododendron obtusum*	花橙红色至亮红色，花期 5 月。富于野趣				√	√			√	
紫金牛 *Ardisia japonica*	常绿，高 10~30cm，花青白色，果实鲜红、繁密，经久不落				√	√				√

（续）

植物名称	观赏价值	耐寒性			耐阴性			耐旱瘠		
		强	中	弱	强	中	弱	强	中	弱
虎舌红 *Ardisia mamillata*	高 15～20cm，叶片密生暗红色毛；果实红色			√	√				√	
单叶蔓荆 *Vitex trifolia* var. *simplicifolia*	匍匐灌木，叶色灰绿，花紫色。抗沙埋	√				√		√		
六月雪 *Serissa japonica*	株形纤巧、枝叶扶疏，白花繁密。有金边、重瓣、花叶等品种		√		√				√	
雀舌花 *Gardenia radicans*	常绿，常匍匐；叶色浓绿，花白色，芳香。有斑叶品种		√		√				√	
金森女贞 *Ligustrum japonicum* 'Howardii'	春叶鲜黄色，部分新叶有云翳状浅绿色斑块，色彩明快悦目。花白色	√				√			√	
匍枝亮叶忍冬 *Lonicera nitida* 'Maigrun'	常绿，叶亮绿色，花淡黄色，具清香；浆果蓝紫色		√		√				√	
金叶六道木 *Abelia grandiflora* 'Francis Mason'	常绿，春叶金黄色，夏季绿色。花粉白色，开花繁茂		√		√				√	
金叶莸 *Caryopteris clandonensis* 'Worcester Gold'	叶淡黄色，背面有银白色毛。花密集、淡蓝色。花期 7～10 月	√				√		√		
臭牡丹 *Clerodendrum bungei*	聚伞花序顶生、密集，花玫瑰红色，芳香	√				√			√	
菲白竹 *Pleioblastus fortunei*	高不及 50cm；叶有宽窄不等的白色或淡黄色条纹，特别美丽		√		√				√	
鹅毛竹 *Shibataea chinensis*	竹秆纤细而叶形秀丽，新秆绿色并微带紫色		√		√				√	
阔叶箬竹 *Indocalamus latifolius*	叶宽大，长 10～30cm，宽 1～4.5cm，背面灰白色，颇具野趣	√			√				√	

（二）地被植物的配置应用

1. 地被植物的配置原则

地被植物和草坪植物一样，都可以覆盖地面，涵养水源，形成景观。但地被植物有其自身特点：一是种类繁多，枝、叶、花、果富于变化，色彩丰富，季相特征明显；二是适应性强，可以在阴、阳、干、湿不同的环境条件生长，形成不同的景观效果；三是有高低、层次上的变化。在地被植物应用中，要充分了解和掌握各种地被植物的生态习性，根据其对环境条件的要求、生长速度及长成后的覆盖效果与乔、灌、草合理搭配，才能营造理想的景观。

（1）适地适植，合理配置。按照园林绿地的不同功能、性质，在充分了解种植地环境条件和地被植物本身特性的基础上合理配置。如入口区绿地主要是美化环境，可以低矮整齐的小灌木和时令草花等地被植物进行配置，以靓丽的色彩吸引游人；山林绿地主要是覆盖黄土，美化环境，可选用耐荫类地被进行布置，路旁则根据道路的宽窄与周围环境，选择开花地被类，使游人能不断欣赏到因时序而递换的各色园景。

（2）高度搭配适当。地被植物是植物群落的最底层，选择合适的高度是很重要的。在上层乔灌木分枝高度都比较高时，下层选用的地被可适当高一些。反之，上层乔、灌木分枝点低或是球形植株，则应根据实际情况选用较低的种类。

（3）色彩协调、四季有景。地被植物与上层乔、灌木同样有着各种不同的叶色、花色和果色。因此，在群落搭配时要使上下层的色彩相互协调，叶期、花期错落，具有丰富的季相变化。

2. 地被植物的造景

（1）多种开花地被植物与草坪配置，形成高山草甸景观。在草坪上小片状点缀水仙、秋水仙、鸢尾、石蒜、葱莲、韭莲、红花酢浆草、马蔺、二月兰、蒲公英（*Taraxacum mongolicum*）等草本地被，以及部分铺地柏、偃柏、铺地蜈蚣等匍匐灌木，可以形成高山草甸景观。如此分布有疏有密、自然错落、有叶有花，远远望去，如一张绣花地毯，别有风趣。

（2）在假山、岩石园中配置矮竹、蕨类等地被植物，构成假山岩石小景。如选用铁线蕨、凤尾蕨（*Pteris multifda*）等蕨类和菲白竹、箬竹、鹅毛竹、翠竹、菲黄竹等低矮竹类地被，既活化了山石，又显示出清新、典雅的意境，别具情趣。

（3）林下多种地被相配置，形成优美的林下花带。乔、灌木林下，采用两种或多种地被间植、轮植、混植，使其四季有景，色彩分明，形成一个五彩缤纷的树丛。

（4）以浓郁的常绿树丛为背景，配置适生地被，用宿根、球根或一二年生草本花卉成片点缀其间，形成人工植物群落。

（5）耐水湿的地被植物配置在山、石、溪水边构成溪涧景观。在小溪、湖边配置一些耐水湿的地被植物如石菖蒲、蝴蝶花、鸢尾等，溪中、湖边散置山石，点缀一两座亭榭，别有一番山野情趣。

（6）大面积的地被景观。采用一些花朵艳丽、色彩多样的植物，选择阳光充足的区域精心规划，采用大手笔，大色块的手法大面积栽植形成群落，着力突出这类低矮植物的群体美，并烘托其他景物，形成美丽的景观。如美人蕉、杜鹃花、红花酢浆草、葱莲以及时令草花。

第六节　植物专类园

一、概述

植物专类园是指根据地域特点，专门收集同一个"种"内的不同品种或同一个"属"内的若干种和品种的著名观赏树木或花卉，运用园林配植艺术手法，按照科学性、生态性和艺术性相结合的原则，构成的观赏游览、科学普及和科学研究场所。植物专类园与植物园既有相似之处，也有不同之处。近代的植物专类园主要见于植物园和树木园中，在形式上常常为附属于植物园和树木园的"园中园"。植物园虽具有游览功能，但更加注重科学性，以植物研究为主要功能。植物专类园，尤其是一般城市公园和风景区内的专类园，除了专类植物的收集外，则更加注重园林景观的营造。

植物专类园的造景形式历史悠久，我国秦汉时期就出现了专类园雏形，经过魏晋南北朝的发展，到唐宋时期则趋于成熟，并一直延续和发展下来。汉朝的"上林苑"出现了大量的植物专类栽培形式，"长杨宫"、"竹宫"、"棠梨宫"、"葡萄宫"以及青梧观、细柳观、樛木观、蕙草殿等都是明确地以较大规模分别采用了垂柳、竹子、梨、葡萄等观赏植物为材料，以专类方式布置。杭州孤山的梅花在唐朝便已闻名，白居易的诗句"三年闲闷在余杭，曾为梅花醉几场；伍相庙边繁似雪，孤山园里丽如妆"，说明当时孤山已经连片植梅；唐朝的长安也有大量的专类园造景形式，最著名的当为兴庆宫"沉香亭"的牡丹园，遍种红、紫、淡红、纯白等各色牡丹。宋代洛阳牡丹栽培更为普遍，李格非《洛阳名园记》记载的"天王院花园子"即为一大型牡丹专类园，"洛中花甚多种，而独名牡丹曰'花'，凡园皆植牡丹，而独名此曰'花园子'，盖无他池亭，独有牡丹数十万本……至花时，城中仕女绝烟火游之。姚黄、魏花，一枝千钱。"明、清时期继承了唐、宋传统，专类园造景形式一直延续下来。明朝时杭州西湖满觉陇的桂花"……其林若墉若栉。一村以市花为业，各省取给于此。秋时，策蹇入山看花，从数里外便触清馥。入径珠英琼树，香满空山，快赏幽深，恍入灵鹫金粟世界。"（高濂《四时幽赏录》）。如今，杭州满觉陇依然是著名的桂花专类园。

植物专类园不但具有较高的艺术性和观赏价值，而且具有重要的科普和科学价值。一个植物专类园的建成，是植物资源收集、园艺栽培技术和园林景观艺术的有机结合和集中展现。目前我国常见的植物专类园主要有牡丹（芍药）专类园、梅花专类园、碧桃专类园、月季（蔷薇）专类园、丁香专类园、山茶专类园、杜鹃花专类园、桂花专类园、木兰（玉兰）专类园、荷花专类园、鸢尾专类园、菊花专类园等。另外，植物专类园也可以是把同一"科"甚至不同科，但生物学特性和生态习性相近的种类布置在一起形成，如仙人掌科和多肉植物专类园、蕨类植物专类园、竹子专类园、棕榈专类园、禾草园、姜园、兰苑（兰圃）、水生植物专类园、松柏园、凤梨科专类园、高山植物园、岩石园、盐生植物专类园、荫生植物专类园等。推而广之，有的专类园则以具有相同或相近观赏特性或利用价值的植物为主要构景元素而建成，如药用植物园、蔬菜瓜果园、彩叶园、燃料植物园、芳香植物园等。此外，目前各地常见的大规模的郁金香、百合和水仙等球根花卉展本质上也属于专类园造景形式。因此，从广义上讲，植物专类园是指具有特定主题内容，以具有相同特质类型（种类、科属、生态习性、观赏特性、利用价值等）的植物为主要构景元素的植物主题园。

植物专类园建设，应当以专类植物的生态习性为基础，综合考虑地形、地貌、土壤、水源、气候以及其他因素，并考虑与周围环境的协调，选择适宜的地点。如有必要，则进行适当的地形调整或改造。当然，在大部分环境条件符合专类植物生态需要的前提下，最好能在有限的面积上包括尽量多的地形、地貌因素，使专类植物和与之搭配的其他乔木、灌木和草本植物都有适合的环境，从而减少土方和地形改造工程。如，牡丹为深根性，具有肉质直根，耐旱性较强，但忌积水，喜深厚肥沃而排水良好的沙质壤土，喜凉怕热。因而牡丹园一般应建设于地势高燥、宽敞通风处，防止积水，并避免使用黏质土，在江南则常常将牡丹园的地势抬高。再者，虽然大多数牡丹品种喜光，但忌夏季暴晒，以有侧方遮阴为佳，因而可以在牡丹园周围适当保留或栽植部分乔灌木，形成侧方遮阴的效果，则开花季节可延长花期并使其保持纯正的色泽。由于普通的植物专类园侧重于游赏和科学普及，其服务对象主要是城市居民和中小学生，在选择建园位置时应考虑这一因素，一般选择在交通方便的近郊或直接在城内的大型公园中建设园中园。植物专类园的占地面积和收集的品种、种的数量，并无特别之要求，宜根据当地的经济条件、自然条件和建园的宗旨来确定。菏泽的曹州牡丹园占地达 73 hm²，将观赏游览与苗木生产相结合，花期颇为壮观；而无锡的花菖蒲专类园也颇具特色，虽然占地仅为 1.5 hm²，却利用小地形地貌的变化，再现了森林、草甸、沼泽水池等不同景观，辅以小路栈桥、围栏小品、嘉木名花，150 多个花菖蒲(*Iris kaempferi*)品种和 20 余个鸢尾属其他种类各显芳姿，成为以花菖蒲为主题的水、湿生植物精品园。

二、植物材料选择

进行植物专类园建设，必须拥有丰富的植物材料。我国观赏植物资源丰富，为专类园建设奠定了坚实的物质基础，如山茶属、刚竹属、木犀属、丁香属、槭属、李属、含笑属、苹果属、枸子属、绣线菊属、菊属、报春花属、杜鹃花属、百合属等著名观赏树木和花木以我国为分布中心，而牡丹、蜡梅等全部产于我国。当然，引种驯化和品种选育也是增加观赏植物资源的重要手段。

(一)适于建设专类园的植物

我国古代建设专类园大多选择深受群众喜爱的中国传统名花，如梅花、牡丹、月季、菊花、兰花、荷花等。而就植物材料而言，适宜营造专类园的植物，一般要求在具有较高观赏价值的前提下，同一属(或科)内我国种类繁多，或同一种内品种繁多，或二者兼而有之。属于第一种情况的如丁香、蔷薇、竹类、木兰、棕榈、苏铁、松柏、蕨类、猕猴桃、枸子、秋海棠等均可建立专类园；属于第二种情况的有梅花、牡丹、桂花、碧桃、蜡梅、月季、石榴、菊花、郁金香、荷花等，如现代月季品种有 3 万个以上，且类型丰富，包括杂种茶香月季、多花姊妹月季、大花月季、微型月季和藤本月季等，观赏特性各不相同。属于第三种情况的有杜鹃、海棠、山茶、樱花、槭树、紫薇、芍药、睡莲、百合、水仙、鸢尾、兰花等，不但属内种类繁多，而且普遍栽培的种类拥有大量品种，如山茶属约有 120 种，我国有 97 种，而栽培最普遍的山茶、云南山茶(*Camellia reticulata*)、茶梅(*C. sasanqua*)均拥有大量品种，至 20 世纪末，已经登录的山茶品种达 2.2 万个以上；再如樱类有 100 余种，而常见栽培的中国樱花和日本樱花、日本晚樱均拥有大量品种。

对于一个具体的地区而言，选择哪一类植物建设专类园，则应考虑当地的自然条件、文化传统和花木栽培历史，以便更好地充分发掘和表现花木的文化内涵。如菏泽和洛阳的牡丹、南京和武汉的梅花、杭州和苏州的桂花、金华和昆明的茶花、青岛中山公园的樱花等。扬州以当地传统花木——扬州市市花琼花(*Viburnum macrocephalum* f. *keteleeri*)为主要树种在瘦西湖公园内建立"琼花坞"；广西是我国金花茶的主要产区，南宁市则于 1995 年建成全国首家以种植金花茶为主的茶花专类园"金花茶公园"，园内堆山设景、清溪布石，再现金花茶原生地自然风貌。从自然条件的角度考虑，适合建设专类园的植物类群中，丁香、碧桃、菊花、牡丹、石榴等最适合我国北方，梅花、桂花、山茶、猕猴桃、竹子等最适合长江流域及其以南地区，棕榈类、苏铁类等最适于华南地区，而樱花、绣线菊、月季、蔷薇、松柏类、荷花、睡莲、鸢尾、百合等则由于种类繁多，各地均可选择出适合当地的种类和品种，或者是由于植物的适应性强，在全国各地均可。

(二) 专类植物的选择

在种类和品种选择上，要根据景观设计和营造的要求，主要应考虑以下几个方面：确定基调品种(或种)；考虑花色(或其他观赏要素)搭配；合理安排花期(观赏期)；适当引种名贵品种。

1. 确定基调品种(或种)

选择最适应当地土壤和气候条件、花期(或观赏期)较长、着花繁密的品种(或种)作为专类园的基调品种(或种)，以形成专类园的基调和特色。如梅花在长江下游地区，直枝梅类的朱砂型和宫粉型品种如'粉红朱砂'、'白须朱砂'、'粉皮宫粉'等常作为梅花专类园的基调品种，而在长江以北地区则宜选择杏梅类和樱李梅类的耐寒性品种如'丰后'、'美人'梅等。

2. 考虑花色(或其他观赏要素)搭配

大多数专类植物以观花为主，为了造景中色彩搭配的需要，在确定基调品种以后，还必须选择其他花色的品种。如梅花专类园以朱砂类和宫粉类的红、粉红色为基调，仍需搭配白色、淡粉、乳黄等颜色的品种，例如'素白台阁'、'紫蒂白'、'徽州檀香'、'小绿萼'、'黄山黄香'、'江'梅等。

3. 合理安排花期(观赏期)

适合建设专类园的植物，即专类植物或者种类繁多，或者品种繁多，一般来说花期也差别较大。合理安排花期，可以尽可能地延长整个专类园的观赏期。如桂花中最重要的秋桂类，在长江下游地区盛花期一般为9月，但早花品种如'早籽黄'、'早银'桂在8月上、中旬始花，而晚花品种如'晚银'桂、'晚金'桂于10月始花，不少多批次开花的品种，花期甚至可以延迟到11月。因此，仅秋桂类花期可长达3个月，如果再适当配植四季桂类的品种和部分木犀属野生种，则桂花专类园的观赏期可长达8~10个月。梅花专类园中如品种搭配合理，整个观赏期也可长达2~3个月。常见的早花品种如'寒红'、'江南朱砂'、'早花宫粉'等在杭州等地2月上中旬甚至1月下旬即开花，而晚花品种'大宫粉'、'金钱绿萼'、'送春'、'清明晚粉'、'丰后'梅等在3月下旬甚至4月上旬开花，这样整个梅花专类园的观赏期可达2个多月。因此，就以花期而言，应尽量收集早花和晚花品种，尤其是晚花品种，以延长观赏期。

4. 适当引种名贵品种

适当引种稀有名贵种和品种，是为了提高植物专类园的吸引力和满足人们的好奇心理。如山茶属的金花茶；牡丹中的黄牡丹(*Paeonia delavayi* var. *lutea*)以及'豆绿'等品种；梅花中的黄香型和洒金型品种；樱花类中花朵黄绿色的品种'御衣黄'；荷花专类园或水生植物专类园中的王莲(*Victoria amazonica*)、'并蒂莲'等名贵种类和品种；竹类植物中的方竹(*Chimonobambusa quadrangularis*)、佛肚竹(*Bambusa ventricosa*)；仙人掌类中的金琥(*Echinocactus grusonii*)；蕨类植物中的桫椤(*Alsophila spinulosa*)、胎生狗脊蕨(*Woodwardia prolifera*)等。

此外，在大型专类园中，应适当选择部分能够结合生产的品种，将观赏与生产结合起来。例如，梅花、碧桃等专类园中，均可选择优良的采用品种或者食用兼观赏的品种，配植于整个专类园中或者在专类园的一侧专门设立果用生产区，则既可观赏，又具有一定的经济效益。梅花中食用兼观赏的果梅类有'扣子玉蝶'、'徽州檀香'、'小绿萼'等，南京梅花山将梅花与茶间作也是结合生产的良好形式。

三、植物专类园的景观营造

植物造景区和品种（种）展示区是植物专类园的主体。在一个具体的专类园中，"植物造景区"和"品种（或种）展示区"可以分别布置，也可以根据专类园性质的不同和植物类群间的差异，将两者结合起来，但应以植物造景为主。园路的安排，亭、榭、坐椅、画廊等的设置，都要考虑游人在移动观赏中和在静坐休息中，均能看到专类园最好的景观。

（一）植物造景区

植物专类园的造景有法无式，必须充分尊重"专类植物"本身的生物学特性、生态习性和美学特性，结合园林艺术原理，区别对待，因园而异。如品种丰富的月季和蔷薇类多采用规则式布置，按品种、花色分块种植，高低一致，花期集中，便于管理，藤本类品种则宜设置花架、花格供其攀缘，既可分隔空间，又能为游人提供遮阴之所。大型牡丹专类园一般也采用规则式配植，多选择在公园地形平坦之处，循园路将园区规划成比较规则的形状，整体上形成整齐的几何图案。常常等距离栽植各类牡丹，以便于管理，也有利于集中观赏和研究。这种布置方式多不进行地形改造，也很少与其他植物、山石配合布置，因而设置容易，投资省，管理亦较方便，各地应用颇多。自然式牡丹园，一般以牡丹为主体，结合地形变化，配以其他树木花草、山石、建筑等，从而衬托出牡丹的雍容华贵、天生丽质，形成一个个优美的景点，具有山回路转，步移景异的效果，如苏州留园的小型牡丹园。

再如，杜鹃花、竹类植物和仙人掌类等适于自然式布置。如杜鹃花专类园中通常设计曲折的道路，配以山石、溪流、山谷、疏林，结合地形变化，杜鹃花或三五成丛，或成片成群；郁金香、百合、水仙类的传统布置手法则是按花色分块种植，同一品种同时开花，高矮均齐，形成一块块严整壮观的色块，装饰性很强；竹园中则常常布置竹径，具有曲径通幽之效。以乔木类作为专类植物布置的专类园殊不多见，但厦门植物园的"南洋杉专类园"是一个成功的范例，采用疏林草地的布置形式，以高大挺拔的南洋杉科植物为主体，以大面积草坪为基调，利用缓坡恰到好处地表现了南洋杉疏林草地景观"高、大、宽、广"的意境。鸢尾类有高、中、矮生及水生四大类，一般采用阶梯式种植，即根据不同鸢尾种类株高的差异、花期的早晚并兼顾其观赏特性，按品种分别种植。植台可分4~5层，最下层临水池而筑；一般高差约30cm，边缘可用大块卵石护坡。这种阶梯式布置，可充分利用园内的地形起伏，并结合鸢尾的生态习性，景观效果较好。将喜水湿的种类如花菖蒲、燕子花、溪荪等种植在最下层的水池边，植株较低矮的种类如细叶鸢尾、矮鸢尾布置在最高层，中间则分别布置中型和高型的种类。著名的美国明尼苏达州鸢尾园就是采用这种设计形式。

植物造景区是专类园中最吸引游人的地方，在拥有较多专类植物的基础上，主要体现专类园的艺术性，以观赏游览为主要目的。因此，植物造景区的设计通常会考虑到花卉的文化底蕴，将花文化融入园中。如淮阴市月季园的主体景区由"园林之歌"组景、"万紫千红"组景、"俏也不争春"组景、"清淮之光"组景和"月季之路"组景组成。"园林之歌"应用丰花月季，以丰富的色彩和集中的开放期，形成繁花似锦、姹紫嫣红的景观；"万紫千红"以大型音乐喷泉和手捧鲜花的少女雕塑为重心，运用人工营造的岗阜丘峦，按照白色、黄色、粉色等8个色系成片栽植，着力表现月季的色、韵之美；"俏也不争春"以微型月季为主，配以应时花卉作陪衬；"清淮之光"则反映淮阴古老的月季栽培历史，既是古老月季品种的保存区，又是花卉盆景展览区，建筑廊架上还栽植了藤本月季，山体上栽植了野生的蔷薇类；"月季之路"采用带状和组团结合的造景手法，栽种树状月季等。

该区也要十分注重色彩的搭配，如梅花专类园可根据品种的花色异同分别采取单色式、镶嵌式、随机式等不同形式。单色式由花色相同或相近的不同品种构成，属于单一色相调和，如开白花的'江'梅、'三轮玉蝶'、'素白台阁'、'徽州檀香'等品种；开粉红色花花的'桃红台阁'、'淡宫粉'、'大羽'、'傅粉'等。镶嵌式由不同花色的梅林小区呈交错状布置构成。不同色彩的块状混交，辅以地形的起伏变化，花色参差、掩映有致，可呈现出优美的层次、图案，颇具艺术感染力。镶嵌式应选用花期相近的品种，一般采用自然式搭配。相邻色块的配色可以采用近色相配色，也可以采用中差色相或对比色相配色，艺术效果各不相同，前者色彩变化舒缓、柔和，后者对比强烈。随机式指随机种植不同品种的梅花，红中有白、白中有粉、粉中有绿，斑斑点点，随观赏者所处的位置、高度等不同而产生不同的观赏效果。这种配植使人感到更自然，艺术性也比较高。

另外，适合建设专类园的植物大多数为灌木和草本花卉，尽管种类和品种繁多，但也存在着缺点，即植株的高度、体形常常相近似，因而空间的竖向构图上具有一定局限性，大的景观构成方面往往比较单调。必须根据当地的气候特点，选择其他针叶、阔叶大乔木以形成专类园的骨架，并且适当配植其他的四季花木，以达到整体上"春花烂漫、夏荫浓郁、秋色绚丽、冬景苍翠"，但作为专类园主体的"专类植物"必须贯穿全园。如在梅花专类园中，武汉磨山用马尾松和雪松为骨架，南京梅花山除了黑松、乌桕、樟树等大乔木以外，还用茶作下木，将梅花与茶间作，无锡梅园则是以桂花为背景树。

(二) 品种(或种)展示区

品种(或种类)展示区集中展示专类植物品种或种类的丰富多彩，是专类园体现科学性和进行科普教育的主要场所。一般而言，应按照植物品种或属、种的分类系统划分小区，将品种或种按其分类归属，分别集中栽植，并最好将游览路线与植物的进化路线(趋势)统一起来。这样的布置非常便于品种的保存和识别，有利于科学普及。如美国汉庭顿植物园的蔷薇园，以月季进化之路为主线，布置月季由古代到现代的进化历程；金华山茶国际物种园和庐山植物园的杜鹃园分别按照山茶属和杜鹃花属的分类系统(亚属和组的排列)布置。庐山植物园于1982年开展了较大规模的杜鹃引种驯化研究，引进杜鹃花300多种，在此基础上建立了杜鹃花专类园，根据杜鹃花属的分类系统，按照有鳞亚属（Subgenus *Rhododendron*）、无鳞亚属（Subgenus *Hymenanthes*）、映山红亚属（Subgenus *Tsutsutsi*）、马银花亚属（Subgenus *Azaleastrum*）和羊踯躅亚属（Subgenus *Pseudanthodendron*）等布置，春末夏初杜鹃花盛开，姹紫嫣红，十分艳丽。

丰富的植物种质资源是植物专类园建设和完善的物质基础。植物种类和品种的收集工作对于植物专类园是极为重要的，没有任何一个植物专类园是一次建成的，植物种类和品种引进和栽培技术研究工作应该是不间断的。

（三）科普教育形式

植物专类园也具有科普功能，向公众进行科学知识普及和宣传。常规的科普活动形式是给不同的植物挂牌，设置科普长廊、宣传廊、展室等向游人介绍植物背景知识和传统文化。

1. 植物标牌

清楚而正确的标牌极为重要，它是进行科普宣传的最简单而有效的方式，可以使人们在游览的同时获得有关的植物学知识。对于主要品种（或种），标牌内容至少应当包括品种或种的名称（中名和拉丁学名）、科别和来源（产地、引种方式和时间等）。如条件许可，也可介绍主要的观赏特点、生态特点、经济用途，以及其他有关知识。标牌可以是木制或金属制的，也可以直接将有关内容刻在植物边的石头上。

2. 科普展室

科普展室或科普长廊、宣传廊等相关设施可以布置于品种展示区附近，主要介绍我国的植物资源概况，该专类植物与人类的关系、栽培利用历史、育种历史、花文化，以及相关的名人、科学家等。许多植物园还在博物馆或展览馆内通过实物、模型、标本、图片、文字、录像等各种方式，特别是采用现代电子技术，通过声、光、电等多媒体方式图文并茂地介绍植物、生态、环境及生物多样性保护等方面的知识，使游客得到多方面知识的教育。

思考题

1. 城市园林植物景观如何体现地方特色？结合当地实际分析。

2. 何谓规则式配置？何谓自然式配置？简述二者主要的配置形式和适用的环境。

3. 树群设计中如何处理种间关系？设计一个适合当地公园应用的树群，选择出适宜的植物种类（乔灌木、地被植物等），画出树群的立面图，并对景观效果进行分析。

4. 判断说明：疏林草地是园林中应用广泛的一种造景形式，除了作为观赏用的嵌花草地疏林外，一般不设置园路。

5. 判断说明：丛植只反映树木群体美的综合形象。

6. 攀援植物有哪些类型？分别适合于哪些造景形式？

7. 简述花坛的设计要点。根据给定的环境和面积，为当地设计一个国庆节（或劳动节）用的临时花坛。应提供花坛平面图（在图中标注出花卉种类）、设计说明、苗木表(苗木的种类和品种及其规格)。

8. 花境设计中常用的配色方法有哪些?

9. 调查当地适合应用于花境的植物,并按照花色和花期归类。

10. 简述草坪和地被植物在景观中的作用。

11. 以当地乡土树种为主,设计适于不同环境布置的树丛。

12. 植物专类园与植物园有何不同?思考当地哪些植物适合建设专类园,并为其选择基调种类和品种。

第五章 园林植物种植设计程序及图纸绘制

进行一个项目的植物造景，必须按照合理的程序进行。植物造景是从植物景观总体规划开始到具体植物种植设计施工的一个完整、有序的过程。在这个过程中，不同的设计阶段的工作重点不同，前一个阶段是后一个阶段的基础，因此各个阶段之间需要有良好的衔接。植物造景总体规划是与园林设计总体规划内容同时进行的，彼此之间相互联系。

在进行植物景观设计之前，首先根据不同场所的性质进行相应的考虑。要分析绿地规模、空间尺度、设计立意等问题，明确植物在空间组织、造景、改善基地条件等方面应起的作用，使园林设计能够表现优美的植物景观效果，或者对广场、建筑物、小品等起到装饰、衬托作用，改善环境，并且利于人们活动与游憩。一个完整有序的设计程序一般包括以下步骤。

第一节 设计准备阶段

设计准备阶段是规划前必须考虑的要素。设计者应尽可能地掌握项目的相关信息，并根据具体的要求对项目进行分析。一般在接到工程项目之后，首先应和委托方(甲方)进行了解和沟通，弄清委托方(甲方)的主要意图，并阐明设计者的基本思路，估算设计费用并讨论合约签订等事宜。这阶段包括收集与所选环境植物景观规划相关的资料。所收集资料的深度和广度将直接影响随后的分析与决定。因此必须注意收集那些与所规划场地有密切联系的相关资料。

一、确定规划目标

通过与委托方(甲方)交流，了解委托方(甲方)对于植物景观的具体要求、喜好、预期的效果以及工期、造价等相关内容。一般客户和客户群在园林开发初期，脑海中就已经有了明确的目标。例如他们可能想要建筑一座正式的花园来为一座雕塑提供安置的环境，或为员工的休息放松提供便利的场所。他们也有可能想要重建一个地区使其恢复自然面貌，或是开垦一块由于开矿而被毁的地段。不管出于什么目的，设计者都必须对此了然于心并且将之列入规划目标。

二、获取图纸资料

委托方(甲方)应向设计者提供基地的测绘图、规划图、现状树木分布位置图及地下管线等图纸，设计者根据这些图纸确定以后植物可能的种植空间及种植方式，根据具体的情况和要求进行植物景观的规划设计。

三、获取基地其他信息

主要包括以下几个方面。

（1）自然状况：地形、地质、水文、气象等方面的资料。

（2）植物状况：项目基地的乡土植种类、群落组成及引种植物情况等。

（3）人文历史资料调查：当地风俗习惯、历史传说故事、居民人口及民族构成等。

总之，设计者在接到项目后要多方收集资料，尽量详细、深入地了解项目的相关内容，以求全面地掌握可能影响植物的各个因子，从而指导设计者选择合适的植物进行植物景观的创造。

第二节　研究分析阶段

一、基地调查与测绘

（一）现场踏查

评估场地资源及现有条件。设计者需要亲自到现场进行实地踏查。一是在现场核对所收到的资料，并通过实测对欠缺的资料进行补充。二是设计者可以进行实地的艺术构思，确定植物景观大致轮廓或造景形式，通过视线分析，确定周围景观对该地段的影响。现场进行调查的基本内容如下。

（1）自然条件：地形地势、风向、温度、植被、土壤、雨量、光照、水分等。

（2）人工设施：现有道路、建筑、构筑物、各种管线等。

（3）环境条件：周围的设施、道路交通、污染源、人员活动等。

（4）视觉质量：现有的设施、环境景观、视域、可能的主要观赏点等。

（5）人文环境：基地使用者的职业、性别、宗教等个人资料，相关法令、土地权属、场地范围、预算及其他与目标相关的特殊项目的调查等。

（二）现场测绘

如果委托方（甲方）无法提供准确的基地测图，或现有资料不完整或与现状有出入的则应到现场重新勘测或补测，并根据实测结果绘制基地现状图。基地现状图中应包含基地中现存的所有元素，如植物、建筑、构筑物、道路、铺装等。

通过实地勘测或查询当地资料，作出实地的平面图、地形图或剖面图等。基本图纸需用简明易读的绘图技巧绘制，不宜太复杂、细致，保持图面的完整性及各部分图的图面连续性。详细的平面图，大面积基地，比例尺以1:3 000～1:5 000（等高线5～20m）为宜，小面积基地以1:600～1:1 000（等高线1～5m）为宜，细部的花草等配植以1:50～1:200（等高线0.5～1m）为宜。

二、基地现状分析与评估

现状分析是设计的基础与依据，特别是对于与基地环境因素密切相关的植物，基地的现状分析关系到植物的选择、植物的生长、植物景观的创造、功能的发挥等一系列问题。一个好的设计分析从某种程度上决定了以后设计的成功与否。现状分析的基本任务是明确植物造景设计的目标,确定在园林设计过程中需要解决的问题。

（一）现状分析的内容

现状分析包括对项目地的自然环境(地形、土壤、光照、植被等)分析、环境条件分析、景观定位分析、服务对象分析、经济技术指标分析等。由此可见,现状分析的内容比较复杂,要想获得准确的分析结果,一般要多专业配合,按专业分项进行,如地形调查分析;水体调查分析;土壤调查分析;植被调查分析;气象资料调查分析;基地范围、交通及人工设施调查分析;视线及有关的视觉调查分析等。一个优秀的设计师能够启发顾客的思路,从而使他们能提供尽可能多的相关信息。在可能情况下,人群需求的综合分析应该包括他们现在和将来的所有计划。

分析要以自然、人文条件之间的相互关系为基准,加上业主意见,综合研究后,决定设计的形式以及设计原则和造型的组合等。

（二）现状分析的方法

1. 系统分析法

在场地分析中,所有园址和建筑物都要进行测量并连同园址特征的优缺点一起记录到纸上。测量必须非常精确。在场地分析过程中,所有可能影响场地的地役权,建筑缓冲带以及其他有关法律、法规所包含的因素都应该清楚。

2. 实验分析

实验分析主要是对土壤样品进行分析。要对区域内的土壤进行一定的测定,如土壤类型是黏土还是沙壤土,是贫瘠还是肥沃,pH 值呈酸性还是碱性,以及表土层的结构、含水量等。

3. 图像分析

在绿化设计中,常常需要各种图像信息资料,如地形地貌图,实地景物照片和录像,甚至遥感航测图、卫星照片等。根据这些资料也可获取现状景物等。能获取比现场踏勘更完整、更准确的信息,同时还可从整体上分析把握设计方案的脉搏。

4. 简图分析

用简明易读的绘图技巧绘制场地功能分析示意图、设计条件分析图,是设计师常用手法,可以对基地有更深入的认识理解。以某小学绿化为例,从功能分区分析示意图(图 5-1)中,可以看出小学大体功能结

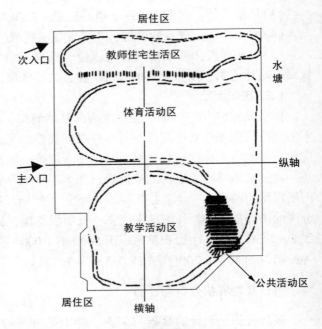

图 5-1　功能分区示意图(引自蒋中秋)

构布局和周边环境条件，得出小学功能分区是合理的，布局符合用地现状条件。纵轴是学校的主景观轴和交通主流线，横轴则控制着整个学校的布局。教学区与体育运动区的重合部分是公用的区域，生活区与教学区设不同的出入口，减少了相互间的干扰。

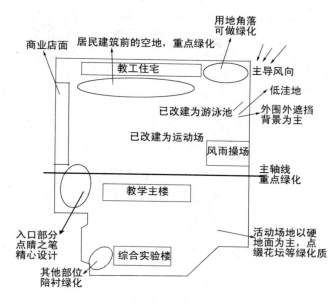

图5-2　设计条件分析图(引自蒋中秋)

从设计条件分析图(图5-2)中，可以看出学校校园的主要功能布局和绿化设计的重点部位，从各功能分区的要求基本确定各自的绿化设计方向，从而为设计方案的构思形成打下了良好的基础。例如现状低洼地正好用作运动场和游泳池，这种设计是功能与用地的有机结合。教工住宅的南面是一块狭长的集中空地，可重点绿化作花园用；东北角上为死角，宜作绿地考虑；学校外围墙外，还应考虑线状遮挡植物；主轴线为重点绿化地段，宜作立体设计；入口小块集中空地紧邻出入口显得极为重要，应精心设计；教学区操场以功能为主，绿化则突出花坛、疏林草地等陪衬景物。

当基地面积较小或性质较单一时可将它们合画在同一张图上。较大规模的基地是分项调查的，因此基地分析也应分项进行，最后再综合。首先将调查结果分别绘制在基地底图上，一张底图上只作一个单项内容(如地形、水体、土壤、植被等)，然后将诸项内容叠加到一张基地综合分析图上，标明关键内容。

(三)现状分析图

现状分析图主要是将收集到的资料以及现场调查得到的资料利用特殊的符号标注在基地底图上，并对其进行综合分析和评价。如图5-3所示，将现状分析的内容放在同一张图纸中，这种做法比较直观，但图纸中表述的内容较多，所以适合于现状条件不是太复杂的情况。图中包括了主导风向、光照、水分、主要设施、噪声、视线质量以及外围环境等分析内容，通过图纸可以全面了解基地的现状。现状分析的目的是为了更好地指导设计，所以不仅仅要有分析的内容，还要有分析的结论(图5-4)。

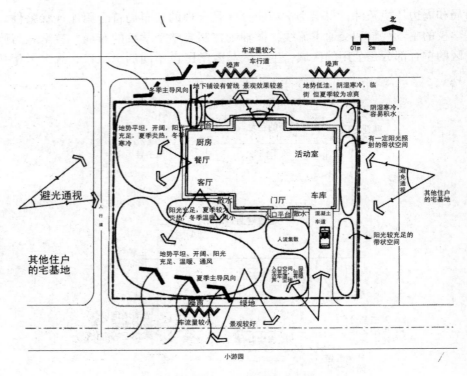

图5-3 某庭院现状分析图(引自金煜)

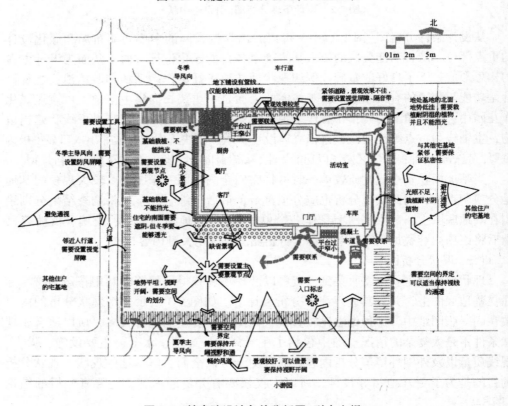

图5-4 某庭院设计条件分析图(引自金煜)

第三节　设计构思阶段

在设计构思阶段提出初步的设计理念。设计师构思多半是由项目的现状所激发产生的。在现场应注意光照、已有景致对设计者的影响，以及其他感官上的影响。明确植物规划材料在空间组织、造景、改善基地条件等方面应起的作用，做出种植方案构思图。构思的过程就是一个创造的过程，每一步都是在完成上一步的基础上进行的。应随时用图形和文字形式来记录设计思想，并使之具体化。

一般的植物造景设计思路遵循从具体到抽象，采用提炼、简化、精选、比较等方法进行。从整体到局部，在总体控制下，由大到小、由粗到细，逐步深入。从平面到立面，主要功能定位、景观类型、种植方式、种植位置、植物种类与规格的确定。

一、确定设计主题或风格

确定种植设计的主题或风格即立意的过程，遵循意境主题景观和植物空间景观的塑造原则。主题可以考虑活泼愉快，或庄严肃穆，或宁静伤感。种植的形式和风格，可以考虑为自然式、规则式或自由式；或者确定主题园，例如草本植物园、药用植物园、芳香园等。植物空间立意应根据特殊环境形成相应主题。园林植物四时景色丰富，季相特征鲜明。清代《花镜·自序》描写春日"海棠红媚"、夏日"榴花烘天"、秋时"霞升枫柏"、冬至"蜡瓣舒香……檐前碧草……窗外松筠"，可谓园林景色，借花木而四季不绝。园林植物造景在高地或高台宜形成秋景，应登高秋望或秋高气爽之意，植物以秋色叶、落叶乔木为主，以红黄寓秋实；在洼地或湿地形成夏景，植物以高大浓荫的落叶和常绿乔、灌木为主，来营造浓荫、繁茂的夏季景观，如果蓄养蛙、蝉或飞鸟、鸣禽，可以形成"蝉噪林愈静"的意境，在城市中形成田园风光；在地形多变处，可以形成春景，遍植各类开花灌木，花开时节姹紫嫣红，凸显生机勃勃，山花烂漫的春意。

二、功能分析，明确造景设计目标

（一）功能分析

植物造景要体现功能与形式的统一。合理功能分析是设计构思阶段的核心任务。将前阶段现状调研分析的结论和建议均反映在图中，并研究设计的各种可能性。目的是在设计所要求的主要功能和空间之间求得最合理、最理想的关系。

合理功能分析是以抽象图解方式合理组合各种功能和空间，确定相互间的关系，它就是设计师通常所说的"气泡图"或"方框图"。在这一步骤中，只有简单的图形、符号和文字，而没有实际意义的方案，是一种概念性初步设计（图5-5、图5-6、图5-7）。

在分析图中，设计师应考虑下述一些问题。

（1）项目的主功能分析：如何划分该项目的主要功能与次要辅助功能，其空间要求如何？是封闭还是开敞？

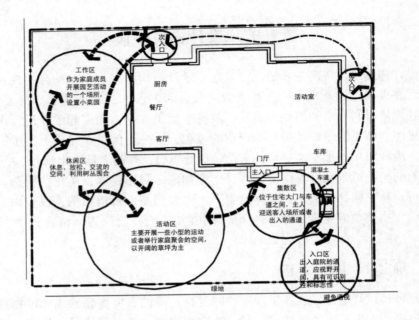

图5-5 某庭院功能分区示意图(引自金煜)

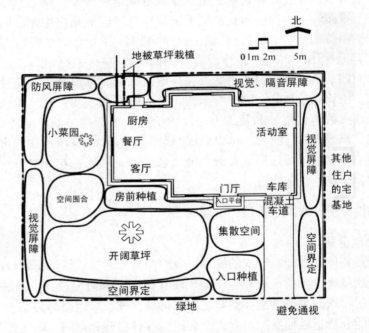

图5-6 某庭院设计植物功能分区图(引自金煜)

(2)各种功能、空间之间的关系分析:什么样的功能?空间联系紧密或是分隔、分离?

(3)人流、车流的流向、流线分析:什么地方人流集中?人流来向?什么地方车流量大或需设置停车场?人流车流如何避免相互干扰?如何分散?

(4)景观视线分析:人们如何方便使用?空间联系如何紧凑合理?景观视线如

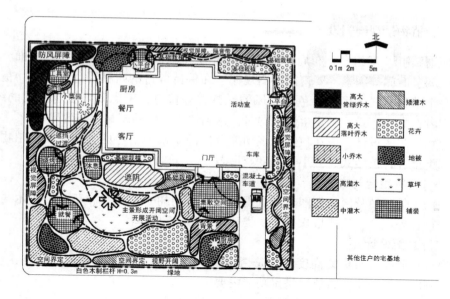

图 5-7　某庭院植物种植分区规划图(引自金煜)

何组织才有可能达到良好效果或最佳效果？

（5）主题表现：根据主要功能确定设计主题是什么？如何烘托主题？

合理功能分析可以在草图上绘制多幅，进行比较，不受实际地形限制，一般应表示出：主要功能和其他功能的关系；空间分析；人、车流线分析，客源来向，主要交通流线；绿化主体树种的选定与分布。

在合理功能分析的基础上，结合实际地形和功能需求，进一步地做出适合基地的功能和布局分析。在这一环节上，要注意按比例和客观存在来构思。

（二）造景设计目标确定

在基地分析的基础上，了解种植在整体景观设地中的功能作用，从而得出设计要解决的问题，即造景设计目标。可能为了下列目标之一或组合。

（1）考虑配合场地景观的机能需求，发挥种植的功能。例如利用植物的隔离作用，减轻风、噪声及不良视景的影响。

（2）改变场地的微气候。选用适合场地生态条件，且具有美化、绿化及实用价值的植物。

（3）塑造场地景观独特的种植意象。利用植物不同的树形、色彩、质地等观赏特性，配合场地景观作适当的配置，以建立场地的特殊风格。

（4）提高场地及其周围地区环境的视觉品质。利用植物细密的质感与柔和的线条，缓和建筑物及硬质铺面所造成的心理上的压迫感。同时考虑种植设计是否需要满足特定的美学要求，例如需要开朗热烈，宁静私密，还是要肃穆端庄。考虑季节性的变化，以创造四季花木扶疏的美的景观意象。人的主要观赏路线、角度和方向也需要在此时确定。

（5）利用种植设计塑造场地的空间意象。配合景观设施的设置，利用植物配置组成不同形式的空间，以提供多样性的视觉景观。

三、植物景观构图设计

所谓"构图"即组合、布局的意思。园林植物造景构图，不但要考虑平面，更要考虑空间、时间等因素，要遵循构图规律。在保持各自的园林特色的同时，更要兼顾到每个植物材料的形态、色彩、风韵、芳香等特色，考虑到内容与形式的统一，使观赏者在寓情于景、触景生情的同时，达到情景交融的园林审美效果。

植物景观图设计，应在植物景观功能分区的基础上，考虑各功能区内植物景观的组成类型、种植型式、大小、高度及形态。

（一）植物组合与布局

根据植物种植分区规划图选择景观类型，应用树木、花卉、草坪、藤木与地被植物进行合理组合，构成层次丰富、类型多样的景观空间。

（二）立面设计

通过立面图分析植物高度组合是否能够形成优美、流畅的林冠线和层次变化，还可以判断这种组合是否能够满足功能需要。

用大小长短不一的方框代替单体植物成熟时的大致尺寸。画出哪里用树，哪里用高、低灌木，将这些方框组合成一个和谐的立面（图5-8）。研究表明，人的观赏角度和距离决定人眼所能组合在一起、看作一个整体的单个物体的数目是6个，人所处的距离也使人能观赏到的横向距离发生变化，所以，一个立面里所包括的植物方框不超过6个，当然，大型的种植设计立面可以由若干个小立面组成。通常小型的种植设计，例如小型的花坛，只需一个立面组合即可；大型的种植设计则一般需要三个到五六个组合合并。

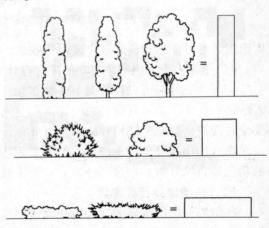

图5-8　用几何形体代替植物的立面形状

组合与组合之间可以是在立面上拉开的关系，也可以在立面上互相遮挡，在平面上呈前后关系。低矮的组合放在前面，高些的灌木或树木组合放在后面。植物方框或立面组合之间可能会互相遮挡，这些可以理解为植物在平面深度上的变化。

一般的种植设计组合，两到三层的植物深度就可满足要求。通常需做几个立面进行研究。最重要的是确定种植的总外轮廓线。精心设计的外轮廓线能保证整个设计与基地的比例正确，搭配完整，总体和谐（图5-9、图5-10）。

（三）形状、色彩、质地的搭配

完成立面空间的设计后，可以考虑进行形状、色彩、质地的比较和搭配，它们是获得变化的重要手段。

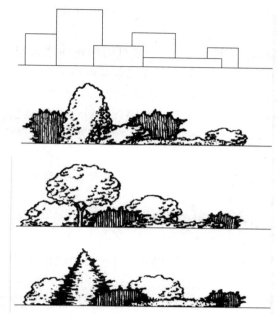

图 5-9　从立面构成到平面布置
（引自陈英瑾）

图 5-10　抽象的立面组合演化为不同的植物组景形式
（引自陈英瑾）

四、选择植物，详细设计

该环节属于园林植物种植设计的细部设计阶段，是利用植物材料使种植方案的构思具体化，包括详细的种植造景平面、植物的种类和数量、种植间距等。由于生长习性的差异，植物对光线、温度、水分和土壤等环境因子的要求不同，抵抗劣境的能力不同，因此在详细设计中应针对基地特定的土壤、小气候条件和植物选择进程进一步确定其形状、色彩、质感、季相变化、生长速度、生长习性、造景效果相匹配的植物种类。

（一）植物种类的选择

通过前阶段的分析，对植物的大小、形状、质地、色彩都已经有了大致的概念，可以以此作为条件之一选择植物。此外，还要考虑以下因素。

1. 基地条件

（1）对不同的立地光照条件应分别选择喜阴、半耐阴、喜阳等植物种类。

（2）多风的地区应选择深根性、生长快速的植物种类。

（3）在地形有利的地方或四周有遮挡并且小气候温和的地方可以种一些稍不耐寒的种类，否则应选用在地区最寒冷的气温条件下也能正常生长的植物种类。

（4）受空气污染的基地还应注意根据不同类型的污染，选用相应的抗污染种类。

（5）对不同 pH 值的土壤应选用相应的植物种类。

（6）低凹的湿地、水岩旁应选种一些耐水湿的植物。

2. 基地功能

（1）遮阳：宜选树冠开展、枝叶茂密、分枝点高的树种。

（2）防风：一般植物多少皆具防风效果，但在特殊恶劣环境下，宜选特殊的防风树种。

（3）控制风蚀：在雨量多且雨蚀强的地方宜选枝叶密、根系发达的常绿树种及具水土保持作用的蔓藤花卉或草本花卉。

（4）隔离：为达到营造私密空间、屏障不良视线或控制视线的目的，宜按设计所需隔离的高度及密度，选用具有刺、枝干多或枝条较硬等特性的植物。

（5）防强光：于砂地、人工铺面及近水面易反光之处，宜选质感重的浓绿遮阳树种。

（6）防空气污染：在空气污染严重的地区，宜视污染的性质，选择适当的抗污染植物。

（二）植物配置设计重点

1. 植物种类处理

保存现有植被；选择的每一种植物应符合预期功能；树木是基础。

2. 实用功能应用

种植设计中用灌丛作为补充的低层保护和屏障；把藤蔓植物作为网状物和帘幕；在底层地面上种植地被植物，以保持水土，界定道路和绿地，以及在需要的地带布置草坪；在地面物体或建筑易造成影响的地方封闭式布置树丛或缩短树距；隐藏停车场、仓库及其他服务设施；弥补地形形态；利用植物构成空间。

3. 艺术处理

用冠荫树统一场地；选择作为主题基调树种的类型应当是中等速生的，而且无需太多管理就能长势良好的本土树种；利用辅调树种为补充基调种植，以及在较小尺度内构筑场地空间；恰当地利用补充树种来划分或区分出具有独一无二的景观特质的区域；用基调树木强化大片种植中的"突出点"；布置树丛提供景致以及扩大开放空间；利用逐渐形成的空间序列来围绕和连接不同的场地功能区；避免杂乱多样的基础种植；避免多种植物类型的分散。

4. 道路布置

利用树木来覆盖交通线路；对交通道路的结点给予重视；在道路的交叉口要保持视线的通畅；对任何街坊区和活动中心，都应创造一个富有吸引力的道路入口；扩展路边种植；用树木强化小径或大道的走向效果；给小路及自行车道阴凉和情趣。

5. 生态环境设计

在所有景观种植中都要考虑气候控制；设置植物屏障来遮挡不雅景致，消除强光，降低噪声；沿洼地和水道布置植被；外来物种应被限制在经过良好改善的区域中。

（三）植物详细设计方法

详细设计阶段应该从植物的形状、色彩、质感、季相变化、生长速度、生长习性等多个方面进行综合分析，以满足设计方案中各种要求。对照设计意向书，结合现状分析、空间功能分区、初步设计附段的工作成果，进行设计方案的修改和调整，最后作出种植设计平面图。

1. 植物成熟度

在群体中的单体植物，其成熟程度在 $75\% \sim 100\%$。设计者是根据植物的成熟外观进行设计而不是局限于眼前的幼苗大小。必须了解植物材料最终成熟后的外貌，以便将单体植物正确地植于群体之中。

2. 密度

在群体中布置单体植物时应使它们之间有轻微的重叠。单体植物冠径的相互重叠基本上为各植物冠径的 $1/4 \sim 1/3$。

3. 植物大小之间搭配

应首先确立大中乔木的位置，这是因为它们的配置将会对设计的整体结构和外观产生最大的影响。一旦较大乔木被定植后，小乔木和灌木才能得以安排，以完善和增强乔木形成的结构和空间特性。较矮小的植物就是在较大植物所构成的结构中展现出更具人格化的细腻装饰。由于大乔木极易超出设计范围和压制其他较小的因素。因此，在小的庭院中应慎重地使用大乔木。大乔木在景观中还被用来提供阴凉，故在种植时应在空间或建筑物的西南、西面或西北面。

4. 植物的品种搭配

在设计布局中应认真研究植物和植物搭配，在选用落叶植物时，首先考虑其所具有的可变因素。在使用针叶常绿植物，必须在不同的地方群植、避免分散。这是因为它在冬天凝重而醒目，太过于分散，势必导致整个布局的混乱感。在一个布局中，落叶植物和针叶常绿植物的使用，应保持一定比例平衡关系，针叶植物所占的比例应小于落叶植物。最好的方式就是将两种植物有效地组合起来，从而在视觉上相互补充。

5. 选择植物种类或确定其名称

在选择和布置各种植物时，应有一种普通种类的植物，以其数量而占支配地位，从而进一步确保布局的统一性。按通常的设计原则，用于种植支配的植物种类，其总数应加以严格控制，以免量多为患。

6. 局部调整

设计者在完成群体和单体布局后，还应该考虑到设计的某些部分是需要变更的。从平面构图角度分析植物种植物方式是否适合；从景观构成角度分析所选植物是否满足观赏的需要，植物与其他构景元素是否协调，这些方面最好结合立面图或者效果图来分析。在布局中可以采用群植或孤植形式配置植物，但必须与初步设计中选取的植物大小、形态、色彩以及质地等相吻合，同时还应考虑阳光、风及区域的土壤条件等因素，核对每一区域的现状条件与所选植物的生态特征是否匹配，是否做到了"适地适树"。最后，进行图面的修改和调整，完成植物种植设计详图，并填写植物名录表，编写设计说明。

第四节　设计表达阶段

设计表达的基本语言是图纸，完整的园景细部设计图纸应包括地形图、分区图、平面配置、断面图、立面图、施工图、剖面图、鸟瞰图等。细部设计包括：种植设计、园景设施设计等。

种植设计完成后要表现在图纸中。种植设计图是种植施工的依据，包括种植设计表现图、种植平面图、详图以及必要的施工图解和说明。由于季相变化，植物的生长等因素很难在设计平面中表示出来，因此，为了相对准确地表达设计意图，还应对这些变动内容进行说明。

一、植物种植设计图纸的类型

(一)种植设计表现图

种植设计表现图不讲尺寸、位置的精确，而重在艺术地表现设计意图，以求达到造景的效果与美感。如平面效果图、立面效果图、透视效果图、鸟瞰图等。绘制种植设计表现图也不可一味追求图面效果，不可同施工图出入太大。

(二)种植平面图

种植平面图应包括植物的平面位置或范围、详细尺寸、种植的数量和种类、艺术的规格、详细的种植方法、种植坛和台的详图、管理和栽后养护期限等图纸与文字内容。种植平面图应表明每种植物的具体位置和种植区域。

在种植平面图中应标明每种树木的位置，树木的位置可用树木平面图圆心或过圆心的短十字线表示。在图面上的空白处用引线和箭头符号标明树木的种类，也可只用数字或代号简略标注。同一种树木群植或丛植时可用细线将其中心连接起来统一标注。随图还应附所用植物名录，名录中应包括与图中一致的编号或代号、普通名称、拉丁学名、数量、规格以及备注。

很多低矮的植物常常成丛栽植，因此，在种植平面图中应明确标出种植坛或花坛中的灌木、多年生草花或一二年生草花的位置和形状，花坛内不同种类宜用不同的线条轮廓加以区分。在组成复杂的种植坛内还应明确划分每种类群的轮廓、形状、标注上数量、代号，覆上大小合适的格网。灌木的名录内容和树木类似，但需加上种植间距与单位面积内的株数。草花的种植名录应包括编号、俗名、学名(包括品种、变种)、数量、高度、栽植密度，有时还需要加上花色和花期等。

种植图的比例应根据其复杂程度而定，较简单的可选小比例，较复杂的可选大比例，面积过大的种植宜分区作种植平面图，详图不标比例时应以标注的尺寸为准。在较复杂的种植平面图中，最好根据参照点或参照线作网格，网格的大小应以能相对准确地表示种植的内容为准。

种植设计图常用比例为：

(1)林地1:500；

(2)树木种植平面1:1000~1:2 000；

(3)灌木、地被物1:50~1:100；

(4)复杂的种植平面及详图≥1:50。

植物种植设计平面图中包括了巨大的信息量，所以平面图纸组成部分的安排应当引起足够的重视。下面的提纲显示了平面图纸中应当包含的各个组成成分。然而，应当指出的是，这个清单的内容应当根据工程规模的大小以及绘制图纸比例的不同而有所变化和调整。

（1）比例尺，包括文字和图案两种形式。

（2）指北针。

（3）原有植物材料。

（4）需要调整和移植的植物。

（5）灌木、藤蔓植物和地被（包括现有的和规划的）。

（6）适用的地形图。

（7）必要的详图（通常需要单独的图纸）。

（8）小地图。

（9）标题栏。包括：

1）工程名称；

2）工程地址；

3）园林设计师【①名字；②固定地址；③注册章】；

4）描图员姓名；

5）日期；

6）页码。

（10）植物名录表。包括：

1）项目代码（或者是使用的图例）；

2）植物数量【①位置；②总数】；

3）植物名称【①俗名；②拉丁名；③品种名】；

4）植物规格及种植条件【①规格：a. 容器、b. 高度、c. 胸径；②种植条件：a. 容器大小、b. 土球及捆绑办法、c. 裸根】；

5）灌木和地被占用的面积；

6）备注（比如"多分枝"或"攀爬植物"）；

7）植物类别（如乔木、灌木、地被等）；

8）价格估算（也可以留空，由工程承包方或者是投标方提供费用数据）

11）草皮面积（在平面图和统计表中都要有所反应；如果草皮是现有的，就需要在图纸上面表达出来以示区分）

（三）种植详图

种植平面图中的某些细部的尺寸、材料和做法需要用详图表示。如不同胸径的树木需带不同大小的土球，根据土球大小决定种植穴尺寸、回填土的厚度、支撑固定桩的做法和树木的整形修剪及造型方法等。用贫瘠土壤作回填土时需适当加些肥料，当基地上保留树木的周围需挖土方时应考虑设置挡土墙。在铺装地上或树坛中种植树木时需要作详细的平面或剖面以表示树池或树坛的尺寸、材料、构造和排水。

二、植物绘图表现方法

植物的种类很多，各种类型产生的效果各不相同，表现时应加以区别，分别表现出其特征。

(一) 树木的表示方法

1. 树木的平面表示方法

树木的平面表示可先以树干位置为圆心、树冠平均半径为半径作出圆，再加以表现，其表现手法非常多，表现风格变化很大。

2. 树木的立面表示方法

树木的立面表现手法也分成轮廓、分枝和质感等几种类型，但有时并不十分严格。树木的立面表现形式有写实的，也有图案化的或稍加变形的，其风格应与树木平面和整个图面相一致。

3. 树木平面、立面的统一

树木在平面、立(剖)面图中的表示方法应相同，表现手法和风格应一致。树木的平面冠径与立面冠幅相等、平面与立面相对应、树干的位置处于树冠圆的圆心。这样作出的平面图、立面图和剖面图才和谐。

(二) 灌木和地被植物的表示方法

灌木没有明显的主干，平面形状有曲有直。自然式栽植灌木丛的平面形状多不规则，而修剪的灌木和绿篱的平面形状规则的或不规则的皆有，但整体上是平滑整齐的。灌木的平面表示方法与树木类似，通常修剪规整的灌木可用轮廓、分枝或枝叶型表示，不规则形状的灌木平面宜用轮廓、分枝、或枝叶型表示，不规则形状的灌木平面宜用轮廓型和质感型表示，表示时以栽植范围为准。由于灌木通常丛生、没有明显的主干，因此灌木平面很少会与树木平面相混淆。

地被植物宜采用轮廓勾勒和质感表现形式。作图时应以地被栽植的范围线为依据，用不规则的细线勾勒出地被的范围轮廓。

第五节　植物景观施工阶段

通过植物景观施工过程，把设计图纸转化为现实环境，最终获得景观的彻底表达。

一、施工现场准备

施工前，应调查施工现场的地形与地质情况，向有关部门了解地上物的处理要求及地下管线分布情况，以免施工时发生事故。

(一) 清理障碍物

施工前将现场内妨碍施工的一切障碍物如垃圾堆、建筑废墟、违章建筑、砖瓦石块等清除干净。对现场原有的树木尽量保留，对非清除不可的也要慎重考虑。

(二) 场地整理

在施工现场根据设计图纸要求，划分出绿化区与其他用地的界限，整理出预定的地形，主要使其与四周道路、广场的标高合理衔接。根据周围水系的环境，合理规划地形，或平坦或起伏，使绿地排水通畅。如有土方工程，应先挖后填。如果有机械平整土地，则事先应了解是否有地下管线，以免机械施工时造成管线的损坏。对需要植树造林的地方要注意土层的夯实程度与土壤结构层次的处理，如有必要，适当加客土以利植物生长。低洼处理合理安排排水系统。现场整理后将土面加以平整。

（三）水源、水系设置

绿化离不开水，尤其是初期养护阶段。水源源头位置要确定，给水管道安装位置、给水构筑、喷灌设备位置、排水系统位置、排水构筑物有关位置、电源系统都要明确定位，安置适当。

二、定点放线

定点放线即是在现场测出苗木栽植位置和株行距。由于栽植方式各不相同，定点放线的方法也有很多种，常用的有以下三种。

（一）规整式树木的定点放线

规则整齐、行列明确的树木种植要求位置准确，尤其是行位必须准确无误。对于呈规整式种植的树木，可用仪器和皮尺定点放线，定点方法是经绿地的边界、园路广场和小建筑物等的平面位置作为依据，量出每株树木的位置，钉上木桩，上写明树种名称。一般的行道树行位按设计的横断面所规定的位置放线，有固定路牙的道路以路牙内侧为基准，无路牙的则以路中心线为基准。用钢尺或皮尺测准行位，中间可用测杆标定。定好行位，用皮尺或测绳定出株位，株位中心由白灰作标记。定点时如遇电杆、管道、涵洞、弯压器等障碍物应躲开。

（二）自然式丛林的定点放线

自然式丛林的定点放线比较复杂，关键是寻找定位点。最好是用精确手段测出绿地周围的范围，道路、建筑设施等的具体方位，再定栽植点的位置。

丛林式种植设计图有两种类型：一是在图纸上详细标明每个种植点的具体方位；一是在图纸上仅标明种植位置范围，而种植点则由种植者自行处理。

丛林式种植定点放线主要有以下几种方法。

1. 坐标定点法

根据植物造景的疏密度，先按一定的比例在设计图及现场分别打好方格，在图上用尺量出树木的某方可靠的纵横坐标尺寸，再按此位置用皮尺量出在现场相应的方格内。

2. 仪器测放法

用经纬仪或小平板仪依据地上原有基点或建筑物、道路将树群或孤植树依照设计图上的位置依次定出每株的位置。

3. 交会法

此办法较适用于小面积绿化。找出设计图上与施工现场完全符合的建筑基点，然后量准植树与该两基点的相互距离，分别于各点用皮尺在地面上画弧交出种植点位，并撒白灰作标志即可。

三、苗木准备

苗木的选择，除了根据设计者给出对规格和树形的要求外，要注意选择长势健旺、无病虫害、无机械损伤、树形端正、须根发达的苗木；而且应该是在育苗期内经过翻栽，根系集中在树蔸的苗木。苗木选定后，要挂牌或在根基部位划出明显标记，以免挖错。起苗时间和栽植时间最好能紧密配合，做到随起随栽。

四、挖种植穴

挖种植穴与植物的生长有着密切的关系。挖种植穴时以定点标志为圆心，先在地面上用白灰作圆形或方形轮廓，然后沿此线垂直挖到规定深度。切记要上下口垂直一致，挖出的坑土要上下层分开，回填时，原上层表土因富含有机质而应先回填到底部，原底层土可加填到表层。种植穴的大小依土球规格及根系情况而定。带土球的应比球大 16～20cm，栽裸根苗的穴应保证根系充分伸展，穴的深度一般比土球高度稍深些，穴一般为圆形。栽植绿篱时应挖沟，而非单坑。花卉的栽培比较简单，可播种、移栽，或直接把花盆埋于土中，但对于细节要求却很严格，如种子的覆土厚度、土壤的颗粒大小、施肥、灌水等。

五、栽植

不同的植物规格不同，栽植要求也不同。栽植前，苗木必须经过修剪，其主要目的是减少水分的散发，保证树势平衡以确保树木成活。修剪时其修剪量依不同树种要求而有所不同，一般对常绿针叶树及用于植篱的灌木不多剪，仅剪去枯病枝、受伤枝即可。对于较大的落叶乔木，尤其是长势较强的树木，如杨、柳可进行强行修剪，树冠可剪去 1/2 以上。栽植时首先必须保证植物的根系舒展，使其充分与土壤接触，为防止树木被风吹倒可立支架进行绑缚固定。

六、灌水

根据所植不同植物的生长习性进行合理的灌水。树木类一般在栽植时要进行充分灌水，至少要连灌 3 次以上方能保证成活。草木花卉视情况则定，有的是先灌水后栽(或播种)，有的是先栽后灌水，一般一周后及时覆土封坑。

七、植物造景的养护

园林植物所处的各种环境条件比较复杂，各种植物的生物学特性和生态习性各有不同，因此，为各种园林植物创造优越的生长环境，满足植物生长发育对水、肥、气、热的需求，防治各种自然灾害和病虫害对植物的危害，确保植物生长发育良好，同时可以达到花繁叶茂的绿化效果。通过整形修剪和树体保护等措施调节树木生长和发育的关系，并维持良好的树形，使其更适应所处的环境条件，尽快而且持久地发挥植物景观的各种功能效益，这些将是园林工作中一项重要而长期的任务，也是植物景观设计意图能够充分体现的保证。

对植物群落内部的自然衍化竞争也需着意控制，所以，控制性修剪对植物景观的形成和不衰，也是项十分重要的技术工作，必须有专人负责。对名花、名木、古树的养护更要细致周到，它是园林中的无价之宝，切不可掉以轻心。

思考题

1. 园林植物种植设计的基本程序由哪些部分组成？
2. 植物种植设计图纸的类型包括哪些？
3. 植物造景设计的基本目标有哪些？
4. 简述植物景观由图纸变为现实环境的步骤和方法。
5. 选择当地景观效果好的植物景观，绘制对应的平面图和立面图。

第六章 道路和广场的植物造景

第一节 城市道路的植物造景

城市道路是城市的构成骨架，其植物景观优劣则直接反映了一个城市的精神面貌和文明程度，在一定意义上体现了一个城市的政治、经济、文化总体水平。古今中外对道路绿化非常重视(图6-1)。《汉书》载："……道广五十步，三丈而树……树以青松。"隋炀帝时建西苑，苑东与宫城的御道路相通，夹道植长松高柳，而唐时京都长安用槐、榆作行道树。欧美地区的行道树则常选用欧洲紫杉、桦木、榆、椴、欧洲七叶树等。

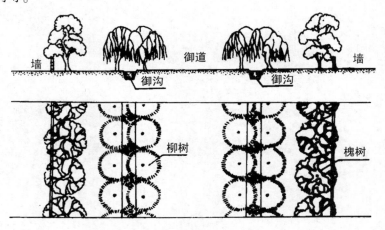

图 6-1 北魏洛阳铜驼街布置推想图(引自《城市道路绿地景观设计》)

城市道路的植物造景指街道两侧、中心环岛和立交桥四周、人行道、分车带、街头绿地等形式的植物造景，以创造出优美的城市道路植物景观，同时为城市居民提供日常休息的场地，在夏季为街道提供遮阴。

城市道路的植物景观具有组织交通、美化街景、改善城市生态的功能，对于改善城市面貌具有重要作用。在道路中间设置中央分隔带，可减少车流之间的相互干扰，合车流单向行使，保证行车安全。机动车与非机动车之间设置分隔带，则有利于缓和快慢车混行的矛盾，使不同车速的车辆在各自的车道上行使。在交叉路口布置的交通岛、立体交叉等，也需要进行植物造景，都可以起到组织交通、保证行车速度和交通安全的作用。植物造景可对道路的空间进行有序、生动而虚实结合的分割，有别于硬质景观(如街道护栏、路障等)对空间的机械件分割，还可利用植物形成的遮挡，将行人的注意力进行潜意识的引导，植物能使空间更易被辨明，如弯道的强调、对前方线路变化的预见(图6-2)。

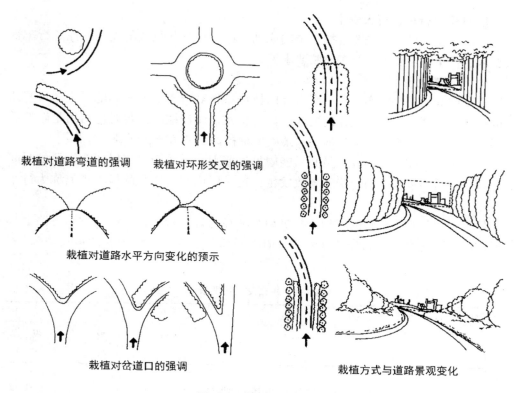

栽植对道路弯道的强调　　栽植对环形交叉的强调

栽植对道路水平方向变化的预示

栽植对岔道口的强调

栽植方式与道路景观变化

图 6-2　道路绿化的作用

　　道路以"线"的形式，贯穿于整个城市中，联系着城市中分散的"点"和"面"的绿地，从而组成完整的城市园林绿地系统。道路植物景观可以点缀城市，美化街景，烘托城市建筑艺术，遮挡不令人满意的建筑地段。利用植物本身色彩和季节相变化，可以把一个城市装饰得美丽、活泼，形成一个宽松、平和的气氛。例如，北京挺拔的毛白杨、油松、国槐，使这座古城更加庄严雄伟；南京市冠大荫浓的悬铃木、端庄的雪松，也具有特色。搞好道路植物造景，是整个城市绿地系统规划的重要环节。

　　道路植物景观还能在一定程度上改善道路的小气候，调节温度、湿度，降低风速、减弱噪音，从而改善城市生态环境。此外，道路植物造景还能增收副产品收入，如广西南宁道路上有种植四季常青的木菠萝，兰州的滨河路种植梨树等。

一、城市道路植物造景的原则

　　城市道路植物造景应统筹考虑道路的功能、性质、人行和车行要求、景观空间构成、立地条件，以及与市政公用及其他设施的关系。在城市中，植物的生长环境与野外的自然环境不同，其中人为因素的影响、建筑环境、小环境等特点突出。在选择道路绿化植物时，既要考虑植物本身对环境的要求，如光照、温度、空气、风、土壤、水分等因子，又要考虑城市的特殊环境，如建筑物、地上地下管线、人流、交通等人为因素，而人为与自然的条件互相影响而又相互联系。道路景观设计中植物的生长环境是一个复杂而综合的整体。

(一) 保障行车、行人安全

道路植物造景，首先要遵循安全的原则，保证行车与行人的安全。注意行车视线要求、行车净空要求、行车防眩要求等。

1. 行车视线要求

道路中的交叉口、弯道、分车带等的植物造景对行车的安全影响最大，这些路段的植物景观要符合行车视线的要求。如在交叉口设计植物景观时应留出足够的透视线，以免相向往来的车辆碰撞；弯道处要种植提示性植物，起到引导作用。

机动车辆行驶时，驾驶人员必须能望见道路上相当的距离，以便有充足的时间或距离采取适当措施，防止交通事故发生，这一保证交通安全的最短距离称为行车视距。

停车视距是行车视距的一种，指机动车辆在行进过程中，突然遇到前方路上行人或坑洞等障碍物，不能绕越且需要及时在障碍物前停车时所需要的最短距离(表6-1)。

表6-1 平面交叉视距表

计算行车速度(km/h)		100	80	60	40	30	20
停车视距 (m)	一般值	160	110	75	40	30	20
	低限值	120	75	55	30	25	15

当有人行横道从分车带穿过时，在车辆行驶方向到人行横道间要留出足够大的停车视距的安全距离，此段分车绿带的植物种植高度应低于0.75m。

当纵横两条道路呈平面交叉时，两个方向的停车视距构成一个三角形，称视距三角形。进行植物景观设计时，视距三角形内的植物高度也应低于0.7m，以保证视线通透(图6-3)。

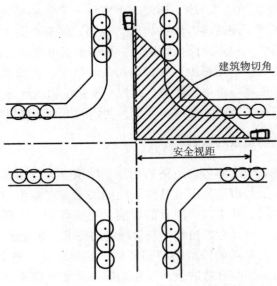

图6-3 安全视距三角形示意图

道路转弯处内侧的建筑物、树木、路堑边坡或其他障碍物可能会遮挡司机的视线，影响行车安全。因此，为保证行车视距要求，在道路设计与建设时应将视距区内障碍物清除，道路植物景观必须配合视距要求进行设计。

2. 行车净空要求

各种道路设计已根据车辆行驶宽度和高度的要求，规定了车辆运行的空间，各种植物的枝干、树冠和根系都不能侵入该空间内，以保证行车净空的要求。

3. 行车防眩要求

在中央分车带上种植绿篱或灌木球，可防止相向行驶车辆的灯光照到对方驾驶员的眼睛而引起其目眩，从而避免或减少交通意外。

如果种植绿篱，参照司机的眼与汽车前照灯高度，绿篱高度应比司机眼睛与车灯高度的平均值高，故一般采用 1.5 ~ 2.0m。如果种植灌木球，种植株距应不大于冠幅的 5 倍。

（二）妥善处理植物景观与道路设施的关系

现代化城市中，各种架空线路和地下管网越来越多。这些管线一般沿城市道路铺设，因而与道路植物景观产生矛盾。一方面，在城市总体规划中应系统考虑工程管线与植物景观的关系；另一方面，在进行植物景观设计时，应在详细规划中合理安排。

一般而言，在分车绿带和行道树上方不宜设置架空线，以免影响植物生长，从而影响植物景观效果。必须设置时，应保证架空线下有不小于 9m 的树木生长空间。架空线下配置的乔木应选择开放形树冠或耐修剪的树种。树木与架空电力线路的最小垂直距离应符合规定（表 6-2）。

新建道路或经改建后达到规划红线宽度的道路，其绿化树木与地下管线外缘的最小水平距离宜符合有关规定（表 6-3）。当遇到特殊情况不能达到表中规定的标准时，树木根颈中心至地下管线外缘的最小距离可采用表 6-4 中的规定。最小距离是指以树木根颈为中心，以表 6-3 中规定的最小距离为半径，包括水平和垂直距离。通过管线合理深埋，充分利用地下空间来解决两者的矛盾。

此外，进行道路植物造景还要充分考虑其他要素，如路灯灯柱、消防栓等公共设施（表 6-5）。

表 6-2　树木与架空电力线路导线的最小垂直距离

电压（V）	1 ~ 10	35 ~ 110	154 ~ 220	330
最小垂直距离（m）	1.5	3.0	3.5	4.5

表 6-3　树木与地下管线外缘最小水平距离

管线名称	距乔木中心距离（m）	距灌木中心距离（m）	管线名称	距乔木中心距离（m）	距灌木中心距离（m）
电力电缆	1.0	1.0	污水管道	1.5	—
电信电缆（管道）	1.5	1.0	燃气管道	1.5	1.2
给水管道	1.5	—	热力管道	1.5	1.5
雨水管道	1.5	—	排水管道	1.0	—

表6-4　各类管线常用的最小覆土深度

管线类型		最小覆土深度	备注
电力电缆		0.7	
		1.0	
电车电缆		0.7	
电讯锌装电缆		0.8	埋在人行道下可减少0.3m
电讯管道		0.7	
热管道	直接埋在土中	1.0	
	在地道中铺设	0.8	
给水管		1.0	>500mm 的管径
		0.7	<500mm 的管径
煤气管	干煤气	0.9	
	湿煤气	1.0	
雨水管		0.7	
污水管		0.7	

表6-5　树木与其他设施最小水平距离

设施名称	距乔木中心距离(m)	距灌木中心距离(m)	设施名称	距乔木中心距离(m)	距灌木中心距离(m)
低于2m 的围墙	1.0	—	电力、电信杆柱	1.5	—
挡土墙	1.0	—	消防栓	1.5	2.0
路灯灯柱	2.0	—	测量水准点	2.0	2.0

(三)行道树的选择与应用原则

城市道路植物景观面貌如何，主要取决于行道树的形态与具体搭配。行道树植于道路两边和分车带中，以美化、遮阴和防护为目的并形成景观。其应用对于完善道路服务体系、提高道路服务质量、改善生态环境有着十分重要的意义。

城市街道的环境条件一般比较差，如土壤干燥板结、烟尘和有毒气体危害较重、铺装地面的强烈辐射、建筑物的遮阴、空中电线电缆的障碍、地下管线的影响等。因此行道树首先应当能够适应城市街道这个特殊的环境，对不良因子有较强的抗性(图6-4)。要选择那些耐干旱瘠薄、抗污染、耐损伤、抗病虫害、根系较深、干皮不怕阳光暴晒、对各种灾害性气候有较强抵御能力的耐粗放管理的树种。一般选择乡土树种，也可选用已经长期

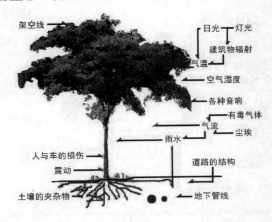

图6-4　行道树的生长环境

适应当地气候和环境的外来树种。其次，行道树还应能方便行人和车辆行驶，不污染环境，因此要求花果无毒、无臭味、落果少、无飞毛。一般选择乔木或小乔木，要求主干通直，分枝点高，冠大荫浓，萌芽力强、耐修剪，基部不易发生萌蘖，落叶期短而集中，大苗移植易于成活。

符合行道树要求的树种非常多，因此选择的余地很大，但目前我国多数地区的行道树种比较单调，雷同现象严重，缺乏特色，应根据当地的实际情况，丰富城市生物多样性。同时，随着各地城市道路的不断加宽，行道树与其他植物材料的搭配也应多样化。常用的行道树有悬铃木、银杏、国槐、毛白杨、白蜡、合欢、梧桐、银白杨、圆冠榆（*Ulmus densa*）、白榆、旱柳、柿树、樟树、广

图6-5　北京的栾树行道树

玉兰、榉树、七叶树、重阳木、小叶榕、银桦、凤凰木、相思树（*Acacia confusa*）、糖胶树（*Alstonia scholaris*）、洋紫荆、木棉、蒲葵、大王椰子等。如杭州的行道树种有樟树、无患子、栾树、珊瑚朴、悬铃木、杜英、乐昌含笑、广玉兰等；北京的行道树有国槐、泡桐、毛白杨、银杏、柏树、油松、白蜡等（图6-5）。

行道树一般采用规则式配置，其中又有对称式和非对称式。多数情况下道路两侧的立地条件相同，宜采用对称式，当两侧的条件不同时，可采用非对称式。最常见的行道树形式为同一树种、同一规格、同一株行距的行列式栽植。

行道树的定干高度，根据其功能要求、交通状况，道路的性质、宽度及行道树距车行道距离而定。行道树不仅要求对行人、车辆起到遮阴作用，而且对临街建筑防止强烈的西晒也很重要。全年内要求遮阴时期的长短与城市纬度和气候条件有关。我国一般自4~5月至8~9月，约半年时间内都要求有良好的遮阴效果，低纬度的城市更长些。

（四）近期与远期相结合

道路植物造景必须注重近期与远期结合的原则。道路植物景观从建设开始到形成较好的景观效果往往需要十几年时间。因此要有长远的观点，近期、远期规划相结合，近期内可以使用生长较快的树种，或者适当密植，以后适时更换、移栽，充分发挥道路绿化的功能。

我国现行城市规划有关标准规定，园林景观路（林荫道）绿地率不得小于40%；红线宽度大于50m的道路绿地率不得小于30%；红线宽度在40~50m的道路绿地率不得小于25%；红线宽度小于40m的道路绿地率不得小于20%。但在旧城区要求植物景观宽度大是比较困难的。上海市旧城区由于路窄人多，交通量大，给植物景观营造造成很大困难；而在新建区如闵行、张庙、金山卫、彭浦新区的道路，根据城

市规划的要求，有较宽的绿带，形式也丰富多彩，既达到其功能要求，又美化了城市面貌。

二、城市道路分类与绿地类型

城市道路植物景观是道路建设工作的一部分。道路绿地的类型与道路的分类是对应的，一般按照所处位置、设计等级、功能等进行划分。不同位置、等级、功能的道路，其环境、安全辅助要求、景观要求等状况均不同，在植物景观设计、施工及养护管理工作中应区别对待，这样才能达到科学性、艺术性和经济性的完美结合。

(一) 城市道路分类

按照中华人民共和国《城市道路设计规范》(CJJ 37 - 90)规定，以道路在城市道路网中的地位和交通功能为基础，同时考虑对沿线的服务功能，将城市道路分为快速路、主干路、次干路以及支路4类。

此外，按道路的承载体分，则有列车行驶的铁路、汽车行驶的汽车路(包括公路和城市道路)，人行的步行街、人行道(城市道路的一部分)等。按道路所处位置分，则有市区道路和市外道路。

城市道路绿地指红线之间的绿化用地，包括人行道绿带、分车绿带、交通岛绿地等(图6-6)。城市道路绿地表现了城市设计的定位。主干道的行道树和分车带的

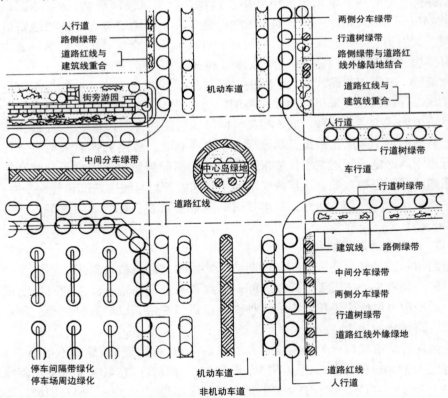

图6-6　道路绿地名称示意图(引自胡长龙)

布置是城市道路植物景观的主要部分。进行城市道路植物造景设计前，首先要了解道路的等级、性质、位置及苗木来源，施工养护技术水平等情况，设计出切实可行的方案。

（二）道路绿地断面布置形式

城市道路绿地断面布置形式与道路性质和功能密切相关。一般城市中道路由机动车道、非机动车道、人行道等组成。道路的断面形式多种多样，植物景观形式也有所不同。我国现有道路多采用一块板、两块板、三块板式等，相应道路绿地断面也出现了一板二带、二板三带、三板四带以及四板五带式（图6-7）。

1. 一板二带式绿地

一板二带式是最常见的道路绿地形式。中间是车行道（机动车与非机动车不分），两侧是人行道，在人行道上种植一行或多行行道树。特点是简单整齐、管理方便，用地比较经济，但当车行道过宽时行道树的遮阴效果较差，而且景观效果比较单调。同时，车辆混合行驶，不利于组织交通，易出车祸。

一板二带式绿地适合于机动车交通量不大的次干道、城市支路和居住区道路。宽度一般为 10～20m，行车速度控制在 15～25 km/h。大多选用单一行道树种，也可在两株乔木之间夹种灌木。如果道路两旁明显不对称，例如，一侧临河或建筑等不宜栽树，也可以只栽一行树。

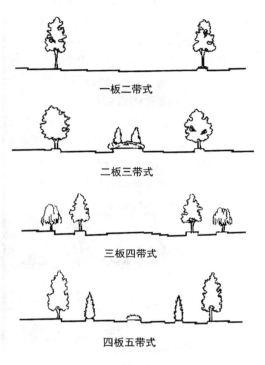

一板二带式

二板三带式

三板四带式

四板五带式

图6-7　道路断面布置形式

2. 二板三带式绿地

二板三带式绿地除了在车行道两侧的人行道上种植行道树外，还用一条有一定宽度的分车绿带把车行道分成双向行驶的两条车道。分车绿带宽度不宜小于 2.5m，以 5m 以上景观效果为佳，可种植 1～2 行乔木，也可只种植草坪、宿根花卉或花灌木。

这种形式主要用于城市区干道和高速公路，如工业区、风景区的干道，适于机动车交通量较大而非机动车流量较少的地段，可减少车辆相向行驶时相互干扰。

3. 三板四带式绿地

利用两条分车绿带把车行道分成 3 条，中间为机动车道，两侧为非机动车道，加上车道两侧的行道树共 4 条绿带。分车绿带宽 1.5～2.5m 的，以种植花灌木或绿篱造型植物为主，在 2.5m 以上时可以种植乔木。

该类型常用于主干道，宽度可达 40m 以上，车速一般不超过 60 km/h。这种造景形式景观效果和夏季蔽荫效果较好，并且解决了机动车和非机动车混行、互相干扰的矛盾，交通方便、安全，尤其在非机动车多的情况下是较适合的。

4. 四板五带式绿地

利用 3 条分隔带将行车道分成 4 条，2 条机动车道、2 条非机动车道，使机动车和非机动车都分成上、下行而各行其道、互不干扰，保证了行车速度和安全。该类型适于车速较高的城市主干道或城市环路系统，用地面积较大，但其中的绿带可考虑用栏杆代替，以节约城市用地。

此外，由于城市所处的地理位置、环境条件不同，有的有特殊的山坡地、湖岸边等，所以考虑道路植物景观形式时要因地制宜。

(三) 行道树种植方式

行道树是城市道路植物景观的基本形式，也是迄今为止最为普遍的一种植物造景形式。行道树主要是为行人及非机动车庇荫。在一个城市中，行道树的种植代表着城市的景观形象，不同的地区与环境中树种的选择与种植方式不同。但一般而言，行道树的种植方式主要有树池式和树带式两种(图 6-8)。

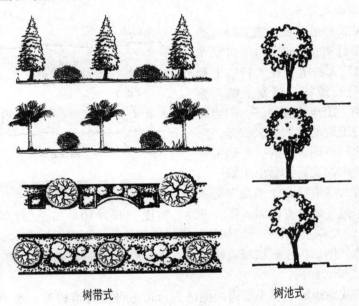

树带式　　　　　　　　树池式

图 6-8　树池式和树带式

1. 树带式

在人行道和车行道之间留出一条不加铺装的种植带，为树带式种植形式，可起到分隔护栏的作用。种植带宽度一般不小于 1.5m，可植一行乔木和绿篱，或视不同宽度可种植多行乔木，并与花灌木、宿根花卉、地被结合。

一般在交通、人流不大的情况下采用这种方式，有利于树木生长。可在种植带树下铺设草皮，以免裸露的土地影响路面的清洁。同时在适当的距离要留出铺装过道，以便人流通行或汽车停站。

2. 树池式

在交通量比较大，行人多而人行道又狭窄的道路上，宜采用树池式。树池以正方形为好，边长不宜小于 1.5m；若为长方形，边长以 1.2~1.5m×2.0~2.2m 为宜；若为圆形，其直径不宜小于 1.5m。行道树宜栽植于树池的几何中心。为了防止树池被行人踏实，可使树池边缘高出人行道 8~10cm。

如果树池稍低于路面，应在上面加有透空的池盖，与路面同高，这样可使树木在人行道上占很小的面积，实际上增加了人行道的宽度，又避免了践踏，同时还可以使雨水渗入树池内。池盖可用木条、金属或钢筋混凝土制造，由两扇合成，以便在松土和清除杂物时取出。

三、一般城市道路的植物造景

（一）人行道绿带的植物造景

人行道绿带是指从车行道边缘至建筑红线之间的绿地，包括人行道和车行道之间的隔离绿地（行道树绿带）以及人行道与建筑之间的缓冲绿地（路侧绿带或基础绿地）。人行道绿带既起到与嘈杂的车行道的分隔作用，也为行人提供安静、优美、遮阴的环境。由于绿带宽度不一，因此，植物配置各异。

1. 行道树绿带的植物造景

行道树绿带布设在人行道和车行道之间，主要功能是为行人和非机动车庇荫，以种植行道树为主。其宽度应根据道路性质、类别和对绿地的功能要求以及立地条件等综合考虑而决定，一般不宜小于 1.5m。绿带较宽时，可采用乔木、灌木、地被植物相结合的配置方式，提高防护功能，加强景观效果。

行道树绿带的布置形式多采用对称式，两侧的绿带宽度相同，植物配置和树种、株距等均相同，如每侧 1 行乔木，或 1 行绿篱、1 行乔木等。人行道较宽时，也可布置两行行道树（图6-9、图6-10）。

图6-9　单行乔木的行道树

道路横断面为不规则形式时，或道路两侧行道树绿带宽度不等时，宜采用不对称布置形式。如山地城市或老城旧道路较窄，采用道路一侧种植行道树，而另一侧布设照明等杆线和地下管线。当采用不对称形式时，根据行道树绿带的宽度，可以一侧 1 行乔木，而另一侧是灌木，或者一侧 1 行乔木，另一侧 2 行乔木等，或因道路一侧有架空线而采取道路两侧行道树树种不同的非对称栽植。

在弯道上或道路交叉口，行道树绿带上种植的树木，其树冠不得进入视距三角形范围内，以免遮挡驾驶员视线，影响行车安全。在一板二带式道路上，路面较窄时，注意两侧行道树树冠不要在车行道上衔接，也不宜配置较高的常绿灌木或小乔木，以便使汽车尾气、飘尘等悬浮污染物及时扩散稀释。

图6-10　两行乔木的行道树

在行道树的树种配置方式上，常采用的有单一乔木、不同树种间植、乔灌木搭配等。其中单一乔木的配置是一种较为传统的形式，多用树池种植的方法，树池之间为地面硬质铺装。在同一街道采用同一树种、同一株距的对称方式，沿车行道及人行道整齐排列，既可起到遮阴、减噪等防护功能，又可使街景整齐雄伟而有秩序性，体现整体美，尤其是在比较庄重、严肃的地段，如通往纪念堂、政府机关的道路上。若要变换树种，一般应从道路交叉口或桥梁等处变更。

行道树要有一定的枝下高（根据分枝角度不同，枝下高一般应在2.5~3.5m以上），以保证车辆、行人安全通行。

行道树株距大小要考虑交通与两侧沟通的需要、树种特性（尤其是成年树的冠幅）、苗木规格等因素，同时不妨碍两侧建筑内的采光。一般不宜小于4m，如采用高大乔木，则株距应在6~8m间，以保证必要的营养面积，使其正常生长，同时也便于消防、急救、抢险等车辆在必要时穿行。树干中心至路缘石外侧不得小于0.75m，以利于行道树的栽植和养护，也是为了树木根系的均衡分布、防止倒伏。

我国城市多数处于北回归线以北，在盛夏季节南北向街道的东边及东西向街道的北边受到日晒时间较长，因此行道树应着重考虑路东和路北的种植；在两侧有高大建筑物的街道上，要根据道路方向和日照时数选择耐荫性强的树种。北方地区的行道树一般选用落叶树种，冬季不遮光，并有利于积雪融化，热带和南亚热带地区则以常绿树为主。市区道路人行道上尽量铺设能透气、透水的各色毛面砖，减少全封闭混凝土地面，以利于行道树的生长。

2. 路侧绿带的植物造景

路侧绿带是街道绿地的重要组成部分，在街道绿地中一般占有较大比例。路侧绿带常见有3种情况：①建筑物与道路红线重合，路侧绿带毗邻建筑布设，也即形成建筑物的基础绿带；②建筑退让红线后留出人行道，路侧绿带位于两条人行道之间；③建筑退让红线后在道路红线外侧留出绿地，路侧绿带与道路红线外侧绿地结合。

路侧绿带与沿路的用地性质或建筑物关系密切，有的建筑物要求有植物景观衬托，有的建筑要求绿化防护，因此路侧绿带应采用乔木、灌木、花卉、草坪等，结合建筑群的平面、立面组合关系、造型、色彩等因素，根据相邻用地性质、防护和景观要求进行设计，并在整体上保持绿带连续、完整和景观效果的统一（图6-11）。

图6-11 北京某道路的路侧绿带

人行道通常对称布置在道路两侧，但因地形、地物或其他特殊情况也可两侧不等宽或不在一个平面上，或仅布置在道路一侧。

（1）道路红线与建筑线重合的路侧绿带种植设计。在建筑物或围墙的前面种植草皮、花卉、绿篱、灌木丛等，主要起美化装饰和隔离作用，行人一般不能入内。设计时注意建筑物做散水坡，以利排水。植物种植不要影响建筑物通风和采光。如在建筑两窗间可采用丛状种植。树种选择时注意与建筑物的形式、颜色和墙面的质地等相协调。如建筑立面颜色较深时，可适当布置花坛，取得鲜明对比。在建筑物拐角处，选择枝条柔软、自然生长的树种来缓冲建筑物生硬的线条。绿带比较窄或朝北高层建筑物前局部小气候条件恶劣、地下管线多、绿化困难的地带，可考虑用攀援植物来装饰。

（2）建筑退让红线后留出人行道，路侧绿带位于两条人行道之间。一般商业街或其他文化服务场所较多的道路旁设有两条人行道：一条靠近建筑物附近，供进出建筑物的人们使用，另一条靠近车行道，为穿越街道和过街行人使用。路侧绿带位于两条人行道之间。植物造景设计视绿带宽度和沿街的建筑物性质而定。一般街道或遮阴要求高的道路，可种植两行乔木；商业街要突出建筑物立面或橱窗时，绿带设计宜以观赏效果为主，应种植矮小的常绿树、开花灌木、绿篱、花卉、草坪或设计成花坛群、花境等。

（3）建筑退让红线后，在道路红线外侧留出绿地，路侧绿带与道路红线外侧绿地结合。由于绿带的宽度增加，所以造景形式也更为丰富，一般宽达8m就可设为开放式绿地，如街头小游园、花园林荫道等。内部可铺设游步道和供短暂休憩的设施，方便行人进入游憩，以提高绿地的功能和街景的艺术效果，但绿化用地面积不得小于该段绿地总面积的70%。

图6-12 路侧绿带与街头小游园结合

此外，路侧绿带也可与毗邻的其他绿地一起辟为街旁游园，或者与靠街建筑的宅旁绿地、公共建筑前的绿地等相连接，统一造景（图6-12）。

（二）分车带的植物造景

分车带是车行道之间的隔离带，包括快慢车道隔离带（两侧分车绿带）和中央分车带，起着疏导交通和安全隔离的作用，目的是将人流与车流分开，机动车辆与非机动车辆分开，保证不同速度的车辆能全速前进、安全行驶。城市道路中常说的两块板、三块板的干道形式就是用分车带来划分的。

1. 分车带植物造景的原则

分车带的宽度差别很大，窄的仅有1m，宽的可达10m以上。目前我国各城市道路中的两侧分车带最小宽度一般不能低于1.5m，通常都在2.5~8.0m，但在不同的地区及地段均有所变化。在有些情况下，分车绿带会作为道路拓宽的备用地，同时是铺设地下管线、营建路灯照明设施、公共交通停靠站以及竖立各种交通标志的主要地带。

分车带植物景观是道路线性景观及道路环境的重要组成部分，对道路的整体气氛影响很大。其植物配置首先要保证交通安全和提高交通效率。从景观角度而言，如果仅就分车带本身来考虑其植物景观，会造成道路景观的无序及凌乱，这就要求把分车带纳入道路景观的整体艺术来考虑，进行综合协调。所以应结合路形、建筑环境、交通情况等，并考虑人行道绿带的特点，通过不同植物造景方式来塑造出富有特色的道路景观（图6-13）。

图6-13 不同类型的分车绿带

常见的分车绿带宽为2.5~8m，大于8m宽的分车绿带可作为林荫路设计。加宽分车带的宽度，可使道路分隔更为明确，街景更加壮观。同时，为今后道路拓宽留有余地，但也会使行人过街不方便。

为了便于行人过街，分车带应进行适当分段，一般以 75 ~ 100m 为宜，并尽可能与人行横道、停车站、大型商店和人流集中的公共建筑出入口相结合。被人行道或道路出入口断开的分车绿带，其端部应采取通透式栽植。通透式栽植是指绿地上配置的树木，在距相邻机动车道路面高度 0.9 ~ 3m 的范围内，其树冠不遮挡驾驶员视线的配置方式。采用通透式栽植是为了穿越道路的行人容易看到过往车辆，以利行人、车辆安全。当人行横道线通过分车带时，分车带上不宜种植绿篱或花灌木，但可种植草坪或低矮花卉，以免影响行人和驾驶员的视线。公共汽车或无轨电车等车辆的停靠站设在分车绿带上时，大型公共汽车每一路大约要留 30m 长的停靠站，在停靠站上需留出 1 ~ 2m 宽的地面铺装为乘客候车时使用，绿带尽量种植为乘客提供遮阴的乔木。

分车绿带的植物配置应形式简洁、树形整齐、排列一致。分车绿带形式简洁有序，驾驶员容易辨别穿行道路的行人，也可减少驾驶员视线的疲劳，有利于行车安全。为了交通安全和树木的种植养护，分车绿带上种植乔木时，其树干中心至机动车道路缘石外侧距离不能小于 0.75m。

2. 中央分车带的植物造景

中央分车绿带应阻挡相向行使车辆的眩光。在距相邻机动车道路面高度 0.6 ~ 1.5m 的范围内种植灌木、灌木球、绿篱等枝叶茂密的常绿树能有效阻挡夜间相向行驶车辆前照灯的眩光，其株距应小于冠幅的 5 倍。

中央分车带的种植形式有以下几种：

(1)绿篱式。将绿带内密植常绿树，经过整形修剪，使其保持一定的高度和形状。可修剪成有高低变化的形状，或用不同种类的树木间隔片植。这种形式栽植宽度大，行人难以穿越，而且由于树间没有间隔，杂草少，管理容易。适于车速不高的非主要交通干道上。

(2)整形式。树木按固定的间隔排列、有整齐划一的美感。但路段过长会给人一种单调的感觉。可采用改变树木种类、树木高度或者株距等方法丰富景观效果。这是目前使用最普遍的方式，可以采用同一种类单株等距种植或片状种植，也可采用不同种类单株间隔种植，或者用不同种类间隔片植。

(3)图案式。将树木或绿篱修剪成几何图案，整齐美观，但需经常修剪，养护管理要求高。可在园林景观路、风景区游览路使用。

实际上，目前我国在中央分车绿带中种植乔木的很多，原因是我国大部分地区夏季炎热，需考虑遮阴，而且目前我国城市中机动车车速不高，树木对驾驶员的视觉影响较小。

3. 两侧分车带的植物造景

两侧分车绿带距交通污染源最近，其绿化所起的滤减烟尘、减弱噪声的效果最佳，并能对非机动车有庇护作用。因此，应尽量采取复层混交配置，扩大绿量，提高保护功能。两侧分车绿带的乔木树冠不要在机动车道上面搭接，形成绿色隧道，这样会影响汽车尾气及时向上扩散，污染道路环境。

两侧分车绿带常用的植物配置方式有：

（1）分车绿带宽度小于1.5m时，绿带只能种植灌木、地被植物或草坪。

（2）分车绿带宽度在1.5~2.5m时，以种植乔木为主。这种形式遮阴效果好，施工和养护容易。也可在两株乔木间种植花灌木，增加色彩，尤其是常绿灌木，可改变冬季道路景观，但要注意选择耐荫的灌木和草坪草，或适当加大乔木的株距。

（3）绿带宽度大于2.5m时，可采取落叶乔木、灌木、常绿树、绿篱、草坪和花卉相互搭配的种植形式，景观效果最好。

（三）交通岛绿地的植物造景

交通岛在城市道路中主要起疏导与指挥交通的作用，是为了回车、控制车流行驶路线、约束车道、限制车速和装饰街道而设置在道路交叉口范围内的岛屿状构造物。

交通岛多呈圆形，车辆绕岛作逆时针单向行使，其半径必须保证车辆能按一定速度以交织方式行驶，因此在交通量较大的主干道上，或有大量非机动车或行人多的交叉口不宜设置环形交通。

交通岛绿地分为中心岛绿地、导向岛绿地和安全岛绿地。通过在交通岛周边的合理植物配置，可强化交通岛外缘的线形，有利于诱导驾驶员的行车视线，特别是在雪天、雾天、雨天，可弥补交通标志的不足。

1. 中心岛

中心岛是设置在交叉口中央，用来组织左转弯车辆交通和分隔对向车流的交通岛，俗称转盘。中心岛一般多用圆形，也有椭圆形、卵形、圆角方形和菱形等（图6-14）。常规中心岛直径在25m以上，目前我国大中城市所采用的圆形交通岛，一般直径为40~60m。

中心岛外侧汇集了多处路口，为保证清晰的视野，便于绕行车辆的驾驶员准确、快速识别路口，一般不种植高大乔木，忌用常绿乔木或大灌木，以免影响视线；也不布置成供行人休息用的小游园或吸引人的过于华丽的花坛，以免分散司机的注意力，成为交通事故的隐患。通常以草坪、花坛为主，或以低矮的常绿灌木组成简单的图案花坛，外围栽种修剪整齐、高度适宜的绿篱。但在面积较大的环岛上，为了增加层次感，可以零星点缀几株乔木。在居住区内部，人流车流比较小，以步行为主的情况下，中心岛也可布置成小游园形式，增加群众的活动场地。

位于主干道交叉口的中心岛因位置适中，人流量、车流量大，是城市的主要景点，可在其中以雕塑、市标、组合灯柱、立体花坛等为构图中心，但其体量、高度等不能遮挡视线。

2. 安全岛

在宽阔的道路上，由于行人为躲避车辆需要在道路中央稍作停留，应当设置安全岛。安全岛除停留的地方外，其他地方可种植草坪，或结合其他地形进行种植设计。如杭州杨公堤尽头的安全岛，中间堆叠假山，假山上配以红枫、胡颓子、五针松等，周围种植四季草花，丰富了景观层次。

3. 导向岛

导向岛用以指引行车方向、约束车道、使车辆减速转弯，保证行车安全。导向

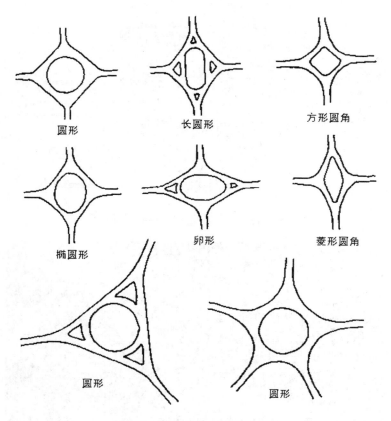

图 6-14　交通岛常见设计形式

岛植物景观布置常以草坪、花坛或地被植物为主，不可遮挡驾驶员视线。

（四）交叉路口的植物造景

交叉口绿地包括平面交叉口绿地和立体交叉绿地。

1. 平面交叉口

为了保证行车安全，在进入道路的交叉口时，必须在路的转角空出一定的距离，使司机在这段距离内能看到对面开来的车辆，并有充分的刹车和停车的时间而不致发生撞车。这种从发觉对方汽车立即刹车而刚够停车的距离，称为"安全视距"。根据两相交道路的两个最短视距，可在交叉口平面图上形成一个三角形，即"视距三角形"。在此三角形内不能有建筑物、构筑物、树木等遮挡司机视线的地面物。在布置植物时其高度不得超过 0.70m，或者在三角视距之内不布置任何植物。安全视距的大小，随道路允许的行驶速度、道路的坡度、路面质量而定，一般采用 30 ~ 35m 为宜。

2. 立体交叉

立体交叉是指两条道路不在一个平面上的交叉。高速公路与城市各级道路交叉时，快速路与快速路交叉时必须采用立体交叉。大城市的主干路与主干路交叉时，视情况也可设置立体交叉（图 6-15、图 6-16）。立体交叉使两条道路上的车流可各自保持其原来的车速前进，互不干扰，是保证行车快速、安全的措施。

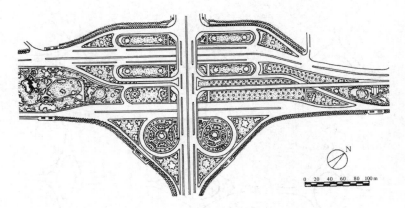

图 6-15　北京三元立交桥绿化平面

图 6-16　北京菜户营立交桥绿化景观

　　立体交叉绿地包括绿岛和立体交叉外围绿地。立体交叉植物造景设计首先要服从立体交叉的交通功能，使行车视线通畅，突出绿地内交通标志，诱导行车，保证行车安全。例如，在顺行交叉处要留出一定的视距，不种乔木，只种植低于驾驶员视线的灌木、绿篱、草坪和花卉，在弯道外侧种植成行的乔木，突出匝道附近动态曲线的优美，以诱导行车方向，并使司乘人员有一种心理安全感，弯道内侧应保证视线通畅，不宜种遮挡视线的乔灌木。

　　植物造景设计应服从于道路的总体规划要求，和整个道路的绿地相协调；要与周围的建筑、广场等植物景观相结合，形成一个整体。绿地设计应以植物为主，发挥植物的生态效益。为了适应驾驶员和乘客的瞬间观景的视觉要求，宜采用大色块的造景设计，布置力求简洁明快，与立交桥宏伟气势相协调。植物配置应同时考虑其功能性和景观效果，注意选用季相不同的植物，尽量做到常绿树与落叶树相结合，快长树与慢长树相结合，乔、灌、草相结合。

　　匝道附近的绿地，由于上下行高差造成坡面，可在桥下至非机动车道或桥下人行道上修筑挡土墙，使匝道绿地保持一平面，便于植物种植和养护，也可在匝道绿地上修筑台阶形植物带。在匝道两侧绿地的角部，适当种植一些低矮的树丛、灌木球及三五株小乔木，以增强出入口的导向性。也可以在匝道绿地上修筑低档墙，墙顶高出铺装面60~80cm，其余地面经人工修整后做成坡面(坡度1:3以下铺草；1:3种植草坪、灌木；1:4可铺设草坪，种植灌木和小乔木)。

绿岛是立体交叉中分隔出来的面积较大的绿地。多设计成开阔的草坪，草坪上点缀一些观赏价值较高的孤植树、树丛、花灌木等形成疏朗开阔的植物景观，或用宿根花卉、地被植物、低矮的常绿灌木等组成图案。一般不种植大量乔木或高篱，否则容易给人一种压抑感。桥下宜选择耐荫的地被植物，墙面进行垂直绿化。如果绿岛面积很大，在不影响交道安全的前提下，可设计成街旁游园，并在其中布置园路、座椅等园林小品和休憩设施，或纪念性建筑，供人们短时间休憩。

四、林荫道和步行街的植物造景

(一)林荫道的植物造景

林荫道是指与道路平行并具有一定宽度的带状绿地，也称带状街头休息绿地。林荫道利用植物与车行道隔开，在其内部不同地段辟出各种不同的休息场所，有简单的园林设施，供行人和附近的居民作短时间休息。在城市绿地不足的情况下，可起到小游园的作用。它扩大了群众活动场所，同时增加了城市绿地面积，对改善城市小气候、组织交通、丰富城市街景作用很大。

1. 林荫道布置的类型

(1)设在道路中间的林荫道

两边为上下行的车行道，中间有一定宽度的绿带，较为常见。主要供行人和附近居民暂时休息用，此类型多在交通量不大的情况下采用，出入口不宜过多。如北京正义路林荫道、上海肇家滨林荫道(图6-17)等。

游人可从过街天桥和路口进入　　　　　　　林荫道内的小广场

图6-17　上海肇家浜路林荫道

(2)设在道路一侧的林荫道

林荫道设立在道路的一侧，减少了行人与车行道的交叉，在交通比较频繁的道路上多采用此种类型。这种林荫道有时也受地形影响而定。例如：傍山、一侧滨河或有起伏的地形时，可采用借景将山、林、河、湖组织在内，创造了更加安静的休息环境。如上海外滩绿地、杭州湖滨路（图6-18）等。

图6-18　杭州湖滨路

（3）设在道路两侧的林荫道

设在道路两侧的林荫道与人行道相连，可以使附近居民不用穿过道路就可达林荫道内，既安静，又使用方便。此类林荫道占地过大，目前使用较少，例如青岛市香港东路林荫道、上海延中绿地的林荫道等。

2. 林荫道植物造景的特点

（1）林荫道设计中的植物配置，要以丰富多彩的植物取胜。道路广场面积不宜超过25%，乔木应占30%~40%，灌木占20%~25%，草坪占10%~20%，花卉占2%~5%。南方天气炎热，需要更多的蔽荫常绿树，占地面积可大些；在北方，则以落叶树占地面积较大为宜。

（2）林荫道的宽度在8m以上时，可考虑采取自然式布置；8m以下时，多按规则式布置。游步道的设置，根据绿地宽度而定，可以设置1~2条。车行道与林荫道绿带之间，要有浓密的绿篱和高大的乔木组成绿色屏障相隔，一般立面上布置成外高内低的形式。

（3）林荫道可在长75~100m处分段设立出入口，各段布置应具有特色。但在特殊情况下，大型建筑附近也可以设出入口。出入口可种植标志性的乔木或灌木，起到提示与标识的作用。在林荫道的两端出入口处，可使游步路加宽或铺设小广场，并适当摆放一些四季草花等。

（4）林荫道内，为了便于居民使用，常需布置休息座椅、园灯、喷泉、阅报栏、花架、小型儿童游戏场等设施。

（5）滨河路是城市临河、湖、海等水体的道路，由于一面临水，空间开阔，环境优美，常常可以设计成林荫道，是城市居民休息的良好场地。滨河林荫道的植物配置，取决于自然地形的特点。地势如有起伏，河岸线曲折，可结合功能要求采取自然式布置；如地势平坦，岸线整齐，与车道平行者，可布置成规则式。临水种植乔木，适当间植灌木，利用树木的枝下空间，让路人时不时观赏到水面景观。岸边设有栏杆，并放置座椅，供游人休息，若林荫道较宽，可布置园林小品、雕塑等。如杭州的柳浪闻莺公园的隔离带。

（二）步行街的植物造景

现代城市工业发达，人口集中，特别在市中心区，汽车降低了居民在城市空间活动的自由度、安全感、轻松感和亲切感，损害了城市与居民之间的紧密联系。因此，建立开放性的人性化街道变得十分重要，城市步行街就是在这种背景下产生的。

1. 城市步行街的概念和特点

城市步行街，就是使人们在不受汽车与其他交通工具干扰和危害的情况下，可以经常性或暂时性地、自由而愉快地活动在充满自然性、景观性和其他设施的街道中。步行街不再仅仅是为了通过，而是可以驻足停留的。例如，在巴西圣保罗的一条步行街上，行人如织，高大的乔木为人们营造了舒适的环境，人们可以泰然自若地行走、游览、休息，而无需担心汽车所造成的威胁。城市步行街由于其特殊性，具有其他街道所没有的一些特点。

（1）人的行为随意性强。如果没有汽车等交通工具的存在，那将完全是人的世界。人的行为不受干扰、约束，可以随心所欲、自由自在地去自己想去的地方。

（2）设施齐备。在城市步行街上，人们以步代车，移动的速度相对缓慢，一部分行人在步行街上就是为了闲逛、散心，放松自己。因而人们在步行街上逗留的时间比较长。为了满足人们生理、心理上的需要，应相应地在步行街上设置较为完善的设施，如小卖店、咖啡店、厕所、拱棚、电话亭、布告及留言板、长椅、垃圾筒等，为人们提供方便的购物、休闲空间。

（3）景观丰富。往往利用植物材料、雕塑、喷泉、铺装、灯光等园林小品来装饰步行街，形成美丽动人的街景，使人们在步行街上真正享受到宽松和愉悦。

2. 城市步行街的类别

城市步行街根据使用性质的不同，可以分为商业步行街和游憩步行街。

（1）商业步行街

商业街在城市街道中占有相当大的比重，它与市民生活密切相关。作为市民接触使用最频繁的开放空间，现代城市中心区的商业步行街在公共休闲空间中有其得天独厚的优势。商业步行街提供了完善的街道设备和丰富的景观设施。往往集购物、休息、娱乐、餐饮、观赏、社会交往于一体，把生活中必要的购物活动变成愉快的休闲享受，成为社会文化生活的重要组成部分。开放的商业步行街为人们的购物提供了好去处，吸引了大量的顾客，甚至成为一个城市重要的景观标志之一。

商业步行街根据对车辆的限制情况可分为完全步行商业街、半步行商业街、公交步行商业街。完全步行商业街是指在步行街中禁止车辆进入，如北京王府井、南京夫子庙等；半步行商业街是人与车在规定时间内交替进行，以时间段管制汽车进入区内，在时间上可分为"定时"和"定日"等；公交步行商业街是禁止普通车辆通过，只允许公交汽车通过，属于限制通行量的类型。在步行街中保留少量线路的公交车可为人们的出行提供便利。

（2）游憩步行街

主要设置在风景区、居住区或文化设施集中的地方，可供人们散步、休闲和观赏自然风景。如在各种博物馆、画廊、剧场、音乐厅、图书馆等公共建筑周围环境中的道路，人们在参观之前、之中或之后，可以不受车辆影响，自由信步，细细回味。这种步行街一般是以植物景观为主体的街道空间，如乌克兰雅尔塔的一条步行街，用高大浓密的乔木和开花繁茂的灌木共同绿化街道，形成宜人的环境。

我国的步行街大多是过渡性步行街和不完全步行街，允许部分车辆短时间或定时通过，例如上海的南京路、苏州的观前街、南京的山西路等。

3. 城市步行街植物配置的功能

城市步行街中植物配置的功能包括美化街景、分割空间和形成特色街道。

美化街景是植物景观在城市步行街中最主要的一个功能。通过各种色彩、质地、姿态的植物材料，与临街建筑物或各种服务设施有机结合，形成一个优美的环境。对于一些不良的街道景观，可以利用植物材料巧妙地遮掩、过渡、连接。有的步行街上有喷泉、雕塑或凉棚等，往往是最吸引人的地方，如果用植物材料加以烘托或点缀，会使之更富有自然气息。如澳大利亚墨尔本皇冠赌场边的一条步行街，在一个街边的花架上，用生长健壮的紫藤和修剪整齐的黄杨配置，既满足了遮阴的功能，又赋予整条街道无限生机。

在步行街上用植物材料来划分空间，组织行人路线，是一种富有人性的设计方式。可用绿篱或花灌木形成屏障，使行人无法逾越限定的范围，比简单地用栏杆或铁丝围栏亲切、自然、易于接受；也可以设置下沉式花园以改变地坪高度，使人不易跨越；还可用植物做成象征性的图案，结合文字补充，进行暗示和诱导。

全部采用植物材料或植物与其他有特色的景观相结合，可以形成富有特色的街道，提高街道的可识别性。比如，将植物材料和奇特的临街建筑相结合，或将植物造景和雕塑相结合，都能使人过目难忘。

4. 城市步行街的植物景观配置

城市步行街是以人为主体的环境，因而在进行植物配置时，也要和其他生活设施一样，从人的角度出发，以人为本，尽量满足人们各方面的需求，这样才能使植物景观较长时间地保留下来，而不会因为设置不当遭致行人破坏。另外，也要考虑植物对环境条件的需求，根据不同的环境选择不同的植物种类，保证植物的成活率。在种类和品种搭配上，应充分考虑随季节的变化而变化的景观效果，尤其在北方寒冷地区，要精心选择耐寒品种，最大限度地延长绿期。每个季节应有适应该季节的花卉，形成四季花不断的景象，也可用盆栽植物随季节的变化而更换品种。

（1）商业步行街

城市商业街对土地的利用要节约、高效。在植物配置上，要将美观和实用相结合，尽量创造多功能的植物景观。例如可在花坛的池边设置靠背，为行人提供座椅；也可在座椅的旁边种植花草，如在凳子间留下种植槽，种上小型蔓生植物。由于土地有限，在植物选择上以小型花草为主，可布置小型花坛、花钵，虽然体量不大，但在大面积的硬质景观中是绝不可少的点缀。这些小型花坛、花钵可使公众产生美感，缩短人的社交距离，密切人际关系，增添生活情趣。

在较宽阔的商业步行街上可以种植冠大荫浓的乔木或开花美丽的灌木，但树池要用篦子覆盖或种植花草，树池的高矮、质地最好适合于人们停坐（图6-19、图6-20）。

在商业步行街上，要充分利用空间进行植物景观营造，可以设置花架、花廊、花柱、花球等各种植物景观形式。利用简单的棚架种植藤本植物，在树池中栽种色彩鲜艳的花卉，都可以形成从地面到空间的立体装饰效果。由于行人流量大，停留时间长，商业步行街不宜铺设大面积草坪，以免遭到破坏。

图 6-19 上海南京路步行街植物景观

（2）游憩步行街

游憩步行街主要是为居民提供一个自然幽静的空间，它远离闹市的喧嚣，没有汽车的干扰，能使行人无拘无束地静思、停留、交往、遐想、谈心。它对土地的限制不是很严格，因而可以选择多种植物材料进行配置。充分利用不同的乔、灌、草、花等，为人们营造一个绿树成荫、鸟语花香的世界。如乌克兰雅尔塔利用乔木和灌木、花卉和草坪、常绿和落叶

图 6-20 德国某小镇的步行街

等不同类型的植物，合理种植，形成人们游憩的好地方。

如果城市中有良好的景观条件，可根据这些天然景色设置游憩步行道，选择合适的植物加以美化，使人们在游山玩水之时欣赏植物之美。这种植物配置要和街道及自然景观综合起来考虑，组成一个整体景观。

第二节　园林道路的植物造景

一、园林道路概述

根据中华人民共和国行业标准《公园设计规范》(CJJ 48 – 92)，园林道路主要分为主路、支路和小路三级（表6-6）。除了满足游人集散、消防和运输的功能外，游览观景是园路的主要功能，游人通过道路的流动性、导向性，可到分散的景点。因此，如何从游赏的角度来完成其导游的作用是园路设计的重要内容。在崇尚自然的中国园林规划设计的总体思想中，园路设计强调的是园路与路旁的景物结合，其中尤以其植物景观取胜，它不仅限于路旁的行道树，而是包括由不同植物组成的空间环境与空间序列。

园路的面积在公园中占有很大的比例（表6-7），又遍及各处，因此两旁植物配置的优劣直接影响全园的景观。园路变化多端，时而有清晰的路缘，时而似路非路而似一块不规则形的广场，但能引导游人游览各个景区，起到移步换景的作用，而这种作用往往是由植物完成的。因此，园路的植物造景设计应结合园路特点进行。多数情况下，园路的植物配置方法，不是成行成排，而是因园路的设计意图和导游、遮阴、分隔及分散人流等功能而定的，它要求植物配置与周围的景物（山、水、建筑等）综合考虑，突出景观的需要，将周围的景物纳入到道路空间里来。根据不同园路的功能要求，利用和改造道路的地形，用不同的艺术手法，配置不同的树种，以创造丰富的道路景观。

表6-6　园路级别和宽度(m)

园路级别	陆地面积(hm²)			
	<2	2 ~ 10	10 ~ 50	>50
主路	2.0 ~ 3.5	2.5 ~ 4.5	3.5 ~ 5.0	5.0 ~ 7.0
支路	1.2 ~ 2.0	2.0 ~ 3.5	2.0 ~ 3.5	3.5 ~ 5.0
小路	0.9 ~ 1.2	0.9 ~ 2.0	1.2 ~ 2.0	1.2 ~ 3.0

表6-7　园路在公园面积中的比例

园名	总面积(hm²)	陆地面积(hm²)	园路占陆地面积比例(%)
北京颐和园	290.0	71.05	5.8
北京陶然亭公园	45.0	28.08	15.7
广州越秀公园	90.0	84.60	9.0
南京玄武湖公园	444.0	48.84	13.0
杭州花港公园	10.2	7.23	16.9

园路植物造景的主要作用在于满足道路空间里植物景观的需要。进行植物景观设计时，当以植物的形美色佳取胜，符合艺术构图的基本规律。一般应打破在路旁栽种整齐行道树的概念，可采用乔木、灌木、花卉、草坪草等复层自然式栽植方式。

这些植物与路缘的距离可远可近，相互之间可疏可密。做到宜树则树，宜花则花，高低因借，不拘一格。在树种的选择上，可突出某一个或数个具有特色的树种，或者采用某一类的植物，以多取胜，创造"林中穿路"、"花中取道"、"竹中求径"等特殊的园路景观。

二、园林道路植物造景设计

园林道路主要分为主路、支路与小路等，根据公园陆地面积的不同，各级园路的宽度可有较大差别。

（一）园林主路

园林主路是沟通各功能区的主要道路，往往设计成环路，一般宽 3~5m，游人量大。

平坦笔直的主路两旁常采用规则式配置（图 6-21、图 6-22）。最好植以观花类乔木或秋色叶植物，如玉兰、合欢、木棉、蓝花楹、银杏、无患子、槭树、枫香、凤凰木、乐昌含笑等，并以花灌木、宿根花卉等作为下层植物，以丰富园内色彩，如石榴、丁香、太平花、棣棠、鸢尾、萱草、一叶兰。热带地区还常选用蒲葵、大王椰子、假槟榔等棕榈科植物，并在下层配置棕竹、短穗鱼尾葵等以取得协调。主路前方有漂亮的建筑作对景时，两旁的植物可以密植，使道路成为甬道，以突出建筑主景。

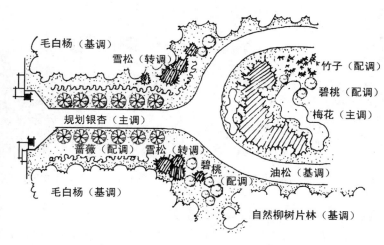

图 6-21 某公园入口处园林主路植物配置（引自胡长龙）

蜿蜒曲折的园路，不宜成排、成行种植，而应该以自然式配置为宜。路旁若有微地形变化或园路本身高低起伏，最宜进行自然式配置。沿路植物景观在视觉上应有挡有敞，有疏有密，高低错落（图 6-23、图 6-24）。景观类型上，路旁可以布置草坪、花地、灌木丛、树丛、孤立树，甚至水面、山坡、建筑小品等，以求变化。游人沿路漫游可经过大草坪，亦可在林下小憩或穿行于花丛中。若在路旁微地形隆起处配置复层混交的人工群落，最得自然之趣。如华东地区可选用马尾松、赤松、金钱松、枫香、紫楠等作上层乔木，用毛白杜鹃、锦绣杜鹃、夏蜡梅、油茶等作下木，以沿阶草、吉祥草、常春藤等作地被，其上点缀石蒜，景色优美。

图 6-22 规则式配置的园林主路

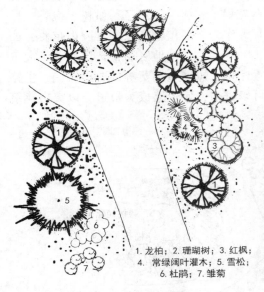

1. 龙柏；2. 珊瑚树；3. 红枫；
4. 常绿阔叶灌木；5. 雪松；
6. 杜鹃；7. 雏菊

图 6-23 园路的自然式配置(仿苏雪痕)

图 6-24 自然式配置的园林主路

　　园林主路的入口处，也常常以规则式配置，可以强调气氛。如中山陵入口两旁种植高耸的柏科植物，给人以庄严、肃穆的气氛；庐山植物园入口为两排高大的日本冷杉，给人以进入森林的气氛。

　　路边无论远近，若有景可赏，则在配置植物时必须留出透视线。如遇水面，对岸有景可赏，则路边沿水面一侧不仅要留出透视线，在地形上还需稍加处理。要在顺水面方向略向下倾斜，再植上草坪，引导游人走向水边去欣赏对岸景观。

　　路边地被植物的应用也不容忽视，可根据环境不同，种植耐荫或喜光的观花、观叶的宿根或球根植物，或藤本植物。既组织了植物景观，又使环境保持清洁卫生。

(二)园林支路和小路

　　支路是园中各功能区内的主要道路，一般宽 2～3m；小路则是供游人漫步在宁静的休息区中，一般宽仅 1～1.5m，在小型公园中甚至不及 1m。支路和小路是园林中最多、分布最普遍的园路，有的可长达千米，也可只有数米，随其功能或景观立意而定。作为一种线状游览的环境，其设计应随境而定，循景而设，既有导游作用，本身也是赏景的所在(图6-25、图6-26)。

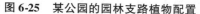

图6-25　某公园的园林支路植物配置　　　　图6-26　杭州西湖边的园林小路

　　支路和小路两旁的植物造景设计可比主路更加灵活多样。由于比较狭窄，可以只在路的一旁种植乔、灌木，就可达到既遮阴又赏花的效果；也可利用木绣球、连翘、夹竹桃等具有拱形枝条的大灌木或小乔木植于路边，形成拱道，游人穿行其下，富有野趣；还可以配置成复层混交群落，则具有幽深效果。如华南植物园一条小路两旁布置大叶桉、长叶竹柏、棕竹、沿阶草组成的复层植物群落；南京瞻园一条小路，路边为主要建筑，但因配置了乌桕、珊瑚树、桂花、夹竹桃、海桐及金钟花等组成的复层混交群落，加之小径本身又有坡度，给人以深邃、幽静之感。

　　有些地段可以突出某种植物组织植物景观，形成富有特色的园路，如昆明圆通公园的西府海棠路、上海中山公园二月兰花径、北京颐和园后山的连翘路。广州路旁常用红背桂、茉莉花、扶桑、悬铃花、变叶木、红桑等配置成彩叶篱及花篱；江南各地常在小径两旁配置竹林，形成竹径，让游人循径探幽；国外则常在小径两旁配置花境或花带。

(三)常见的园林支路、小路

1. 山径

　　山水园是中国传统园林的基本形式。大型园林多借助于自然山体，小型园林则创造自然式的山，除完全为观赏用的小山石外，大山、小山多有路通入而形成山径。可以采取一些措施来营造自然山径的意趣。

　　山径多为路面狭窄而路旁树木高耸的坡道，路愈窄、坡愈陡、树愈高，则山径之趣愈浓。山径旁的树木要有一定的高度，宜选择高大挺拔的乔木，树下可配置低矮的地被植物，较少使用灌木，以加强树高与路狭的对比。

　　径旁树木宜密植，并且有一定的宽度，郁闭度最好在0.9以上，浓荫覆盖，光线阴暗，如入森林。山径本身还要有一定的坡度和起伏，坡陡则山径的感觉强，如坡度不大，则可降低路面，相对地增加了路旁山坡的高度，高差明显。山径还需要有一定的长度和曲度，长则深远，曲则深邃，并尽量利用甚至创造一些自然的小景，如溪流、置石、谷地、丛林等，以加强山林气氛。

2. 林径

在平原的树林中设径称为林径，与山径不同的是多在平地，径旁的植物是量多面广的树林，林有多大，则径有多长，森林气氛极为浓郁。在大自然中那种"乔松万树总良材，九里云松一径开"是对林径的最好写照。南宋诗人袁燮也曾描述林径曰："太白峰前三十里，古松夹道奏笙竽；清辉秀色交相映，未羡山阴道上行。"松、黄栌、枫香都是径路植物景观的良好材料。

在公园中，虽不一定有很大的森林面积，但即使是在小树林、小树丛中的径路，仍可具有"林中穿路"的韵味。而且如果径旁的树木种类较多，色彩会更加丰富，季相变化明显。径路的弯曲宜短而频繁，则"曲径通幽"之意境更浓，还有明暗的交替变化，这些都是源于自然而胜于自然之处。但由于受到用地的限制，公园中设计的径路总不像大自然的深山老林中的径路景观那么纯粹。

3. 竹径

竹径自古以来都是中国园林中经常应用的造景手法。"绿竹入幽径，青萝拂行衣"、"北榭屋基下，森森竹径幽；枝繁低拂盖，根密可通流"都说明要创造曲折、幽静、深邃的园路环境，用竹来造景是非常适合的（图6-27）。

竹生长迅速，清秀挺拔，竹径则四季常青，形美色翠，幽深宁静，表现出一种高雅、潇洒的气质。但由于园林立意的不同，路旁栽竹常可以形成不同的情趣与意境。杭州云栖、三潭印月、西泠印社、植物园内均有各种竹类植物形成的竹径。云栖竹径长达800m，两旁毛竹高达20m，可谓"一径万竿绿参天"，穿行在这曲折的竹径中，很自然地产生一种幽深感。而三潭印月的"曲径通幽"长仅53.3m，宽约1.5m，两端均与建筑相连，径旁临湖，竹高2m左右，竹林中夹种乌桕树。人行径内，只能从竹竿缝隙中隐约看到径外的水面，幽静、郁闭；通过弯曲的竹径后，又出现了一片明亮的小草坪，充分体现了"柳暗花明又一村"的意境。

图 6-27 绍兴东湖的竹径

有的竹径，并无明显的路面，或只是散铺数块步石，游人可以自由地穿行于有意留出的竹林空间内作无定向的散步。我国古籍中即有"移竹成林，复开小径至数百步"、"种竹不依行"之说，说明这种小径是在竹林中寻求的，而不是在明显的路径旁栽竹的，这与上述有固定、明确路面，定向指引的竹径是具有不同情趣的。

4. 花径

以花的形、色观赏为主的径路即为花径。花径之设，我国古已有之，清代名士高士奇在浙江平湖郊外修建的江村草堂中就有金粟径（即桂花径）长约500m，穿行于数百株桂花丛中，"绿叶蔽天，赫曦罕至，秋时花开，香气清馥，远迩毕闻。行其下者，如在金粟世界中。"

以小乔木或大灌木形成的花径，需要有一定的枝下高，一般应在2m左右。径旁花树密度较大，覆盖着整条或一段的径路空间，形成一种"繁花如彩云，人可行其中"的景观，极为绚丽多姿，人与花融为一体。特别是在盛花期，感染力更强。很多花灌木，只要栽植的株距达到树冠相连即可形成这种景观，如桂花、丁香、石榴、碧桃、海棠花、垂丝海棠等（图6-28）。

利用一些宿根和球根花卉，甚至一二年生花卉，结合小路的起伏、弯曲，自然地布置于小路两旁，也可形成繁花似锦的浓郁的景观视野。例如，菊花、石竹、二月兰、三色堇、郁金香、百合、水仙都是优良的草本花径材料。此种布置与花境的造景形式相似（图6-29）。

图6-28　杭州植物园的杜鹃花径

图6-29　苏州虎丘的二月兰花径

5. 草径

草径指突出地面的低矮草本植物的径路。在大片草坪中，可以设步石开辟小径（图6-30），与"草中嵌石"的路面设计方式相似；也可用低矮观花植物作路缘，划出一条草路，在游人不多的地区可以表现野趣。在地形略有起伏的草坪中开径，采用白色路面，在低处的绿色草坪中，仿若流水一般地缓曲流动，可造成一种动态景观。

图6-30　苏州李公堤的小径

三、园路局部的植物景观

园路局部包括园路的边缘、路口与路面，其植物配置要求精致细腻，有时可起画龙点睛的作用。

(一) 路缘

路缘是园路范围的标志，其植物配置主要是指紧临园路边缘栽植的较为低矮的花草和植篱，也有较高的绿墙或紧贴路缘的乔灌木，其作用是使园路边缘更醒目，加强装饰和引导效果。如采用植篱可使游人的视线更为集中；采用乔灌木或高篱，可使园路空间更显封闭、冗长，甚至起着分隔空间的作用；当路缘植物的株距不等，与边缘线距离也不一致地自由散植时，还可创造出一种自然的野趣。

（1）草缘。以沿阶草配置于路缘，是中国传统园林的一个特色，特别在长江流域一带的私家园林中更为常见。沿阶草终年翠绿，生长茂盛，常作为园路边饰，也可用于山坡保持水土。如果在路缘铺以草本地被，在地被之外再栽种乔灌木，不仅扩大了道路的空间感，也加强了道路空间的生态气氛。

（2）花缘。以各色一年生或多年生草花作路缘，大大丰富了园路的色彩，好像园林中一条条瑰丽的彩带，随路径的曲直而飘逸于园林中。

（3）植篱。园路以植篱饰边是常见的形式之一。植篱高度由 0.5～3m 不等，一般在 1.2m 左右，其高度与园路的宽度并无固定比例，视道路植物景观的需要而定。除了常用的绿篱外，许多观花、观叶灌木甚至藤木类均可用作为路缘植篱，如珊瑚树、凤尾竹、月季、杜鹃花、山茶、扶桑、龙船花、麻叶绣球、迎春、米兰、九里香、红花檵木、火棘、山楂、变叶木、红桑、木香、凌霄、蔷薇、金银花等。

（二）路面

园林路面的植物景观是指在园林环境中与植物有关的路面处理，一般采用"石中嵌草"或"草中嵌石"的方式，形成人字形、砖砌形、冰裂形、梅花形等各种形式，兼可作为区别不同道路的标志。这种路面除有装饰、标志作用外，还具有降低温度的生态作用。据测定，嵌草的水泥或石块路面，在距地面10cm处，比水泥路的温度低 1～2℃。

路面上植物的比重，依道路性质、环境以及造景需要而定。有的只是在石块的缝隙中栽草；有的在成片的草坪上略铺步石；有的则在宽阔的步行道上布置临时花坛。

（三）路口

路口的植物景观一般是指园路的十字交叉口的中心或边缘，三叉路口或道路终点的对景，或进入另一空间的标志植物景观。路口的指示标志如以常绿、耐修剪的圆柱作门，标志作用十分明显；而以红、黄、绿三色对比的栽植也可作为三叉路口的标志。至于转角处的导游树种配置，除了栽植一株具有特色造型或花、叶奇美的树以外，亦可以配置一个与周围树种不同色彩或造型的树丛作为引导（图6-31）。

图 6-31　园路交叉口的植物配置

第三节　高速公路的植物造景

一、高速公路的特点和植物造景原则

(一)高速公路的特点

高速公路是一个国家交通文明水平的标志之一。高速公路路面质量较高，车速一般为80～120 km/h，也有的达200 km/h。因此高速公路上车辆快速行驶，形成了线性连续流畅的开敞性空间，其空间的景观构成应以汽车行驶速度为前提，从驾驶员和乘客的角度考虑植物的配置方式。

与一般道路相比，高速公路的植物景观具有非常显著的特点(图6-32)，突出表现在中央隔离带的防眩设计、路侧防噪设计、立交围合地的视线引导安全设计以及边坡边沟的绿化设计等。在高速公路上行驶，由于速度快，司机的注视点远，视野狭小，对沿途景观的感知比较模糊，因此高速公路的沿途景观必须采用"大尺度"，并需注意视觉比例的协调。不能以传统的小片种植或点缀为主，

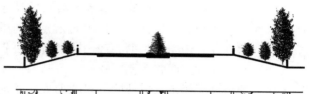
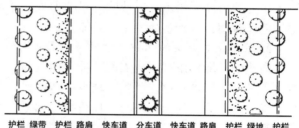

护栏　绿带　护栏　路肩　快车道　分车道　快车道　路肩　护栏　绿地　护栏

图6-32　一般高速公路标准断面图

而要多用片植的形式，形成较大的色块或线条，才能达到良好的视觉效果。

高速公路的环境生态特点也极为特殊，植物选择与配置中都必须考虑。主要表现在：

(1)高速公路一般里程较长，同一条高速公路因位于不同地区而具有显著不同的气候、地质、土壤等特点。

(2)高速公路一般土方量大，路旁表土缺乏，土质条件差、变化大，公路边坡尤其是挖方边坡，开挖后完全是生土，或者完全由岩石组成，坡面紧实。肥力低、几乎不含有机质，土壤极贫瘠，保水、保肥能力差。

(3)边坡小气候复杂，限制因子多。裸露的公路边坡风速比林地大15倍，比草地大8倍。边坡的朝阳面，土壤昼夜温差大，蒸发量高。

(4)边坡陡峭，施工难度大。我国公路边坡比为1∶1，即45°，有的甚至达60°以上，这给土壤处理和草坪草的种植带来难度。

(5)污染情况严重。尤其汽车尾气和铅的排放，不仅对周围环境造成污染，也影响边坡植被的生长。而且北方地区冬季为化积雪而撒的盐，也会造成土壤盐分含量过高，从而抑制植物生长，甚至引起植物死亡。

(二) 高速公路植物造景的基本原则

1. 保证道路和行车的安全

在车辆高速行驶的情况下，驾驶员视线集中在前方车道上，注视点相对固定，视野很窄，形成隧道视域。因此道路的安全性应从驾驶员的心理、生理状况和防止人、畜在道路上穿行两方面进行考虑，同时对司机和乘客的视觉起到绿色调节作用。中央隔离带的设置在夜间起到防眩作用，避免会车时灯光对人眼的刺激。

种植设计要加强道路的特性，使其连续性、方向性、距离感突出。如通过种植植物材料，利用其在立面上所形成的竖线条，加强视线的诱导，反映线性和地域的变化，通过树木的高度和位置的安排等达到预示作用。

同时，高速公路的景观设计强调统一，但不要千篇一律，应在统一中变化，在变化中统一。要在统一的主题下表现出各自的特色和韵味，否则沿途景观就可能会因单调而使司机注意力迟钝。适当的变化会使司机在行车途中感受到沿途景观富有节律感、多变性，产生愉悦的心理，达到消除疲劳、提高行车安全的目的。

当汽车进入隧道明暗急剧变化时，眼睛瞬间不能适应，看不清前方，一般在隧道入口处栽植高大树木，以使侧方光线形成明暗的参差阴影，使亮度逐渐变化，以增加适应时间，减少事故发生的可能性。

2. 注重生态景观的保护，景观与周围环境协调统一

高速公路绿化景观不应支配环境，而应与环境融为一体。造景设计时要充分利用当地的自然植被和植物种类，减少裸露地和挖方岩石。

以大环境绿化为依托，与大环境绿化相融合，最大限度地保持和维护当地的生态景观。为减少道路在环境中的视觉规模，可利用天然或人工种植树木屏蔽的办法遮蔽大部分道路，或在分隔带中种植观赏植物，遮蔽对向车道从而减少视觉比例。高速公路植物景观应乔、灌、草、地被相结合，营建多树种、多结构、多功能的复层生态植物群落。

3. 考虑地域文化特点

不同地域有其区别于其他地域的特色文化，富有个性特征和识别性。高速公路是展示和宣扬各种地域文化的良好通道，因此地域文化对丰富和提高高速公路景观的文化内涵具有积极作用。

地域文化涉及自然风光、民族风情、文物古迹、宗教信仰、民间工艺和历史人物等。在进行道路景观设计时，应该利用文化的形象，创造富含地域文化的景观环境，为驾乘人员提供了解历史和审美体验的文化信息。

4. 景观经济原则

高速公路规模大，对自然的破坏较大。因此植物景观首先是要恢复自然环境，部分地段可以放任自然植被的入侵，以减少养护费用，降低成本。以乡土树种为主，借鉴自然植被类型的特征，合理进行植物搭配。一般情况下采用中小苗，只有在服务区或有人为踩踏的地段，为保证植物景观效果才选用大苗。

因为高速公路本身供水比较困难，绿地一般只靠雨水，建设初期的主要目的是防止水土流失和尽快绿化，这时要选择速生植物作先锋种，以达到短期成景的目的。这些先锋种还利于改善客土的贫瘠，为后期植物更新创造良好的土壤条件。

植草是高速公路植物景观的重要内容,它直接关系到高速公路绿化的宏观效果。暖季型草如中华结缕草、沟叶结缕草、假俭草、野牛草等大多耐旱、耐炎热、耐践踏,生长繁茂,适应粗放式管理,是高速公路植物景观中常用的。

二、中央隔离带的植物造景设计

中央隔离带一般宽 1.5m 以上,有的可达 5～10m,主要目的是有效控制汽车分向、分道行驶,防止来往车辆相互撞车和防眩,避免会车时灯光对人眼的刺激,同时可以缓解司机紧张的心理,增加行车安全。多采用整形结构,宜简单重复形成节奏韵律,并控制适当高度,以遮挡对面车灯光,保证良好的行车视线。中央隔离带设有护栏、道牙等,基部的土壤条件差,在植物选用上要用耐干旱瘠薄、抗逆性强的植物。

根据中央隔离带的特点,一般可以采用以下几种配置形式(图 6-33)。

图 6-33 中央隔离带的植物造景

(1)树篱式。选用一种绿篱植物,按同一株距均匀布局、修剪成规整的篱墙带。常用的植物有大叶黄杨、石楠、九里香、红背桂、小叶女贞、圆柏等,定型高度1.5m 左右。

(2)球串式。以整形成圆球状树冠的植物为材料,以冠球直径的 3～4 倍或 4～5倍为株距,单行或双行交错布置,形成一串圆球状绿带。常用的有海桐、九里香、大叶黄杨等。为了丰富景观,可以采用不同种类的间隔种植,或者在球形植物之间加种其他观赏植物,常用的有紫薇、紫叶李等。

(3)图案式。以草坪或其他绿色地被为基调,选择 1～2 种彩叶植物,如金叶女贞、紫叶小檗、红桑、变叶木、金叶假连翘等为图案材料,用粗线条布置成各式图案。主要用于互通式立交区前后 1 km 地段,配合立交区绿化、美化。

不论哪种形式,一般都结合草坪铺设。例如,在华北地区,可以采用"圆柏 +大叶黄杨球 + 萱草 + 结缕草"、"紫叶李 + 龙柏球 + 结缕草"、"紫薇 + 小叶女贞球 +大花金鸡菊 + 狗牙根"、"木槿 + 侧柏 + 丰花月季 + 野牛草"等植物配置形式。

我国高速路的中央隔离带较窄,不适宜种植大乔木,尤其落叶乔木,以防树叶污染路面,并且所投射的光影也会对司机产生影响。植物配置一般以低矮、修剪整齐的常绿灌木及花灌木为主,结合铺设草坪。设计时应考虑植物的高度和间距,并通过修剪控制植株的高度,一般为 1.5～2.0m。过高会妨碍司机观察对方车辆的行驶情况,并遮挡阳光,形成阴影;过矮则难以遮掩会车灯光,失去防眩作用。但可形成高低错落的层次,高的植物起到防眩作用,低的植物在色彩和高度上与高层植物形成对比,组成道路中部的风景线。如杭金衢高速公路杭州段选用修剪整齐的圆柏与低矮的小叶女贞结合,高度控制在2m以下,满足了高速隔离带景观的要求。

当中央隔离带宽度达到8~10m时,植物造景可以不考虑防眩光。此时的植物景观应以草坪或色块、色带种植为主,在色块或色带上层种植适量的矮灌木,同时可适当考虑植物的季相景观,以丰富景观效果。

平坦地段一般设计成较低矮的景观,往往设计成有变化的大色带,如可用洒金千头柏、紫叶小檗、金叶女贞、大叶黄杨、龙柏、圆柏、美人蕉、紫薇、石楠、木芙蓉等组成相互交错的彩色景观,打破绿地单调变化,消除行车的枯燥感。同时护拦也可以刷上绿色,可以让司乘人员感到清爽、安全。

对于曲线明显的地段,应更多考虑引导视线和防止眩目。利用植物在立面上所形成的竖线条,可以反映道路线性的变化,加强视线的诱导,通过树木高度和位置的安排达到预示作用。在竖向上处于底部或顶部位置时,行车时感受眩光的位置与平坦路段显著不同。因此在种植高度上要比一般路段有所增加,且多采用圆锥形树形的植物,如雪松、圆柏等,在接近凸形曲线的顶部种植高度要高一些,高度从底部向上形成自然的增加。在凸形竖曲线和平面曲线相交的地段,中央隔离带的种植要有明显的变化,以提示前方路线的变化。一些平面弯道,道路交叉和凸形竖曲线的顶部,种植高大的乔木对视线诱导有良好的作用。

三、边坡的植物造景设计

边坡是高速公路的重要组成部分,包括路肩、挖方边坡与填方边坡。由于边坡一般较陡,在绿化时应考虑将美化、保护路基和路肩、防止雨水冲刷、防止山体滑坡等功能相结合,选择植物种类是应主要考虑植物的深根固土能力。

由于高速公路边坡较陡,植物景观应与固土护坡、防止雨水冲刷相结合。此外还应考虑防尘、隔音、净化等生态功能。目前我国很多地方以草坪为主,其实亦可使用小灌木和攀援植物进行景观营造,如采用"小灌木 + 藤本植物 + 草坪或地被植物"的配置模式,北方可以选用迎春、胡枝子、荆条、铺地柏、砂地柏、连翘、金叶莸(*Caryopteris* × *clandonensis* 'Worcester Gold')等灌木,胶州卫矛(*Euonymus kiautschovicus*)、爬山虎、凌霄、五叶地锦、小叶扶芳藤等藤本植物。景观上四季有绿、多季有花,季相变化明显,利用植物不同的高度,使单调乏味的路面边坡形成起伏相间,生机盎然的景观效果。

(一)路肩

高速公路是全封闭的,一般常用钢护栏进行围护,而路肩多为紧急停车道,所以多不进行绿化设计,但可在路肩上铺设草坪或地被植物。

在某些特殊地段需要进行绿化时,要注意路肩与城市市区道路的行道树不同,该区不需要遮阴,所以可以种植一些低矮的圆形树种,进行连续种植,不遮挡视线,又可形成柔性的隔离障,引起司机注意,避免发生交通意外。

另外,通过路边树木间距在视野中的变化速度,也可在一定程度上提高司机对速度的敏感性。

（二）挖方区边坡

挖方区边坡因道路横切丘陵及山脚形成，破坏了土壤表层及植被，对原地形改变较大，道路两侧形成大面积裸露区，土层薄或为裸露岩石，植物不易生长。

根据地质条件的不同，可分为岩石型挖方区、沙石型挖方区、砂土型挖方区等。对岩石型挖方区而言，可采用攀援植物，如爬山虎、凌霄、扶芳藤、木防己（*Cocculus trilobus*）等进行绿化造景。对沙石型和砂土型边坡而言，可种植低矮的灌木，如紫穗槐、马棘（*Indigofera pseudotinctoria*）、胡枝子等，同时结合攀援植物的使用。此外，还可结合砌石或砂浆喷播工程，撒播草种。

对于司机来说，高大的挖方容易产生行驶在峡谷里的感觉。因此在植物景观营造时，护坡顶部应采用低矮树种或下垂植物，如连翘、迎春等，并且尽可能使用攀援植物绿化护坡。

（三）填方区边坡

填方区一般在农田、沼泽地、平原、丘陵及河湖溪流区，是将路基修建在平地，筑路面、挖边沟所形成的公路。填方区由大量客土形成坡面，土壤质地、肥力相差很大，且容易水土流失。这种边坡很少出现在司乘人员的视线内，所以植物造景设计时以固土和水土保持为主。

高填方的高度一般在 4m 以上，坡度较大，坡面较长。在种植时，应选用固土能力强的植物并结合必要的水土保持工程，如连续网格工程或弓形骨架护坡。中填方地段可在坡面种植草皮，坡顶栽植灌木防止冲刷，坡底的边脚种植攀援植物。低填方地段高度在 2m 以下，可种植耐干旱瘠薄、保土能力强的灌木树种，如紫穗槐、火炬树等，并注意栽植当地常见草种，与环境相一致。

边坡上自然生长的杂草及地被植物应当尽量保留，与周边环境协调一致，效果良好。如北方高速公路边坡常自然生长葛藤、结缕草、一年蓬（*Erigeron annuus*）、藜（*Chenopodium album*）、狗尾草（*Setaria viridis*）、珍珠菜（*Lysimachia clethroides*）、葎草（*Humulus scandens*）等。

（四）边坡草坪的营造

高速公路边坡的草坪主要是以水土保持为目的。在选择草种时，除了考虑适应当地气候、土壤条件外，还应该具备以下特点：根系深而发达，扩展性强，生长快，抗逆性强，管理粗放等。在此基础上，尽量选择绿期长的种类。

常见的边坡绿化草种有结缕草、狗牙根、紫羊茅、白三叶、黑麦草、草地早熟禾以及部分薹草类植物。在我国北方多选用冷季型草，并且进行混播，能提高草坪草的抗逆性和适应性；南方选用暖季型草；中部地区可冷季型和暖季型混播，并结合灌木种植，以体现四季景观。此外，不少地被植物也是优良的护坡材料，如蟛蜞菊、百脉根、紫花苜蓿、匍枝委陵菜等。

边坡草坪的建植方法有以下几种：

（1）喷播法：即把木纤维、草种、肥料、保水剂、黏合剂、染色剂等混合在一起，用高压水或压缩空气将混合物喷向地表。此种方法是高速公路建坪中比较实用的方法，省时、省工，建坪快，但对操作人员的技术要求高。在降雨少的季节，可在喷播层上加盖覆盖物，以便进行保湿。根据具体情况可选用草帘、遮阴网、无纺布或稻草、麦秆等。应避免在大风天、暴雨天气进行。

（2）播种法：在25°左右的斜坡上，可开水平状的横沟进行条播。在30°以上较陡的斜坡上，为防止冲刷，可采用"品"字形穴播，穴距20cm。播后浇水管理。

（3）铺植法：铺草皮是将培育好的草皮切成约30cm×30cm的方块，一块块衔接，从坡的最低点向上铺，通常铺设草皮条的方向是与坡地垂直，并且草皮错列铺接，以防大雨或浇灌时水土流失。陡坡上要用三个15～20cm长的软的小木桩分别在上头两边和中间固定草皮，软的小木桩留在地里后能降解。木桩应与坡面垂直而不是成斜角。这种方法一般用于陡坡或侵蚀严重区域。

（4）植生带铺植法：植生带由专门的厂家生产，按使用地的环境、土壤条件来制定最佳的草坪草组合，按草坪草组合比例生产出植生带。这样的植生带适宜相关地区的生态条件。植生带要沿等高线铺设，上面要用U形桩固定，铺后覆土，细水浇灌，进行常规管理。

四、防护林带结构配置

高速公路路面质量较高，车速可达120 km/h或更高。防护林带的主要防护重点在高速公路的上风向。目前的高速公路两侧一般设有20～30m宽的防护林带，但真正的高速公路防护绿地应扩展到几千米范围内并与农田防护林相结合。这样不仅能起到防风固沙的效果，还能给人以壮观的景色。

防护林带不能过于单调，否则会使司机产生视觉疲劳而易出事故。所以在建设沿路的防护林时，适当点缀风景林、树群、树丛、大片宿根花卉等，以增加景色的变幻。防护林带的配置形式多样，一般采用外高内低，乔木、灌木、草本相结合的手法。可以采用纯林结构、乔木+灌木、乔木+灌木+草本等模式。可以选用的乔木树种有皂角、柿树、臭椿、圆柏、水杉、栾树、流苏、白蜡、合欢、元宝枫、黄栌、黄连木、喜树、水杉、女贞等，灌木有棣棠、麻叶绣线菊、石榴、锦带花、红瑞木、桂香柳、石楠、山梅花、接骨木、溲疏、夹竹桃等，草本植物有狗牙根、菊花、三叶草、结缕草、蜀葵、鸢尾、野牛草、萱草、玉簪等。如在华北地区采用"黄连木+接骨木+蜀葵+结缕草"，黄连木树冠近球形或团扇形，叶片秀丽并于春秋两季均极艳丽，春叶及花序紫红，秋叶鲜红或橙黄，云蒸霞蔚，灿烂如金，果实红或蓝紫色；接骨木株形优美，枝叶繁茂，春季白花满树，夏季果实累累，是夏季较少的观果灌木；蜀葵花色丰富，花大而重瓣性强，配以低矮的结缕草，形成一定的层次性，季相变化丰富。

第四节　城市广场的植物造景

一、概述

城市广场与城市公园一样是现代开放空间体系的"闪光点"。虽然与昔日的广场不同，但是在环境和功能上仍然存在一些相似之处，具有明确的主题、功能、空间多样性等。不但是大众群体聚集的大型场所，也是现代都市人进行户外活动的重要场所。同时，广场还是点缀、创造优美城市景观的重要手段。从某种意义上讲，广场体现了一个城市的风貌和灵魂，展示了现代城市生活模式和社会文化内涵。

城市广场发展已有数千年的历史，它随着城市的发展而变化，因此其概念也是随之不断发展的。

据 J. B. 杰克逊(J. B. Jackson)的观点，广场是将人群吸引到一起进行静态休闲活动的城市空间形式；凯文·林奇(Kevin Lynch)认为"广场位于一些高度城市化区域的核心部位，被有意识地作为活动焦点。通常情况下，广场经过铺装，被高密度地构筑物围合，有街道环绕与其连通。它应具有可以吸引人群和便于聚会的要素"。

而《人性场所—开放空间设计导则》从空间构造出发指出：城市广场是一个主要为硬质铺装的、汽车不得进入的户外公共空间。其主要功能是漫步、闲坐、用餐或观察周围世界，并认为广场中硬质铺装占主导地位。《城市规划原理》一书主要从功能出发，把城市广场定义为："广场是由于城市功能上的要求而设置的，是供人们活动的空间。城市广场通常是城市居民社会活动的中心，广场上可组织集会、供交通集散、组织居民游览休息、组织商业贸易的交流等"。

《中国大百科全书》(建筑·园林·城市规划卷)主要从广场的场所内容出发，把城市广场定义为："城市中由建筑、道路或绿化带围绕而成的开敞空间，是城市公众社区生活的中心。广场又是集中反映城市历史文化和艺术面貌的建筑空间"。这个定义显然是比以往的更全面一些。

现代城市广场的定义是随着人们需求和文明程度发展、社会发展而变化的。我们面对的现代城市广场应该是："以城市历史文化为背景，以城市道路为纽带，由建筑、道路、植物、水体、地形等围合而成的城市开敞空间，再经过艺术加工成多景观、多效益以及多功能的社会生活场所"。

因此，城市广场是城市空间环境中最具公共性和标志性、最富艺术魅力、最能反映城市文化特征的开放空间。城市广场不仅是城市居民政治生活的活动中心，而且也是城市建筑艺术的焦点，并集中表现了城市面貌，甚至带有强烈的象征性，可以代表一个地方或国家，如北京天安门广场。

二、城市广场的类型及植物景观特点

根据广场的功能和在城市中的地位，可将其分为多种类型。从尺度上分，有大型广场和小型广场；从功能上分，有市政广场、纪念性广场、交通广场、商业广场、文化广场、休闲广场以及建筑物前的附属广场等，北京的天安门广场则是综合性的。

由于广场类型繁多，其造景形式也应各具特色，对植物造景的要求不同。总体上，广场的植物景观必须与广场整体相协调，利用植物景观作为建筑艺术的补充和加强。广场植物造景设计需在充分考虑广场使用功能的基础上，通过植物合理的配置，以乔、灌、草与雕塑、花坛、花架等园林手段来完成。在有重大意义的节日或场合，可通过大型组合式花坛、主题花坛、大型花钵、花塔以及花架等来装饰及烘托气氛(图6-34、图6-35)。

图 6-34　北京天安门广场的花坛

(一) 市政广场

市政广场一般位于城市中心位置，通常是市政府、区政府、老行政区中心所在地。它往往布置在城市主轴线上，成为一个城市的象征。在市政广场上，常有表现该城市特点或代表城市形象的重要建筑物或大型雕塑等。

市政广场应该具有良好地可达性和流通性。为了合理有效地解决好人流、车流问题，有时甚至用主体交通方式，如

图 6-35　上海人民广场的花坛

地面层安排步行区，地下安排车行、停车等，实现人车分流。

市政广场一般面积较大，为了让大量人群在广场上有自由活动、节日庆典的空间，多以硬质材料铺装为主，但使用临时的大型花坛组合等来表现节日气氛，如北京天安门广场。市政广场也有以软质材料为主的，如美国华盛顿市中心广场，其整个广场如同一个大型公园，配以座凳等小品，把人引入绿化环境中去休闲、游赏。

市政广场布局一般为规则式，甚至是中轴对称的。标志性建筑物位于轴线上，其他建筑及小品对称或对应布局，广场中一般不安排娱乐性、商业性很强的设施和建筑。

因此，植物造景时，应根据其轴线形成规则式的种植手法，突出标志性建筑物，以加强广场稳重严整的气氛。

(二) 纪念性广场

城市纪念广场题材非常广泛，涉及面很广，可以是纪念人物的，也可以是纪念事件的。通常，广场中心或轴线以纪念雕塑(或雕像)、纪念碑(或柱)、纪念建筑或

其他形式纪念物为标志，主体标志物位于整个广场构图中心位置。如南京热河路的渡江纪念广场。

纪念广场的选址应远离商业区、娱乐区等，严禁交通车辆在广场内穿越，以免造成干扰，并注意突出严肃深刻的文化内涵和纪念主题。宁静和谐的环境气氛会使广场的纪念效果大大增强。由于纪念广场一般保存时间长，所以选址和设计都应紧密结合城市总体规划统一考虑。

纪念广场的大小没有严格限制，只要能达到纪念效果即可。因为通常要容纳众人举行缅怀纪念活动，所以应考虑广场中具有相对完整的硬质铺装地，而且与主要纪念标志物(或纪念对象)保持良好的视线或轴线关系。

植物配置应以烘托纪念气氛为主，植物不宜过于繁杂，而以某种植物重复出现为好，达到强化的目的。在布置形式上多采用规整式，具体树种以常绿为最佳，常用松柏类树种，并可在广场后侧或纪念物周围布置规整的草坪或花坛。在广场周围可结合街道植物景观种植行道树，但要与广场气氛相协调。

(三) 交通广场

交通广场的主要目的是有效地组织城市交通，包括人流、车流等，是城市交通体系中的有机组成部分。它连接交通的枢纽，起交通集散、联系过渡及停车的作用，植物景观只是点缀。

交通广场通常分两类：一类是城市内外交通会合处，主要起交通转换作用，如火车站、汽车站、民用机场和客运码头前的广场(即站前交通广场)；另一类是城市干道交叉口处交通广场(即环岛交通广场)。

站前交通广场是城市对外交通或者是城市区域间的交通转换地，设计时广场的规模与转换交通量有关，包括机动车、非机动车、人流量等，广场要有足够的行车面积、停车面积和行人场地。对外交通的站前交通广场往往是一个城市的入口，其位置一般比较重要，并且可能是一个城市或区域的轴线端点。广场的空间形态应尽量与周围环境协调，体现城市风貌。植物景观应能疏导车辆和行人有序通行，保证交通安全。大多数站前广场以花台、树池的形式点缀，以强调铺装地面的功能。

环岛交通广场地处道路交汇处，尤其是四条以上的道路交汇处，以圆形居多，三条道路交汇处常常呈三角形(顶端抹角)。环岛交通广场一般以植物造景为主，以利于交通组织和司乘人员的动态观赏。环岛交通广场往往还设有城市标志性建筑或小品(喷泉、雕塑等)，西安市钟楼、法国巴黎的凯旋门都是环岛交通广场上的重要标志性建筑。面积较小的广场可采用以草坪、花坛为主的封闭式布置，面积较大的可用树丛、灌木和绿篱组成不同形式的优美空间，但在车辆转弯处，不宜用过高、过密的树丛和过于艳丽的花卉，以免分散司机的注意力。

(四) 休闲广场

在现代社会中，休闲广场已成为市民最喜爱的重要户外活动空间。它是市民休息、娱乐、游玩、交流等活动的重要场所，其位置常常选择在人口较密集的地方，以方便市民使用，如街道旁、市中心区、商业区甚至居住区内。休闲广场的布局不像市政广场和纪念广场那样严肃，往往灵活多变，空间形式自由、多样，但应与环境协调。广场的规模可大可小，没有具体的规定，主要根据现状环境来考虑。

休闲以让人轻松愉快为目的，因此广场尺度、空间形态、环境小品、植物景观、休闲设施等都应符合人的行为规律和人体尺度要求。休闲广场的主题常常是不确定的，甚至没有明确的主题，但每个小空间环境的主题、功能又是明确的。

强调植物造景是休闲广场的前提，其景观设计应注重生态原则。因此，形成一定植物景观是该类广场的一大特征。但植物配置灵活自由，要善于运用植物材料来划分和组织空间，使不同的人群都有适宜的活动场所，避免相互干扰。在满足植物生态要求的前提下，可根据景观需要选择植物材料。若想创造一个热闹欢乐的氛围，可以用开花植物组成盛花花坛或花丛；若想闹中取静，则可以倚靠某一角落设立花架，种植枝繁叶茂的藤本植物。南京的北极阁广场的植物造景颇具特色，以银杏树阵、竹林、屋顶绿化，配合点缀的紫薇等多种种植形式。

(五) 文化广场

文化广场是为了展示城市深厚的文化积淀和悠久历史，经过深入挖掘整理，从而以多种形式在广场上集中地表现出来。因此文化广场应有明确的主题，与休闲广场无需主题正好相反，文化广场可以说是城市的室外文化展览馆，一个好的文化广场应让人们在休闲中了解该城市的文化渊源，从而达到热爱城市，激发上进精神的目的。

文化广场的选址没有固定模式，一般选择在交通比较方便、人口相对稠密的地段，还可考虑与集中公共绿地相结合，甚至可结合旧城改造进行选址。其规划设计不像纪念广场那样严谨，更不一定需要有明显的中轴线，可以完全根据场地环境、表现内容和城市布局等因素进行灵活设计。

文化广场的植物景观应该体现城市的文化韵味，如宁波的中山文化广场，利用参天古树，以体现城市历史的深厚。

(六) 古迹广场

古迹广场是结合城市的遗存古迹保护和利用而设的广场，可以生动地表现一个城市的古老文明。可根据古迹的体量高矮，结合城市改造和城市规划要求来确定其面积大小。

古迹广场是表现古迹的舞台，所以古迹广场的规划设计应从古迹出发组织景观。如果古迹是一幢古建筑，如古城楼、古城门等，则应在有效地组织人车交通的同时，让人在广场上逗留时能多角度欣赏古建筑，登上古建筑又能很好地俯视广场全景和城市景观。

在植物造景设计时，为体现对历史的缅怀与对逝去的、现存的遗迹的祭奠，应选择常绿树为基调树种，色彩偏冷的花卉与藤本植物相间其中，并突出历史残留碎片的沧桑感。

(七) 宗教广场

我国是一个信仰自由的国家，许多城市中还保留着宗教建筑群。一般宗教建筑群内部皆设有适合该教活动和表现该教之意的内部广场。而在宗教建筑群外部，尤其是入口处一般也设有供信徒和游客集散、交流、休息的广场空间。宗教广场是城市开放空间的组成部分。

宗教广场的规划设计首先应结合城市景观环境整体布局，不应喧宾夺主、重点表现。宗教广场设计应该以满足宗教活动为主，尤其要表现出宗教文化氛围和宗教建筑美，通常有明显的轴线关系，景物也是对称（或对应）布局，广场上的小品以与宗教相关的饰物为主。进行植物造景设计时，应根据不同的宗教信仰，选择合适的树种。如佛教中着重选择银杏、暴马丁香（*Syringa amurensis*）、柏类、七叶树、菩提树等植物进行种植。

（八）商业广场

商业功能可以说是城市广场最古老的功能，商业广场也是城市广场最古老的类型。商业广场的形态空间和规划布局没有固定模式可言，总是根据城市道路、人流、物流、建筑环境等因素进行设计，可谓"有法无式"、"随形就势"。但是商业广场必须与其环境相融，与功能相符，交通组织合理，同时充分考虑人们购物休闲的需要。

传统的商业广场一般位于城市商业街内，或者是商业中心区，而当今的商业广场通常与城市商业步行系统相融合，有时还作为商业中心的核心。如南京山西路广场，布置在南京步行街的尽头，周边是商业街。

植物造景设计时应根据休息小品设施，种植遮阴树，体现四季变化的观花、观叶植物。将植物种植与座凳、休闲设施相结合，并利用植物进行相关空间的分隔，形成人性化的环境。如宁波天一广场结合商业街特点，布置花境、树丛以及竹林等手法，将天一广场划分为不同的空间（图6-36）。

图 6-36　宁波天一广场植物景观

三、城市广场的植物造景设计

（一）城市广场植物造景设计的原则

（1）广场植物景观应与城市广场总体布局统一，使植物景观成为广场的有机组成部分。

（2）在植物种类选择上，应与城市总体风格协调一致，并符合植物区系规律。结合城市的地理位置、气候特征，突出地方特色。应考虑植物的文化内涵与当地城市风俗习惯、城市文化建设需求相一致。

（3）广场植物景观规划应结合广场竖向特点，具有清晰的空间层次。充分运用对比和衬托、韵律与节奏等艺术原理，独立或配合广场周边建筑、地形等形成良好、多元、优美的空间体系。

（4）协调好交通、人流等因素。避免人流穿行和践踏绿地，在有大量人流经过的地方不布置植物景观，必要时设置栏杆，禁止行人穿过。

（5）广场植物景观应结合广场类型，并与广场内各功能区的特点一致，更好地配合和加强该区功能的实现。如休闲区规划应以落叶乔木为主，冬季的阳光、夏季的遮阴都是人们户外活动所需要的。

（6）协调好植物配置与地下和地上管线和其他要素的关系。最重要的是热力管线，一定要按规定的距离进行设计。植物和道路、路灯、座椅、栏杆、垃圾箱等市政设施能很好地配合，最好一次性施工完成，并能统一设计。

（7）一般选用大规格苗木；对场址上的原有大树应加强保护。保留原有大树有利于广场景观的形成，有利于体现对自然、历史的尊重。

（二）广场的植物造景

广场的植物造景形式，应考虑到植物的生态习性和广场的生态条件。植物选择既要适应当地环境条件，又要结合广场的环境特点，因地制宜，充分运用对比和衬托、韵律节奏和层次等艺术手法，才能达到合理、最佳的景观效果（图6-37、图6-38）。

图6-37　杭州武林广场一角　　　　**图6-38　苏州文庙前小广场的植物配置**

由于广场土壤的自然结构已被完全破坏，因人踩、车压或曾做地基而夯实，致使土壤板结，孔隙度较小，透气性差；空中、地下设施交织成网，对植物种植和生长影响大。因此，应以耐干旱瘠薄、深根性的植物为主。根深不因践踏造成表面根系破坏而影响正常生长，并能抵御一般摇、撞和暴风雨的袭击。广场常见的植物造景形式有：

1. 规则式种植

这种形式属于整形式，适用于市政广场、纪念广场等，以及广场周围、大型建筑前和广场道路的植物造景。多用列植乔木或灌木的手段，以起到严整规则的效果。既可用作遮挡或隔离，又可以作为背景。早期的广场还常常采用大量的灌木篱墙和模纹。

为了使植物景观不至于单调，可在乔木之间加种灌木，在灌木之间加种花卉，但要注意使株间有适当距离，以保证有充足的阳光和营养面积。乔木下的灌木和花卉要选择耐荫种类。在株距的排列上近期可以密一些，几年以后通过间移而加宽。

单排种植的各种乔、灌木在色彩和体型上也要注意协调(图6-39)。

2. 集团式种植

为了避免成排种植的单调感,可以选择几个树种,乔灌木结合,配置成树丛。几个树丛可以有规律地排列在一定的地段上,也可以形成自然式搭配。还可以用花卉及矮灌木进行一定面积的片植,形成较为整体的景观效果。这种形式丰富、浑厚,远看时群体效果很壮观,近看又很细腻(图6-40)。

图6-39　泉城广场的规则式景观　　　图6-40　泉城广场的集团式种植

3. 自然式种植

适于一般的休闲广场、文化广场等,或者其他广场的局部范围内。在一定的地段内,植物种植形式不受统一的株、行距限制,疏落有致地布置;从不同的角度望去有不同的景致,生动而活泼。这种布置不受地块大小和形状的限制,并可以巧妙地解决与地下设施的矛盾。

自然式种植可以采用乔木、灌木、宿根花卉相结合的手法,配置成不同的树丛、树群,并结合自然地形的变化,因地制宜地进行布置。自然式布置要密切结合环境条件,才能使每一种植物茁壮生长。同时,在管理工作上的要求较高。

4. 广场草坪

草坪是广场植物景观设计运用普遍的手法之一,一般布置在广场的辅助性空地,也有用作广场主景的。草坪空间具有视野开阔的特点,可以增加景深和层次,并能充分衬托广场的形态美感和空间的开放性。常用的草坪草有早熟禾、黑麦草、假俭草、野牛草、剪股颖等。

广场草坪根据用途可分为休闲游戏广场草坪和观赏性广场草坪,前者可开放供人入内休息、散步,多选用耐践踏的草种,后者不开放,一般选用绿期长、观赏价值高的草种。

5. 广场花坛、花池

花坛、花池等花卉布置形式是广场的重要造景元素之一,可以给广场的平面、立面形态增加变化,尤其是在节庆日更是如此。如北京天安门广场的国庆花坛布置。广场上常见的花卉布置形式有花带、花台、花钵及花坛组合等,布置位置灵活多变。总体上,要根据广场的整体形式来安排。可放在广场中心,也可布置在广场边缘、四周;既可以是固定的,也可以是移动的,还可以与座椅、栏杆、灯具等广场设施结合起来加以统一处理。

此外，在一些非政治性的广场尤其是休闲广场常布置花架，在广场中既起点缀和联系空间的作用，也能给人提供休息、遮阴、纳凉的场所。

思考题

1. 城市道路的植物景观主要有哪些形式？

2. 城市道路的行道树应具备哪些条件？当地适合作为行道树应用的树种主要有哪些？

3. 林荫道和步行街的植物造景有何特点？

4. 试述园路要具备山林之趣应具备的条件。

5. 与城市道路植物景观相比，高速公路的植物造景有何特点？

6. 高速公路中央隔离带的植物景观主要有哪些形式？

7. 简述城市广场的类型和植物造景设计要点。

8. 为当地城市道路设计植物景观。根据需要，合理设计各板(车道)、带的宽度和植物景观，合理选择行道树，应提供种植设计平面图、立面图、苗木表以及设计说明(文字表述内容所在的城市或地区名称、总体构思、景观特色等)。

9. 城市道路绿地的断面布置形式有哪些？分别适用于什么情况？

第七章　居住区绿地的植物造景

第一节　居住区绿地植物造景的基本要求

居住区是人类生存和发展的主要场所，人的一生大部分时间是在自己居住的小区度过的，小区环境质量的高低对人的身心健康有很大的影响。而且，小区作为城市环境的组成部分，其环境状况直接影响着城市的面貌。能否做好小区的植物景观规划设计，直接关系到小区环境的优劣。

居住区绿地是城市绿地系统的重要组成部分。一般城市中的生活居住用地约占城市用地的50%~60%，而居住区用地又占生活居住用地的45%~55%。居住区绿地是伴随着现代化城市的建设而产生的一种新型绿地，它最贴近生活、贴近居民，也最能体现"以人为本"的设计理念。

植物是居住区绿地建设的主体，居住区的生态环境需要绿色植物的平衡和调节。树木的高低、树冠的大小、树形的姿态和色彩的四季变换，使没有生命的住宅建筑富有浓厚、亲切的生活气息，使居住环境具有丰富的变化。因此，植物的自然美、生态美成为居住区环境的绿色主调，植物景观成为居住区环境景观的重要组成部分。

居住区绿地的主要功能表现在使用功能、生态功能和景观功能3个方面。①使用功能：是指具有可活动性，如游戏、运动、散步、健身、休闲等；②生态功能：是指具有生态平衡、气候调节的作用，如住宅区小气候的形成(包括降温、增湿、挡风等)、环境污染的防治与空气质量的改善、水土保持等；③景观功能：包括可观赏性与美化环境。

一、居住区绿化的指标

居住区绿地是城市园林绿地系统的一部分，其指标也是城市绿化指标的一部分。因此，居住区绿地指标也反映了城市绿化水平。随着城市建设的发展，绿化事业逐渐受到重视。居住区绿地也相应受到关注，绿地指标也不断提高。

居住区绿地应根据小区规模及不同规划组织、结构、类型设置相应的中心公共绿地，并尽可能与公共活动场所和商业中心相结合。这样，既可方便居民日常游憩活动需要，又有利于创造小区内大小结合、层次丰富的公共活动空间，可取得较好的空间环境效果。

一些发达国家居住区绿地指标较高，一般在人均3m²以上，日本要求4m²。我国《城市居住区规划设计规范》(GB50180 - 93)提出，居住区内公共绿地的总指标，应根据居住人口规模分别达到：组团级不少于0.5m²/人，小区(含组团)不少于1m²/人，居住区(含小区或组团)不少于1.5m²/人，并应根据居住区规划组织、结构、类型统一安排，灵活使用。旧区改造可酌情降低，但不得低于相应指标的

50%。居住区公共绿地率一般新建区不应低于30%，旧区改造不低于25%；种植成活率≥98%。

建设部提出的《绿色生态住宅小区的建设要点和技术导则》中还规定了一项指标：植物配置的丰实度，每100m² 的绿地要有3株以上乔木；立体或复层种植群落占绿地面积≥20%；"三北"地区木本植物种类≥40种；华中、华东地区木本植物种类≥50种；华南、西南地区木本植物种类要≥60种。这个要求，就是保证植物种类的多样性。

二、居住区绿地植物造景的原则

(一) 生态性原则

居住小区的生态型绿地不仅是有空地种草，有空间栽树的简单绿化过程，而是真正从生态的角度来进行植物种类的选择与搭配。居住区植物造景应把生态效益放在第一位，以生态学理论为指导，以改善和维持小区生态平衡为宗旨，从而提高居民小区的环境质量，维护与保护城市的生态平衡。

居住小区的植物景观应采用自然植物群落景观，表现植物的层次、色彩、疏密和季相变化等，形成以生态效益为主导的生态园林，根据不同植物的生态学特点和生物学特性，科学配置，使单位空间绿量达到最大化。

首先，强化物种的多样性，形成完整的群落。物种多样性是促进绿地自然化的基础，也是提高绿地生态系统功能的前提。应掌握地带性群落的种类组成、结构特点和演替规律，合理选择耐荫植物，充分开发利用绿地空间资源，丰富林下植被，改变单一物种密植的做法，可形成稳定而优美的居住区自然景观。小区造景不能单靠大面积的草坪绿化来增加社区的绿化率，从改善空气质量方面来说，应强调"以乔木为主，乔木、灌木、草坪相结合，立体绿化"的原则。

其次，选择植物种类时考虑环境特点，强调其适应性。居住小区内植物规划设计要结构多层次化，树种应保持多样性，搭配科学合理。如建筑楼群的相对密集，常使植物栽植地光照不足，这种情况下，楼群的南面尽量选择喜光树种，楼群的背阴面应尽量选择耐荫树种；地下管线较多的地方，应选择浅根性树种，或干脆栽植草坪；在建筑垃圾多、土质较差的地方，应选择生长较粗放、耐瘠薄、易成活的树种。

(二) 美观性原则

绿化与美化相结合。由于树木的高低、树冠的大小、树形的姿态与色彩的四季不同，都能使居住环境具有丰富的变化，增加绿化层次，加大空间感，打破建筑线条的平直、单调的感觉，使整个居住区显得生动活泼、轮廓线丰富。同时，居住区通过植物景观，还能使各个建筑单体联合为一个完整的布局。

充分发挥园林植物的美化功能，利用不同花期、花色、不同大小的植物，按照孤植、丛植、群植、垂直绿化、花坛、花境等不同的配置方式，形成三季有花、四季常绿，并能体现本地特色的优美园林景观。

(三) 功能性原则

居民区绿地是居民业余户外活动的主要场所，要留有一定面积的居民活动场地。

我国居民的生活习惯，业余户外活动主要是体育锻炼。根据居住小区的总体规划，除主干道两边的居民早晚能利用道路进行就近锻炼与乘凉外，一般都要在居民区公共绿地进行，其面积大小要与服务半径相适应。但在规划设计中，硬化铺装的地面与园路、建筑小品加在一起，面积应不超过整个小区绿地总面积的 10% 为宜。

居住区与人们的日常生活密切相关，在植物配置中要充分考虑建筑的通风、采光，以及与生活相关的各种设施的布置。例如，植物种植位置要考虑与建筑、地下管线等设施的距离，避免有碍植物的生长和管线的使用与维修（表7-1）。

表7-1 种植树木与建筑物、构筑物、管线的水平距离

名称	最小间距（m）		名称	最小间距（m）	
	至乔木中心	至灌木中心		至乔木中心	至灌木中心
有窗建筑物外墙	3.0	1.5	给水管、网	1.5	不限
无窗建筑物外墙	2.0	1.5	污水管、雨水管	1.0	不限
道路两侧	1.0	0.5	电力电缆	1.5	
高2m以下围墙	1.0	0.75	热力管	2.0	1.0
挡土墙、陡坡、人行道旁	0.75	0.5	电缆沟、电力电讯杆	2.0	
体育场地	3.0	3.0	路灯电杆	2.0	
排水明沟边缘	1.0	0.5	消防龙头	1.2	1.2
测量水准点	2.0	1.0	煤气管	1.5	1.5

（四）文化性原则

居住区是居民长时间生活和休息的地方，应该根据植物造园原理，努力创造丰富的文化景观效果，以人为本，体现文化气息。

绿地意境的产生可与居住区的命名相联系。每个居住区（居住小区、组团）都有自己的命名，以能体现命名的植物来体现意境，能给人以联想、启迪和共鸣。如桃花苑选择早春开花的桃树片植、丛植，早春来临满树桃花盛开，喜庆吉祥；杏花苑选择北方早春开花的杏树片植、群植、孤植相结合，深受居民喜爱。同样，桂花、木芙蓉、樱花、合欢（一名芙蓉）、紫薇、海棠、丁香等，均可以成为居住区的特色植物。

植物是意境创作的主要素材。园林中的意境虽也可以借助于山水、建筑、山石、道路等来体现，但园林植物产生的意境有其独特的优势，这不仅因为园林植物有优美的姿态，丰富的色彩，沁心的芳香，美丽的芳名，而且园林植物是有生命的活机体，是人们感情的寄托。例如合肥西园新村分成 6 个组团，按不同的绿化树种命名为："梅影"、"竹荫"、"枫林"、"松涛"、"桃源"、"桂香"。居民可赏花、听声、闻香、观景、舒情，融入到优美的自然环境中去。

由于建筑工业化的生产方式，在一个居住区中，往往其小区或组团建筑形式很相似，这对于居民及其亲友、访客会造成程度不同的识别障碍。因此，居住区除了建筑物要有一定的识别导引性，其相应的种植设计也要有所变化，以增加小区的可识别性。在形式和选用种类上，要以不同的植物材料，采用不同的配置方式。如常州清潭小区以"兰、竹、菊"为命名组团，并且大量种植相应的植物，强调不同组团

的植物景观特征，效果很明显。

(五) 人性化原则

人是居住区的主体，居住区的一切都是围绕着人的需求而进行建设的，植物造景要适合居民的需求，也必须不断向更为人性化的方向发展。植物造景和人的需求完美结合是植物造景的最高境界。强调人性化的住宅小区设计，更要特别强调植物造景的人性化。人们进入绿地是为了休闲、运动和交流。因此，园林绿化所创造的环境氛围要充满生活气息，做到景为人用，富有人情味。

从使用方面考虑，居住区植物的选择与配置应该给居民提供休息、遮阴和地面活动等多方面的条件。

行道树及庭院休息活动区，宜选用遮阴效果好的落叶乔木，成排的乔木可遮挡住宅西晒；儿童游戏场和青少年活动场地忌用有毒和带刺的植物；而体育运动场地则避免采用大量扬花、落果、落叶的树木。

三、居住区绿地植物造景的基本要求

居住区绿地的景观效果主要靠植物来实现，植物配置应将生态化、景观化和功能化结合起来。植物材料既是造景的素材，也是观赏的要素，正确选择植物、合理进行配置，才能创造出舒适优美的居住区环境。

(1) 小区绿地必须根据小区内外的环境特征、立地条件，结合景观规划、防护功能等因素，按照适地适树的原则，选择具有一定观赏价值和保护作用的植物进行规划，强调植物分布的地域性和地方特色，考虑植物景观的稳定性、长远性。树种和植物种类选择在基调和特色的基础上，力求变化。

(2) 以植物群落为主，乔、灌、草合理结合，常绿和落叶植物比例适当，速生植物和慢生植物相结合。将植物配置成高、中、低各层次，既丰富了植物种类，又能使绿量达到最大化，达到一定的绿化覆盖率。居住区植物景观应减少草坪、花坛面积，不宜大量整形色带和冷季型观赏草坪，而多采用攀援植物进行垂直绿化可以使景观更具立体性。

(3) 植物配置应体现四季有景，三季有花，适当配置和点缀时令花卉，创造出丰富的季相变换。在种植设计中，充分利用植物的观赏特性，进行色彩组合与协调，通过植物叶、花、果实、枝条和干皮等显示的色彩在一年四季中的变化为依据来布置植物。如由迎春花、桃花、丁香等组成春季景观；由紫薇、合欢、石榴等组成的夏季景观；由桂花、红枫、银杏等组成秋季景观；由蜡梅、忍冬、南天竹等组成冬季景观。

(4) 居住区植物景观不能仅仅停留在为建筑增加一点绿色的点缀作用，而是应从植物景观与建筑的关系上去研究绿化与居住者的关系，尤其在绿化与采光、通风、防西晒太阳及挡西北风的侵入等方面为居民创造更具科学性、更为人性化、富有舒适感的室外景观。

要根据建筑物的不同方向、不同立面，选择不同形态、不同色彩、不同层次以及不同生物学特性的植物加以配置，使植物景观与建筑融合在一起，周边环境协调，营造较为完整的景观效果。

要符合居住卫生条件。适当选择落果少、少飞絮、无刺、无味、无毒、无污染物的植物，以保持居住区内的清洁卫生和居民安全。

（5）居住区植物景观应充分利用自然地形和现状条件，对原有树木，特别是古树名木、珍稀植物应加以保护和利用，并规划到绿地设计中，以节约建设资金，早日形成景观效果。由于居住区建筑往往占据光照条件较好的位置，绿地受阻挡而处于阴影之中，应选用能耐荫的树种，如金银木、枸骨、八角金盘等。

居住区植物景观既要有统一的格调，又要在布局形式、树种选择等方面做到多种多样、各具特色，提高居住区绿化水平。栽植上可采取规则式与自然式相结合的植物配置手法。一般区内道路两侧植1～2行行道树，同时可规则式地配置一些耐荫花灌木，裸露地面用草坪或地被植物覆盖。其他绿地可采取自然式的植物配置手法，组合成错落有致，四季不同的植物景观。

（6）便于管理。应尽量选用病虫害少、适应性强的乡土树种和花卉，不但可以降低绿化费用，而且还有利于管理养护。北方乡土树种如毛白杨、国槐、垂柳、白榆等。

（7）适当要考虑植物的经济价值。居住区植物景观可以将植物的观赏功能和生产功能完美结合起来，例如葡萄、金银花、五味子、栝楼、红花菜豆、苦瓜、丝瓜等不但是优良的棚架或篱垣造景材料，同时也是果树、药用植物或蔬菜。其他如杨梅、荔枝、橄榄、樱桃、石榴、柿树、香椿、连翘、乌药、牵牛花等，都是居住区适宜的植物材料。因此，在居住区植物造景设计中可适当要考虑植物的生产功能，使园林植物既有观赏价值，又可增加经济收入。

第二节　居住区绿地的类型和各类绿地的布置

一、居住区绿地的类型

我国城市居住区规划设计规范规定，居住区绿地应包括公共绿地、宅旁绿地、配套公用建筑所属绿地和道路绿地等。而居住区内的公共绿地，应根据居住区不同的规划组织、结构、类型，设置相应的中心公共绿地，包括居住区公园（居住区级）、小游园（小区级）和组团绿地（组团级），以及儿童游乐场和其他块状、带状的公共绿地。

根据我国一些城市的居住区规划建设实际，居住区公园用地在 $10\ 000\mathrm{m}^2$ 以上就可建成具有较明确的功能划分、较完善的游憩设施和容纳相应规模的出游人数的公共绿地；用地 $4\ 000\mathrm{m}^2$ 以上的小游园，可以满足有一定的功能划分、一定的游憩活动设施和容纳相应的出游人数的基本要求。所以居住区公园的面积一般不小于 $1\ \mathrm{hm}^2$，小区级小游园不小于 $0.4\ \mathrm{hm}^2$。我国各地居住区绿地由于条件不同，差别较大，总的来说标准比较低。各类公共绿地的设置内容应符合表7-2的要求。

表7-2 各类公共绿地设置规定

中心绿地名称	设置内容	要求	最小规模(hm²)
居住区公园	花木草坪、花坛水面、凉亭雕塑、小卖、茶座、老幼设施、停车场和铺装地面等	园内布局应有明确的功能分区和清晰的浏览路线	1.0
小游园	花木草坪、花坛水面、雕塑、儿童设施和铺装地面等	园内布局应有一定功能划分	0.4
组团绿地	花木草坪、桌椅、简易儿童设施等	灵活布局	0.04

居住区绿地规划应与居住区总体规划紧密结合，要做到统一规划，合理组织布局，采用集中与分散，重点与一般相结合的原则，形成以中心公共绿地为核心，道路绿地为网络，庭院与空间绿化为基础，集点、线、面为一体的绿地系统。

二、居住区公共绿地

居住区公共绿地是居民公共使用的绿地，其功能同城市公园不完全相同，主要服务于小区居民的休息、交往和娱乐等，有利于居民心理、生理的健康。居住区公共绿地集中反映了小区绿地质量水平，一般要求有较高的设计水平和一定的艺术效果，是居住区绿化的重点地带。

公共绿地以植物材料为主，与自然地形、山水和建筑小品等构成不同功能、变化丰富的空间，为居民提供各种特色的空间。居住区公共绿地应位置适中，靠近小区主路，适宜于各年龄组的居民前去使用；应根据居住区不同的规划组织、结构、类型布置，常与老人、青少年及儿童活动场地相结合。

公共绿地根据居住区规划结构的形式分为居住区公园、居住小区中心游园、居住生活单元组团绿地以及儿童游戏场和其他块状、带状公共绿地等。

(一)居住区公园

居住区公园为居住区配套建设的集中绿地，服务于全居住区的居民，面积较大，相当于城市小型公园。公园内的设施比较丰富，有各年龄组休息、活动用地(图7-1)。

此类公园面积不宜过大，位置设计适中，服务半径500~1 000m。该类绿地与居民的生

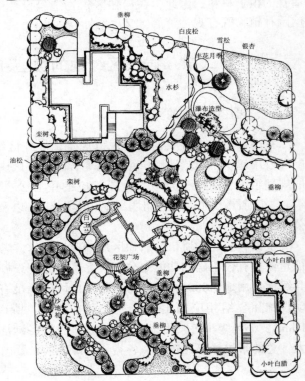

图7-1 北京华西里小区集中绿地平面图

活息息相关，为方便居民使用，常常规划在居住区中心地段，居民步行约 10 分钟可以到达。可与居住区的公共建筑、社会服务设施结合布置，形成居住区的公共活动中心，以利于提高使用效率，节约用地。公园有功能分区、景区划分，除了花草树木以外，有一定比例的建筑、活动场地和设施、园林小品，应能满足居民对游憩、散步、运动、健身、游览、游乐、服务、管理等方面的需求。

居住区公园与城市公园相比，游人成分单一，主要是本居住区的居民，游园时间比较集中，多在早晚，特别夏季的晚上。因此，要在绿地中加强照明设施，避免人们在植物丛中因黑暗而造成危险。另外，也可利用一些香花植物进行配置，如白兰花、玉兰、含笑、蜡梅、丁香、桂花、结香、栀子、玫瑰、素馨等，形成居住区公园的特色。

居住公园是城市绿地系统中最基本而活跃的部分，是城市绿化空间的延续，又是最接近居民的生活环境。因此在规划设计上有与城市公园不同的特点，不宜照搬或模仿城市公园，也不是公园的缩小或公园的一角。设计时要特别注重居住区居民的使用要求，适于活动的广场、充满情趣的雕塑、园林小品、疏林草地、儿童活动场所、停坐休息设施等应该重点考虑。

居住区公园内设施要齐全，最好有体育活动场所和运动器械，适应各年龄组活动的游戏场及小卖部、茶室、棋牌室、花坛、亭廊、雕塑等活动设施和丰富的四季景观的植物配置。以植物造景为主，首先保证树木茂盛、绿草茵茵，设置树木、草坪、花卉、铺装地面、庭院灯、凉亭、花架、雕塑、凳、桌、儿童游戏设施、老年人和成年人休息场地、健身场地、多功能运动场地、小卖店、服务部等主要设施。并且宜保留和利用规划或改造范围内的地形、地貌及已有的树木和绿地。

居住区公园户外活动时间较长、频率较高的使用对象是儿童及老年人。因此在规划中内容的设置、位置的安排、形式的选择均要考虑其使用方便，在老人活动、休息区，可适当地多种一些常绿树。专供青少年活动的场地，不要设在交叉路口，其选址应既要方便青少年集中活动，又要避免交通事故，其中活动空间的大小、设施内容的多少可根据年龄不同、性别不同合理布置；植物配置应选用夏季遮阴效果好的落叶大乔木，结合活动设施布置疏林地。可用常绿绿篱分隔空间和绿地外围，并成行种植大乔木以减弱喧闹声对周围住户的影响。观赏树种避免选择带刺的或有毒、有异味的树木，应以落叶乔木为主、配以少量的观赏花木、草坪、草花等。在大树下加以铺装，设置石凳、桌、椅及儿童活动设施，以利老人座息或看管孩子游戏。在体育运动场地外围，可种植冠幅较大、生长健壮的大乔木，为运动者休息时遮阴。

自然开敞的中心绿地，是小区中面积较大的集中绿地，也是整个小区视线的焦点，为了在密集的楼宇间营造一块视觉开阔的构图空间，植物景观配置上应注重：平面轮廓线要与建筑协调，以乔、灌木群植于边缘隔离带，绿地中间可配置地被植物和草坪，点缀树形优美的孤植乔木或树丛、树群。人们漫步在中心绿地里有一种似投入自然怀抱、远离城市的感受。

（二）居住区小游园

小游园面积相对较小，功能亦较简单，为居住小区内居民就近使用，为居民提供茶余饭后活动休息的场所。它的主要服务对象是老人和少年儿童，内部可设置较为简单的游憩、文体设施，如：儿童游戏设施、健身场地、休息场地、小型多功能运动场地、树木花草、铺装地面、庭院灯、凉亭、花架、凳、桌等，以满足小区居民游戏、休息、散步、运动、健身的需求。

居住区小游园的服务半径一般为 300～500m。此类绿地的设置多与小区的公共中心结合，方便居民使用。也可以设置在街道一侧，创造一个市民与小区居民共享的公共绿化空间。当小游园贯穿小区时，居民前往的路程大为缩短，如绿色长廊一样形成一条景观带，使整个小区的风景更为丰满。由于居民利用率高，因而在植物配置上要求精心、细致、耐用。

小游园以植物造景为主，考虑四季景观。如要体现春景，可种植垂柳、玉兰、迎春、连翘、海棠、樱花、碧桃等，使得春日时节，杨柳青青，春花灼灼。而在夏园，则宜选悬铃木、栾树、合欢、木槿、石榴、凌霄、蜀葵等，炎炎夏日，绿树成荫，繁花似锦。

在小游园因地制宜地设置花坛、花境、花台、花架、花钵等植物应用形式，有很强的装饰效果和实用功能，为人们休息、游玩创造良好的条件。起伏的地形使植物在层次上有变化、有景深，有阴面和阳面，有抑扬顿挫之感。如澳大利亚布里斯班高级住宅区利用高差形成下沉式的草坪广场，并在四周种植绿树红花，围合成恬静的休憩场所。

小游园绿地多采用自然式布置形式，自由、活泼、易创造出自然而别致的环境。通过曲折流畅的弧线形道路，结合地形起伏变化，在有限的面积中取得理想的景观效果。植物配置也模仿自然群落，与建筑、山石、水体融为一体，体现自然美。当然，根据需要，也可采用规则式或混合式。规则式布置采用几何图形布置方式，有明确的轴线，园中道路、广场、绿地、建筑小品等组成有规律的几何图案。混合式布置可根据地形或功能的特点，灵活布局，既能与周围建筑相协调，又能兼顾其空间艺术效果，可在整体上产生韵律感和节奏感。

图 7-2 是北方某居住小区中心小游园的设计平面图，该绿地呈带状，长约140m，宽约52m，西面有一煤气站，其设计布采用局如下。

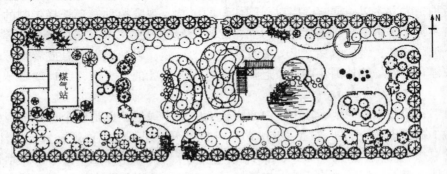

图7-2 北方某居住小区中心小游园设计平面图

（1）总体布局

绿地中心空间为小型不规则广场，西侧设一组合花架亭，方便人们休憩。东侧设一小型自由曲线水池，与花架亭呼应。广场南侧设一组合形花坛，以引导南入口游人。绿地东侧空间为一开敞广场，主要以儿童活动为主。南北向铺装广场中心设7个渐变彩色圆球雕塑，增加环境的趣味性。广场北侧设一小型沙坑供儿童游戏活动。广场边缘设若干座椅。

绿地西侧为轮廓广场，以老人活动为主，较大铺装可举行舞会，满足晨练、散步活动的需要。广场周围植若干树大荫浓的庭院树，围合成半通透的安静空间。

（2）种植设计

中心绿地由大乔木、花灌木、绿篱形成带状相围合。内部骨干乔木选元宝枫、云杉、暴马丁香等北方乡土树种；基调花灌木选用紫丁香、黄刺玫等，以草坪衬底。水池边及园路入口留有集中草坪，形成开敞空间，缀以宿根花卉镶边，形成了层次，季相变化丰富。土丘上及老人活动广场周围多处植白桦、落叶松，以体现北方特色的植物景观。

（三）组团绿地

1. 组团绿地的植物造景要求

组团绿地是结合居住建筑组团布置的又一级公共绿地。随着组团的布置方式和布局手法的变化，其大小、位置和形状均相应变化。其面积大于 0.04 hm²，服务半径为 60~200m，居民步行几分钟即可到达，主要供居住组团内居民（特别是老人和儿童）休息、游戏之用。此绿地面积不大，但靠近住宅，居民在茶余饭后即来此活动，游人量比较大，利用率高（图 7-3）。

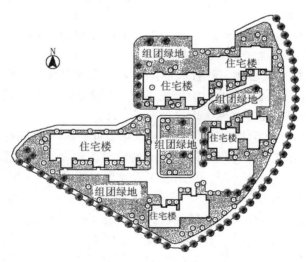

图 7-3　组团绿地示意图

组团绿地的设置应满足有不少于 1/3 的绿地面积在标准的建筑日照阴影线之外的要求，方便居民使用。其中院落式组团绿地的设置还应满足表 7-3 中的各项要求。块状及带状公共绿地应同时满足宽度不小于 8m、面积不小于 400m² 及相应的日照环境要求。规划时应注意根据不同使用要求分区布置，避免互相干扰。组团绿地不宜建造许多园林小品，不宜采用假山石和建大型水池。应以花草树木为主，基本设施包括儿童游戏设施、铺装地面、庭院灯、凳、桌等。

组团绿地常设在周边及场地间的分隔地带，楼宇间绿地面积较小且零碎，要在同一块绿地里兼顾四季序列变化，不仅杂乱，也难以做到，较好的处理手法是一片一个季相。并考虑造景及使用上的需要，如铺装场地上及其周边可适当种植落叶乔木为其遮阴；入口、道路、休息设施的对景处可丛植开花灌木或常绿植物、花卉；周边需障景或创造相对安静空间地段则可密植乔、灌木，或设置中高绿篱。

表 7-3　院落式组团绿地设置规定

封闭型绿地		开敞型绿地	
南侧多层楼	南侧高层楼	北侧多层楼	北侧高层楼
$L \geq 1.5L_2$	$L \geq 1.5L_2$	$L \geq 1.5L_2$	$L \geq 1.5L_2$
$L \geq 30m$	$L \geq 50m$	$L \geq 30m$	$L \geq 50m$
$S_1 \geq 800m^2$	$S_1 \geq 1\ 800m^2$	$S_1 \geq 500m^2$	$S_1 \geq 1\ 200m^2$
$S_2 \geq 1\ 000m^2$	$S_2 \geq 2\ 000m^2$	$S_2 \geq 600m^2$	$S_2 \geq 1\ 400m^2$

说明：L——南北楼正面距离(m)；L_2——当地住宅标准日照间距(m)；

　　　　S_1——北侧为多层楼的组团绿地面积；S_2——北侧为高层楼的组团绿地面积

2. 组团绿地的造景设计

组团绿地是居民的半公共空间，实际是宅间绿地的扩大或延伸，多为建筑所包围。受居住区建筑布局的影响较大，布置形式较为灵活，富于变化，可布置为开敞式、半开敞式和封闭式等。

(1)开敞式。也称为开放式，居民可以自由进入绿地内休息活动，不用分隔物，实用性较强，是组团绿地中采用较多的形式。

(2)封闭式。绿地被绿篱、栏杆所隔离，其中主要以草坪、模纹花坛为主，不设活动场地，具有一定的观赏性，但居民不可入内活动和游憩，便于养护管理，但使用效果较差，居民不希望过多采用这种形式。

(3)半开敞式。也称为半封闭式，绿地以绿篱或栏杆与周围有分隔，但留有若干出入口，居民可出入其中，但绿地中活动场地设置较少，而禁止人们入内的装饰性地带较多，常在紧临城市干道，为追求街景效果时使用。

3. 组团绿地的类型

组团绿地增加了居民室外活动的层次，也丰富了建筑所包围的空间环境，是一个有效利用土地和空间的办法。在其规划设计中可采用以下几种布置形式。

(1)院落式组团绿地。由周边住宅围合而成的楼与楼之间的庭院绿地集中组成，有一定的封闭感，在同等建筑的密度下可获得较大的绿地面积。

(2)住宅山墙间绿化。指行列式住宅区加大住宅山墙间的距离，开辟为组团绿地，为居民提供一块阳光充足的半公共空间。既可打破行列式布置住宅建筑的空间单调感，又可以与房前屋后的绿地空间相互渗透，丰富绿化空间层次。

(3)扩大住宅间距的绿化。指扩大行列式住宅间距，达到原住宅所需的间距的1.5~2倍，开辟组团绿地。可避开住宅阴影对绿化的影响，提高绿地的综合效益。

(4)住宅组团成块绿化。指利用组团入口处或组团内不规则的不宜建造住宅的场地布置绿化。在入口处利用绿地景观设置，加强组团的可识别性；不规则空地的利用，可以避免消极空间的出现。

（5）两组团间的绿化。因组团用地有限，利用两个组团之间规划绿地，既有利于组团间的联系和统一，又可以争取到较大的绿地面积，有利于布置活动设施和场地。

（6）临街组团绿地。在临街住宅组团的绿地规划中，可将绿地临街布置，既可以为居民使用，又可以向市民开放，成为城市空间的组成部分。临街绿地还可以起到隔音、降尘、美化街景的积极作用。

三、宅旁绿地

宅旁绿地是居住区绿地中属于居住建筑用地的一部分。它包括宅前、宅后，住宅之间及建筑本身的绿化用地，最为接近居民（图7-4）。在居住小区总用地中，宅旁绿地面积最大、分布最广、使用率最高。宅旁绿地面积约占35%，其面积不计入居住小区公共绿地指标中，在居住小区用地平衡表中只反映公共绿地的面积与百分比。一般来说，宅旁绿化面积比小区公共绿地面积指标大2~3倍，人均绿地面积可达4~6m²。对居住环境质量和城市景观的影响最明显，在规划设计中需要考虑的因素也较复杂。

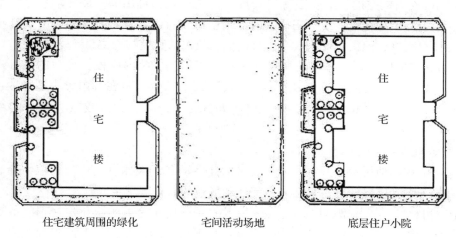

住宅建筑周围的绿化   宅间活动场地   底层住户小院

图7-4 宅旁绿地分布示意图

（一）宅旁绿地的植物造景要求

宅旁绿地的主要功能是美化生活环境，阻挡外界视线、噪声和尘土，为居民创造一个安静、舒适、卫生的生活环境。其绿地布置应与住宅的类型、层数、间距及组合形式密切配合，既要注意整体风格的协调，又要保持各幢住宅之间的绿化特色。

1. 以植物景观为主

绿地率要求达到90%~95%，树木花草具有较强的季节性，一年四季，不同植物有不同的季相，使宅旁绿地具有浓厚的时空特点，让居民感受到强烈的生命力。

根据居民的文化品位与生活习惯又可将宅旁绿地分为几种类型：以乔木为主的庭院绿地；以观赏型植物为主的庭院绿地；以瓜果园艺型为主的庭院绿地；以绿篱、

花坛界定空间为主的庭院绿地；以竖向空间植物搭配为主的庭院绿地。

2. 布置合适的活动场地

宅间是儿童，特别是学龄前儿童最喜欢玩耍的地方，在绿地规划设计中必须在宅旁适当做些铺装地面，在绿地中设置最简单的游戏场地（如沙坑）等，适合儿童在此游玩。同时还布置一些桌椅，设计高大乔木或花架以供老年人户外休闲用。

3. 考虑植物与建筑的关系

宅旁绿地设计要注意庭院的尺度感，根据庭院的大小、高度、色彩、建筑风格的不同，选择适合的树种。选择形态优美的植物来打破住宅建筑的僵硬感；选择图案新颖的铺装地面活跃庭院空间；选用一些铺地植物来遮挡地下管线的检查口；以富有个性特征的植物景观作为组团标识等，创造出美观、舒适的宅旁绿地空间。

靠近房基处不宜种植乔木或大灌木，以免遮挡窗户，影响通风和室内采光，而在住宅西向一面需要栽植高大落叶乔木，以遮挡夏季日晒。此外，宅旁绿地应配置耐践踏的草坪，阴影区宜种植耐荫植物。

（二）宅旁绿地的植物造景设计

1. 住户小院的绿化

（1）底层住户小院。低层或多层住宅，一般结合单元平面，在宅前自墙面至道路留出3m左右的空地，给底层每户安排一专用小院，可用绿篱或花墙、栅栏围合起来。小院外围绿化可作统一安排，内部则由每家自由栽花种草，布置方式和植物种类随住户喜好，但由于面积较小，宜简洁，或以盆栽植物为主。

（2）独户庭院。别墅庭院是独户庭院的代表形式，院内应根据住户的喜好进行绿化、美化。由于庭院面积相对较大，一般为 $20 \sim 30m^2$，可在院内设小型水池、草坪、花坛、山石，搭花架缠绕藤萝，种植观赏花木或果树，形成较为完整的绿地格局。

2. 宅间活动场地的绿化

宅间活动场地属半公共空间，主要供幼儿活动和老人休息之用，其植物景观的优劣直接影响到居民的日常生活。宅间活动场地的绿化类型主要有：

（1）树林型。树林型是以高大乔木为主的一种比较简单的绿化造景形式，对调节小气候的作用较大，多为开放式。居民在树下活动的面积大，但由于缺乏灌木和花草搭配，因而显得较为单调。高大乔木与住宅墙面的距离至少应在 5～8m，以避开铺设地下管线的地方，便于采光和通风，避免树上的病虫害侵入室内。

（2）游园型。当宅间活动场地较宽时（一般住宅间距在30m以上），可在其中开辟园林小径，设置小型游憩和休息园地，并配置层次、色彩都比较丰富的乔木和花灌木，是一种宅间活动场地绿化的理想类型，但所需投资较大。

（3）棚架型。棚架型是一种效果独特的宅间活动场地绿化造景类型，以棚架绿化为主，其植物多选用紫藤、炮仗花、珊瑚藤（*Antigonon leptopus*）、葡萄、金银花、木通等观赏价值高的攀援植物。

（4）草坪型。以草坪景观为主，在草坪的边缘或某一处种植一些乔木或花灌木，形成疏朗、通透的景观效果。

3. 住宅建筑的绿化

住宅建筑的绿化应该是多层次的立体空间绿化，包括架空层、屋基、窗台、阳台、墙面、屋顶花园等几个方面，是宅旁绿化的重要组成部分，它必须与整体宅旁绿化和建筑的风格相协调。

（1）架空层绿化

近些年新建的高层居住区中，常将部分住宅的首层架空形成架空层，并通过绿化向架空层的渗透，形成半开放的绿化休闲活动区。这种半开放的空间与周围较开放的室外绿化空间形成鲜明对比，增加了园林空间的多重性和可变性，既为居民提供了可遮风挡雨的活动场所，也使居住环境更富有通透感。

高层住宅架空层的绿化设计与一般游憩活动绿地的设计方法类似，但由于环境较为阴暗且受层高所限，植物选择应以耐荫的小乔木、灌木和地被植物为主，园林建筑、假山等一般不予以考虑，只是适当布置一些与整个绿化环境相协调的景石、园林建筑小品等。

（2）屋基绿化

屋基绿化是指墙基、墙角、窗前和入口等围绕住宅周围的基础栽植。墙基绿化使建筑物与地面之间增添绿色，一般多选用灌木作规则式配置，亦可种上爬墙虎、络石等攀援植物将墙面（主要是山墙面）进行垂直绿化。墙角可种小乔木、竹子或灌木丛，形成墙角的"绿柱"、"绿球"，可打破建筑线条的生硬感觉。

对于部分居住建筑来说，窗前绿化对于室内采光、通风、防止噪声、视线干扰等方面起着相当重要的作用。植物配置方法多种多样。如一丛竹子植于窗外形成"移竹当窗"小景；在距窗前1～2m处种一排花灌木，高度遮挡窗户的一小半，形成一条窄的绿带，既不影响采光，又可防止视线干扰，保护私密性使来往行人不致临窗而过；窗前设花坛、花池，能形成五彩缤纷的美化效果。

住宅入口处，多与台阶、花台、花架等相结合进行绿化配置，形成住宅入口的标志，也作为室外进入室内的过渡，有利于消除眼睛的强光刺激，或兼作"门厅"之用。

（3）窗台、阳台绿化

窗台、阳台绿化是人们在楼层室外与外界自然接触的媒介。不仅能使室内获得良好环境，而且也丰富建筑立面造型并美化了城市景观（图7-5）。阳台有凸、凹、半凸半凹3种形式，所得到的日照及通风情况不同，也形成了不同的小气候，这对于选择植物有一定的影响。要根据具体情况选择不同习性的植物。种植物的部位有三处：一是阳台板面，根据阳台面积的大小来选择植株，

图7-5　窗台绿化

但一般植物可稍高些，用阔叶植物从室内观看效果更好，使阳台的绿化形成小"庭院"的效果。二是置于阳台拦板上部，可摆设盆花或设凹槽栽植，但不宜种植太高的花卉，因为这有可能影响室内的通风，也会因放置的不牢固，大风时发生安全问题。三是沿阳台板向上一层阳台成攀援状种植绿化，或在上一层板下悬吊植物花盆成"空中"绿化，这种绿化能形成点、线，甚至面的绿化形态，无论是从室内或是室外看都富有情趣，但要注意不要满植，以免封闭了阳台。阳台绿化一般采用盆栽的形式以便管理和更换，一般要考虑置盆的安全问题。另外阳台处日照较多，且有墙面反射热对花卉的灼烤，故应选择喜阳耐旱的植物。

（4）墙面绿化和屋顶花园

在城市用地十分紧张的今天，进行墙面和屋顶的绿化，即垂直绿化，无疑是一条增加城市绿量的有效途径。墙面绿化和屋顶花园不仅能美化环境、净化空气、改善局部小气候，还能丰富城市的俯视景观和立面景观。

总之，居住区宅旁庭院绿化是居住区绿化中最具个性的绿化，居住区公共绿地要求统一规划、统一管理，而居住区宅旁绿地则可以由住户自己管理，不必强行推行一种模式。居民可根据对不同植物的喜好，种植各类植物，以促进居民对绿地的关心和爱护，使其成为宅旁庭院绿化的真正"主人"。

四、居住区道路绿地

由于道路性质不同，居住区道路可分为主干道、次干道、小道 3 种。主干道（居住区级）用以划分小区，在大城市中通常与城市支路同级；次干道（小区级）一般用以划分组团；小道即组团（级）路和宅间小路，组团（级）路是上接小区路、下连宅间小路的道路，宅间小路是住宅建筑之间连接各住宅入口的道路。

居住区的道路把小区公园、宅间、庭院连成一体，它是组织联系小区绿地的纽带。居住区道旁绿化在居住区占有很大比重，它连接着居住区小游园、宅旁绿地，一直通向各个角落，直至每户门前。因此，道路绿化与居民生活关系十分密切。其绿化的主要功能是美化环境、遮阴、减少噪音、防尘、通风、保护路面等。绿化的布置应根据道路级别、性质、断面组成、走向、地下设施和两边住宅形式而定。

（一）主干道

主干道（区级）宽 10～12m，有公共汽车通行时宽 10～14m，红线宽度不小于20m。主干道联系着城市干道与居住区内部的次干道和小道，车行、人行并重。道旁的绿化可选用枝叶茂盛的落叶乔木作为行道树，以行列式栽植为主，各条干道的树种选择应有所区别。中央分车带可用低矮的灌木，在转弯处绿化应留有安全视距，不致妨碍汽车驾驶人员的视线；还可用耐荫的花灌木和草本花卉形成花境，借以丰富道路景观。也可结合建筑山墙、绿化环境或小游园进行自然种植，既美观，利于交通，又有利于防尘和阻隔噪音。

（二）次干道

次干道（小区级）车行道宽 6～7m，连接着本区主干道及小路等。以居民上下班、购物、儿童上学、散步等人行为主，通车为次。绿化树种应选择开花或富有叶色变化的乔木，其形式与宅旁绿化、小花园绿化布局密切配合，以形成互相关联的整体。特别是在相同建筑间小路口上的绿化应与行道树组合，使乔、灌木高低错落自然布置，使花与叶色具有四季变化的独特景观，以方便识别各幢建筑。次干道因地形起伏不同，两边会有高低不同的标高，在较低的一侧可种常绿乔、灌木，以增强地形起伏感，在较高的一侧可种草坪或低矮的花灌木，以减少地势起伏，使两边绿化有均衡感和稳定感。

（三）小道

生活区的小道联系着住宅群内的干道，宽 3.5～4m。住宅前小路以行人为主。宅间或住宅群之间的小道可以在一边种植小乔木，一边种植花卉、草坪。特别是转弯处不能种植高大的绿篱，以免遮挡人们骑自行车的视线。靠近住宅的小路旁绿化，不能影响室内采光和通风，如果小路距离住宅在 2m 以内，则只能种花灌木或草坪。通向两幢相同建筑中的小路口，应适当放宽，扩大草坪铺装；乔、灌木应后退种植，结合道路或园林小品进行配置，以供儿童们就近活动；还要方便救护车、搬运车能临时靠近住户。各幢住户门口应选用不同树种，采用不同形式进行布置，以利辨别方向。另外，在人流较多的地方，如公共建筑的前面、商店门口等，可以采取扩大道路铺装面积的方式来与小区公共绿地融为一体，设置花台、座椅、活动设施等，创造一个活泼的活动中心。

五、临街绿地

居住区沿城市干道的一侧，包括城市干道红线之内的绿地为临街绿地。主要功能是美化街景，降低噪音。也可用花墙、栏杆分隔，配以垂直绿化或花台、花境。临街绿化树种的配置应注意主风向。据测定，当声波顺风时，其方向趋于地面，这里自路边到建筑的临街绿化应由低向高配置树种，特别是前沿应种低矮常绿灌木。当声波逆风时，其方向远离地面，这里的树种应顺着路边到建筑由高而低进行配置，前边种高大的阔叶常绿乔木，后边种相对矮小的树木。

街道上汽车的噪音传播到后排建筑时，由于反射会影响到前排建筑背后居民的安静，因此要特别加强临街建筑之间的绿化。

思考题

1. 与城市公园和街头绿地相比，居住区绿地的植物景观设计有何不同？
2. 通过查阅有关资料，分析我国居住区绿地与国外的差距。
3. 居住区公共绿地可以分为哪些类型？其设置内容有何区别？
4. 居住区组团绿地的造景设计形式主要有哪些？有何特点？

第八章　建筑与植物造景

　　园林植物与建筑的配置是自然美与人工美的结合，处理得当，二者关系可和谐一致。植物丰富的自然色彩、柔和多变的线条、优美的姿态及风韵都能增添建筑的美感，使之产生出一种生动活泼而具有季节变化的感染力、一种动态的均衡构图，使建筑与周围的环境更为协调。随着城市建筑密度的不断增加，人民生活水平的提高及旅游事业的发展，对园林环境的要求也越来越高。因此，除了搞好公园中园林植物与园林建筑的配置外，提高宾馆、办公大楼、超级市场、机场、车站、民居等处绿化水平，用多变的建筑空间留出庭院、天井、走廊、屋顶花园、底层花园、层间花园等进行美化，甚至将自然美引入卧室、书房、客厅等居住环境，已是目前面临的课题。

　　一组优秀的建筑作品，犹如一曲凝固的音乐，给人带来艺术的享受，但终究还缺少些生气。园林建筑是构成园林的重要因素，但是要和构成园林的主要因素——园林植物搭配起来，才能对景观产生更大影响。园林植物造景对建筑的作用表现在以下几个方面。

　　(1)园林植物造景对园林建筑的景观有着明显的衬托作用。首先是色彩的衬托，用植物绿色的中性色调衬托以红、白、黄为主的建筑色调，可突出建筑色彩；其次是以植物的自然形态和质感衬托用人工硬质材料构成的规则建筑形体。另外由于建筑的光影反差比绿色植物的光影反差强烈，所以在明暗对比中还有以暗衬明的作用。

　　(2)园林植物造景对园林建筑有着自然的隐露作用。"露则浅，隐则深"，园林建筑在园林植物的遮掩下若隐若现，可以形成"竹里登楼人不见，花间问路鸟先知"的绿色景深和层次，使人产生"览而愈新"、欲观全貌而后快的心理追求。同时从建筑内向外观景时，窗前檐下的树干、树叶又可以成为"前景"和"添景"。

　　(3)园林植物造景能改善园林建筑的环境质量。以建筑围合的庭院式空间，往往建筑与铺装面积较大，游人停留时间较长，由硬质材料产生的日照热辐射和人流集中造成的高温与污浊空气均可被园林植物调节，为建筑空间创造良好的环境质量。另外，园林建筑在空间组合中作为空间的分隔、过渡、融合等所采用的花墙、花架、漏窗、落地窗等形式都需借助园林植物来装饰和点缀。

第一节　室外植物造景

　　建筑与园林植物之间的关系应是相互因借、相互补充，使景观具有画意。如果处理不当，就会得出相反的结果。例如，若建筑师不顾及周围的园林景观，一意孤行地将其庞大的建筑作品拥塞到小巧的风景区或风景点上，就会导致周围的风景比例严重失调，甚至犹如模型，使景观受到野蛮的破坏。

　　广州白云宾馆建造过程是一个珍惜和利用现有建筑场地大树的范例。其建筑场地的马尾松等大树，不因平整场地、降低地平面而挖除，反而塑石加围，加以保护利用。楼房建成，楼外的园林植物景观也有了一定的基础，这比毫无任何植物陪衬的新建筑要生机勃勃得多。更可贵的是将几株常绿阔叶的蒲桃等树留下造景，塑石围山，引水作瀑，再配置耐荫的短穗鱼尾葵、龟背竹等，成为一个安静、漂亮的小庭园，而建筑却围着这一小庭园。

建筑的线条往往比较硬直，而植物线条却比较柔和、活泼。如广州双溪宾馆走廊中配置的龟背竹，犹如一幅饱蘸浓墨泼洒出的画面，不仅增添走廊中的活泼气氛，并使浅色的建筑色彩与浓绿的植物色彩及其线条形成了强烈的对比。

建筑的屋顶也可用植物美化。华南某些二面坡顶的建筑屋顶爬满炮仗花后，无花时，犹如乡间茅舍，充满田园情趣；开花时，一片繁花似绵，更丰富了建筑的色彩。

建筑常以门洞、窗等框以植物为景。同样，植物的枝干也可用来框借远处的建筑，甚至山峦、植物为景。颐和园昆明湖旁数株老桧以远处的佛香阁、玉泉塔为框景就是一例。某些园林建筑本身并不吸引人，甚至施工时非常粗糙，可是用植物组成一景后，建筑的不足之处常被忽略过去。依山傍水的园林建筑，通过将植物配置其间，使其融为一体，成为一个完整的景观，这种例子在风景区中也屡见不鲜。

一、建筑与园林植物配置的协调

我国历史悠久、文化灿烂，古典园林众多。由于园主人身份不同以及园林功能和地理位置的差异，导致园林建筑风格各异，故对植物配置的要求也有所不同。

北京多为皇家古典园林，为了反映帝王的至高无上、尊严无比的思想，加之宫殿建筑体量庞大、色彩浓重、布局严整，选择了侧柏、圆柏、油松、白皮松等树体高大、四季常青、苍劲延年的树种作为基调，来显示帝王的兴旺不衰、万古常青是很相宜的。这些华北的乡土树种，耐旱耐寒，生长健壮，叶色浓绿，树姿雄伟，堪与皇家建筑相协调。颐和园、中山公园、天坛、御花园等皇家园林均如此。颐和园前山部分的建筑庄严对称，植物配置也常为规则式。进门后两排圆柏犹如夹道的仪仗，数株龙爪槐规则地植于小建筑前，仿佛警卫一般。为了表现"玉堂富贵"、"石榴多子"，园内配置玉兰、海棠果、重瓣粉海棠、牡丹、芍药、石榴等树种，而迎春、蜡梅及柳树是作为早报春光的意境来配置的。

苏州园林多是代表文人墨客情趣和官僚士绅的私家园林。在思想上体现士大夫清高、风雅的情趣，建筑色彩淡雅，黑灰的瓦顶、白粉墙、栗色的梁柱、栏杆。园林面积不大，故在地形及植物配置上力求以小中见大的手法，通过"咫尺山林"再现大自然景色。植物配置充满诗情画意的意境。在景点命题上体现植物与建筑的巧妙结合，如"海棠春坞"的小庭园中，几株海棠、一丛翠竹、数块湖石，以沿阶草镶边，使一处角隅充满画意。修竹有节，体现了主人宁可食无肉、不可居无竹的清高寓意。而海棠花才是海棠春坞的主题，以欣赏海棠报春的景色。"嘉实亭"四周遍植枇杷，亭柱上的对联"春秋多佳日，山水有清音"，充满诗情画意。主人在初夏可以品尝甘美可口、橙黄的鲜果。常绿的枇杷树，使嘉实亭即使在隆冬季节依然生意盎然。此外，还有"雪香云蔚亭"以梅、竹造景，"荷风四面亭"以荷花造景等。杭州花港公园牡丹园四周遍植牡丹，配以较为低矮的平头赤松、日本五针松，以及杜鹃花、红羽毛枫、麦冬等富具中国特色的植物，体态自然，色彩艳丽，牡丹亭则亭亭玉立于花团锦簇之中，富有民族特点。

纪念性园林中的建筑常具有庄严、稳重的特点。植物配置常用松、柏来象征革命先烈高风亮节的品格和永垂不朽的精神，也表达了人们对先烈的怀念和敬仰。植物配置方式一般采用对称的规则式，如北京毛主席纪念堂周围配置了大量的油松，而南京中山陵主要采用雪松、马尾松、龙柏的规则式配置。广州中山纪念堂两侧选用了两棵白兰花，效果也很好，且别具风格，既打破了纪念性园林通常只用松、柏的界线，又不失纪念的意

图 8-1 广州中山堂前植物景观

味。常绿的白兰花可视作先烈为之奋斗的革命事业万古长青，香味醇郁的白色花朵象征着先烈的业绩流芳百世，香留人间。两棵白兰花树形饱满，体态壮观，冠径约26m，在体量上堪与纪念堂的主体建筑相协调（图 8-1）。

广东、广西园林中的园林建筑自成流派，具有浓郁的地方风格，轻巧、通透、淡雅，这和当地气候有关。建筑旁大多采用翠竹、芭蕉、棕榈科植物配置，偕以水、石，组成一派南国风光。北方建筑多用红墙黄瓦，色彩浓重，则宜以松、柏类为基调，适当配置白榆、国槐等乡土树种，景观协调。欧式建筑适宜以开阔、略有起伏的草坪为底色，其上配置雪松、冷杉、七叶树等乔木，以及月季、杜鹃花等低矮花灌木，或丛植，或孤植。

二、建筑门、窗、墙、角隅的植物配置

（一）门、窗

门是游客游览必经之处，门和墙连在一起，起到分隔空间的作用。园林中门的应用很多，并有众多的造型，可以充分利用门的造型，以门为框，通过植物配置，与路、石等进行精细地艺术构图，不但入画，而且可以扩大视野，延伸视线（图 8-2）。建筑物入口的植物配置是视线的焦点，起标志性作用，一般采用对称式的种植设计。根据建筑类型，既可采用树形规整的乔木、整形灌木或花灌木、花坛等，也可树木与花坛结合，但应

图 8-2 昆明世博园内浙江源园的园门

首先满足功能要求，不能遮挡视线。

广州某茶座庭园中，在椭圆形的门框左侧前配上一丛棕竹，小巧的姿态和叶裂片的线条打破了门框机械的线条；门框后的右侧植上一丛粉箪竹与之相呼应，起到了均衡的效果。路的曲度流畅宛延，远处一土堆覆盖着野生地被植物五爪金龙，犹如山峦远景，层次清晰、构图简洁，将游人的视线引向无限远处，达到了入画的境界(图8-3)。

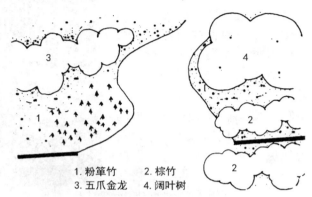

1. 粉箪竹　　2. 棕竹
3. 五爪金龙　4. 阔叶树

图 8-3　园门的植物配置(引自苏雪痕)

窗也可充分利用作为框景的材料，安坐室内，透过窗框外的植物配置，俨然一幅生动画面，如留园揖峰轩的"尺幅窗"框修竹湖石。由于窗框的尺度是固定不变的，植物却不断生长，随着生长，体量增大，会破坏原来画面。因此要选择生长缓慢，变化不大的植物，如芭蕉、南天竹、孝顺竹(*Bambusa multiplex*)、苏铁、棕竹、软叶刺葵(*Phoenix rebelenii*)等，均富有民族情调，适合小庭院应用。近旁可再配些尺度不变的石笋石、湖石，增添其稳固感。这样有动有静，构成相对稳定的、持久的画面。为了突出植物主题，窗框的花格不宜过于花哨，以免喧宾夺主。

(二)墙

墙的正常功能是承重和分隔空间。在园林中，还可以利用墙的南面良好的小气候特点引种栽培一些美丽的不抗寒的植物。

现代园林中，一般的墙体绿化常选用藤本植物，或经过整形修剪及绑扎的观花、观果灌木，辅以各种球根、宿根花卉作为基础栽植，在欧洲甚至用乔木来美化墙面。常用种类如紫藤、木香、藤本月季、爬山虎、五叶地锦、葡萄、山荞麦、铁线莲、美国凌霄、凌霄、金银花、盘叶忍冬(*Lonicera tragophylla*)、华中五味子(*Schisandra sphenanthera*)、五味子、素方花、冠盖藤、钻地枫、

图 8-4　苏州拙政园园墙上攀附的紫藤

常春油麻藤、鸡血藤、禾雀花、绿萝、西番莲、炮仗花、使君子、迎春、连翘、火棘等(图8-4)。一些山墙、城墙，经过薜荔、何首乌、爬山虎等植物覆盖、美化后，极具自然之趣。

苏州园林中的白粉墙常起到画纸的作用，通过配置观赏植物，用其自然的姿态与色彩作画。常用的植物有红枫、山茶、木香、杜鹃花、枸骨、石榴、南天竹、芭蕉、孝顺竹、紫竹等，植物的枝、叶、花、果跃然墙上。欲取姿态效果的常选用一丛芭蕉或数枝修竹；为加深景深，可在围墙前做些高低不平的地形，将高低错落的植物植于其上，使墙面若隐若现，产生远近层次延伸的视

图 8-5　基础种植

觉。一些黑色的墙面前，宜配置些开白花的植物，如木绣球，硕大饱满圆球形白色花序明快地跳跃出来，也起到了扩大空间的视觉效果。如果将红枫配置在黑墙前，不但显不出红枫的艳丽，反而感到色彩暗淡。

墙前的基础栽植宜采用规则式，与墙面平直的线条取得一致（图 8-5）。但应充分了解植物的生长速度，掌握其体量和比例，以免影响室内采光。在一些花格墙或虎皮墙前，宜选用草坪和低矮的花灌木以及宿根、球根花卉。高大的花灌木会遮挡墙面的美观，变得喧宾夺主。

（三）建筑角隅

建筑的角隅线条生硬，但在转角处常成为视觉焦点。通过植物配置进行缓和最为有效，宜选择观赏性强的观果、观叶、观花或观枝干的植物成丛配置，并有适当的高度，

图 8-6　苏州园林中墙角植物配置

最好在人的平视线范围内。也可略作地形，竖石栽草，再植些优美的花灌木组成一景（图 8-6）。

第二节　室内植物造景

室内植物造景是人们将自然界的植物进一步引入居室、客厅、书房、办公室等自用建筑空间以及超级市场、宾馆、咖啡馆、室内游泳池、展览温室等公共的共享建筑空间中。自用空间一般具有一定私密性，面积较小，以休息、学习、交谈为主，植物景观宜素雅、宁静。共享空间以游赏为主，当然也能坐下饮食、休息，空间一

般较大，植物景观宜活泼、丰富多彩，甚至有地形、山、水、小桥等构筑物，如广州白天鹅宾馆及北京昆仑饭店大厅共享空间的景观。

室内植物造景需科学地选择耐荫植物，并给予细致、特殊的养护管理、合理的设计及艺术布局，辅以现代化的采光、采暖、通风、空调等人工设备改善室内环境条件，创造出既利于植物生长，也符合人们生活和工作要求、生理和心理要求的环境，让人感到舒适、雅致、美观，犹如处于宁静、优美的自然界中。

早在 17 世纪，室内植物造景已处于萌芽状态，一叶兰和垂笑君子兰（*Clivia no-bilis*）是最早被选作室内观赏的植物。19 世纪初，仙人掌植物风行一时。此后，蕨类植物、绣球属等相继被采用，种类愈来愈多。近几十年的发展已使室内植物造景达到繁荣阶段。

一、室内环境、生态条件

室内生态环境与室外迥异，通常光照不足、空气湿度低、空气流通差、温度较恒定，因此并不利于植物生长。为了保证植物生长发育，除选择较能适应室内生长的植物种类外，还要通过人工装置的设备来改善室内光照、温度、湿度、通风等条件。

（一）光照

光照是室内限制植物生长的主要生态因子。如果光照强度达不到光补偿点以上，将使植物生长衰弱，最终死亡。一般认为，低于 300 lx 的光照强度，植物不能维持生长，照度在 300～800 lx 之间，若每天保证能延续 8～12 h，则植物可维持生长，甚至能增加少量新叶；照度在 800～1 600 lx，若每天能延续 8～12 h，植物生长良好，可换新叶；照度在 1 600 lx 以上，若每天延续 12 h，甚至可以开花。不过，不同植物对光照强度的要求差别极大。据苏雪痕研究，一般宾馆饭店室内的光照强度只有几百勒克斯，少数厅、廊由于自然采光好，可达 2 000 lx 以上。因此，除了有天窗或落地窗条件外，仅靠室内漫射光，一般不能满足植物的正常生长。

（二）温度

用作室内造景的植物大多原产在热带和亚热带，适宜的生长温度以 18～24℃ 为宜，夜晚也以高于 10℃ 为好，最忌温度骤变。白天温度过高会导致过度失水，造成萎蔫；夜晚温度过低也会导致植物受寒害，故常设置恒温器，以便在夜间温度下降时能及时升温。顶窗的启闭可控制空气的流通和调节室内温度、湿度。

（三）湿度

室内空气相对湿度过低不利植物生长，过高人们会感到不舒服。尤其是冬季，当室内供暖、温度提高后，相对湿度往往较低而影响植物生长。一般而言，室内空气湿度应控制在 40%～60% 之间，对两者均有利。室内植物造景时，设置水池、跌水、瀑布、喷泉等均有助于提高空气湿度。如无这些设备时，增加喷雾，湿润植物周围地面及套盆栽植也有助于提高空气湿度。

（四）通气

室内空气流通差，常导致植物生长不良，甚至发生叶枯、叶腐，并容易发生病虫害。应当定时通过窗户的开启来进行调节。此外，也可设置空调系统及冷、热风口予以调节。

二、室内植物的选择

近数十年，室内植物造景发展迅速，不仅体现在植物种类增多，同时配置的艺术性及养护的水平也愈来愈高。室内植物主要以观叶种类为主，间有少量赏花、赏果种类，大多是耐荫性强的种类。观叶植物以天南星科、竹芋科、鸭趾草科、凤梨科、百合科植物居多。此外，部分观赏价值高的观花、观果植物，虽然是阳性植物，也可用于室内观赏，但应定期更换，让其在室外恢复生长一段时间后，再用于室内造景。

(一) 攀援及垂吊植物

常春藤类、绿萝、玉景天(*Sedum morganianum*)、吊金钱(*Ceropegia woodii*)、吊兰(*Chlorophytum capense*)、银边吊兰(*C. capense* var. *marginata*)、吊竹梅、鸭趾草、紫鹅绒(*Gynura aurantacea*)、球兰、贝拉球兰(*Hoya bella*)、心叶喜林芋(*Philodendron oxycardium*)、小叶喜林芋(*P. scandens*)、琴叶喜林芋(*P. panduraefrome*)、安德喜林芋(*P. andreanum*)、长柄合果芋(*Syngonium podophyllum*)、白蝴蝶(*S. podophyllum* 'White Butterfly')、龟背竹、麒麟尾、白粉藤(*Cissus repens*)、南极白粉藤(*C. antarctica*)、紫青葛(*C. discolor*)、条纹白粉藤(*C. striata*)、菱叶白粉藤(*C. rhombifolia*)、垂盆草。

(二) 观叶植物

海芋、风车草(*Cyperus involucratus*)、一叶兰、虎尾兰、金边虎尾兰(*Sansevieria trifasciata* 'Laurentii')、柱叶虎尾兰(*S. cylindrica*)、短叶虎尾兰(*S. hahnii*)、广叶虎尾兰(*S. thyrsiflora*)、冷水花、透茎冷水花(*Pilea pumila*)、透明草(*P. muscosa*)、文竹、鸡绒芝(*Asparagus plumosa* var. *nanus*)、天门冬(*A. sprengeri*)、佛甲草(*Sedum lineare*)、麦冬类、虎耳草、孔雀竹芋(*Calathea makoyana*)、紫背竹芋、斑纹竹芋(*C. zebrina*)、大叶竹芋(*C. ornata*)、花叶竹芋(*C. leopardina*)、斑叶竹芋(*C. warscewiczii*)、竹芋(*Maranta arundinacea*)、豹纹竹芋(*M. bicolor*)、皱纹竹芋(*M. leuconeura*)、柊叶(*Phrynium placentarium*)、花烛(*Anthurium andreanum*)、深裂花烛(*A. variabille*)、网纹草(*Fittonia arundinacea*)、白花网纹草(*F. verschaffeltii*)、白花紫露草(*Tradescantia fluminensis*)、含羞草(*Mimosa pudica*)、珊瑚凤梨(*Aechmea fasciata*)、彩叶凤梨(*Neoreglia carolinae*)、凤梨(*Ananas comosus*)、艳凤梨(*A. comosus* var. *variegata*)、水塔花(*Billbergia pyramidalis*)、狭叶水塔花(*B. nutans*)、姬凤梨(*Cryptanthus acaulis*)、花叶万年青(*Dieffenbachia picta*)、广东万年青、花叶芋(*Caladium bicolor*)、皱叶椒草(*Peperomia caperata*)、银叶椒草(*P. hederzfolia*)、翡翠椒草(*P. magnoliaefolia*)、卵叶椒草(*P. obtusifolia*)、豆瓣绿(*P. tetrophylla*)、虾脊兰类(*Calanthe* spp.)、秋海棠类(*Bgonia* spp.)、大叶井口边草(*Pteris cretica*)、鹿角蕨、鸟巢蕨、铁角藤(*Asplenium bulbiferum*)、铁线蕨(*Adiantum capillus – veneris*)、肾蕨(*Nephrolepis auriculata*)、波士顿蕨(*N. exaltata* 'Bostoniensis')、圣诞耳藤(*Polystichum acrostichoides*)、翠云草、朱蕉、剑叶朱蕉(*Cordyline australis*)、长叶千年木(*C. stricta*)、紫叶朱蕉(*C. terminalis*)、细紫叶朱蕉(*C. terminalis* var. *bella*)、龙血树

（*Dracaena draco*）、巴西铁树（*D. fragrans*）、花叶龙血树（*D. fragrans* 'Massangeana'）、白边铁树（*D. deremensis*）、星点木（*D. godseffiana*）、马尾铁树（*D. marginata*）、富贵竹（*D. sanderiana*）、红背桂、二色红背桂（*Excoecaria bicolor*）、孔雀木（*Dizygotheca elegantissima*）、八角金盘、鹅掌柴（*Scheffera octophylla*）、澳洲鹅掌柴（*S. actinophylla*）、南洋杉、苏铁、篦齿苏铁（*Cycas peciinata*）、橡皮树、垂叶榕、琴叶榕（*Ficus lyrata*）、变叶木、袖珍椰子（*Chamaedorea elegans*）、三药槟榔（*Areca triandra*）、散尾葵、软叶刺葵、燕尾棕（*Pinanga discolor*）、棕竹、短穗鱼尾葵等。

（三）芳香、观花、观果植物

栀子、桂花、含笑、米兰、夜合（*Magnolia coco*）、杜鹃花、山茶、绣球、龙吐珠、黄蝉、金脉爵床（*Sancheria speciosa*）、朱砂根、紫金牛、枸骨、日本茵芋（*Skimmia japonica*）、大岩桐（*Sinningia speciosa*）、春兰（*Cymbidium goeringii*）、铃兰、玉簪、水仙、金粟兰、九里香、君子兰（*Clivia miniata*）、报春花（*Primula malacoides*）、羊蹄甲、非洲紫罗兰（*Saintpaulia ionantha*）、伽蓝菜（*Kalanchoe laciniata*）、球兰、四季海棠（*Begonia semperflorens*）、乳茄等。

三、室内庭园的植物景观

在建筑空间内辟出一定面积，运用园林设计手法进行布局，可以建成小型的室内庭园。室内各空间，如客厅、门厅等，也需要植物来渲染空间。室内庭园可以建成游憩园，也可以建成水景园或专类花园。

游憩园一般面积较大、景观较全，在温暖地区可采用室内外过渡和与天井相结合的多种设计形式。园内不仅有山石小品、水景小桥等景点，还设置座椅及游步道。人们既可以信步赏景，又能坐息交谈。如北京国宾馆的"四季园"、广州白天鹅宾馆的"故乡水"。水景园可以水池、涌泉、壁泉等构成主要景点，不加设休息设施。植物配置以水生植物和喜阴湿的蕨类植物和观叶植物为主。专类花园采用某种专类花卉构成景观，可以适当增设水体，以提高空气湿度、丰富景观，如常用的植物有热带兰、蕨类、秋海棠类、凤梨类等。

室内植物景观首先要服从于室内空间的性质、用途，再根据其尺度、形状、色泽、质地，充分利用墙面、天花板、地面来选择植物材料，加以构思与设计，达到组织空间、改善和渲染空间气氛的目的。

（一）组织空间

室内植物造景设计主要是创造优美的视觉形象，也可通过人们嗅觉、听觉及触觉等生理及心理反应，感觉到空间的完美。

1. 连接与渗透

建筑物入口及门厅的植物景观可以起到人们从外部空间进入建筑内部空间的一种自然过渡和延伸的作用，有室内、外动态的不间断感。这样就达到了连接的效果。室内的餐厅、客厅等大空间也常透过落地玻璃窗，让外部的植物景观渗透进来，作为室内的借景，并扩大了室内的空间感，给枯燥的室内空间带来生机。日本和欧美等很多大宾馆及我国北京香山饭店都采用此法。

植物景观不仅能使室内、外空间互相渗透，也有助于相互连接，融为一体。如上海龙柏饭店用一泓池水将室内外三个空间连成一体。前边门厅部分池水仅仅露出很小部分，大部分为中间有自然光的水体，池中布置自然山石砌成的栽植池，栽植云南黄馨、菖蒲、水生鸢尾等观赏植物，后边很大部分水体是在室外。一个水体连接三个空间，而中间一个空间又为两堵玻璃墙分隔，因此渗透和连接的效果均佳。

2. 组织游赏

近年来，许多大、中型公共建筑的底层或层间常开辟有高大宽敞、具有一定自然光照及有一定温、湿度控制的"共享空间"，用来布置大型的室内植物景观，并辅以山石、水池、瀑布、小桥、曲径，形成一组室内游赏中心。

广州白天鹅宾馆充分考虑到旅游特点，采用我国传统写意自然山水园的小中见大的布置手法，在底层大厅中贴壁建成一座假山，山顶有亭，山壁瀑布直泻而下，壁上除种植各种耐荫湿的蕨类植物、沿阶草、龟背竹外，还根据华侨思乡的旅游心理，刻上了"故乡水"三个大字。瀑布下连曲折的水池，池中有鱼，池上架桥，并引导游客欣赏山水风光。池边种植风车草、艳山姜（*Alpinia zerumbet*）、棕竹等植物，高空悬吊鸟巢蕨。优美的园林景观及点题使游客流连忘返。

西欧各国有很多超级市场的室内绿化设计非常成功。进而还建设了全气候、室内化的商业街，成为多功能的购物中心。不但使用绿萝、常春藤等垂吊植物，还有垂叶榕大树以及应时花卉及各种观叶植物。通过植物景观设计，使顾客犹如置身露天商场。日本妇女擅插花，一般超级市场及大百货商店常举行插花展览，吸引女顾客光临参观并购物。商场内也常设置鲜花柜台，既营业又能美化商业环境。底层或层间常设置大型树台，宽大的周边可供顾客坐下稍事休息，或在高大的垂叶榕下设置桌椅，供饮食、休息。

大型室内游泳池为使环境更为优美自然，在池边摆置硕大真实的卵石，墙边种植大型树木及椰子等棕榈科植物，墙上画上沙漠及热带景观，真真假假，以假乱真，使游泳者犹如置身在热带河、湖中畅游。为使植物生长苗壮，屋顶常用透光的玻璃纤维或玻璃制成。

一些租借性商业用办公室的办公大楼，为提供宁静、优美的办公环境，则更注意室内的植物景观。建筑设计时已为植物景观留出空间，如英国某办公大楼，办公室布置在楼的周边，而楼的中心空出来布置层间及底层花园，电梯面向花园处为有机玻璃，电梯上下时乘客可以一直观景。办公室内面对各层花园处都用落地玻璃墙，因此虽在室内，犹如置身于自然的环境中。

欧美一些国家展览温室内的园林景观也值得称道。室内微地形起伏，有水池、瀑布、山石、道路、小桥等。个别热带温室在室内挖下 1.5~2 m 深，种植热带沟谷喜荫湿的植物，同时也等于提高了温室高度；墙上贴以上水石，种植蕨类植物；室内的植物配置充分利用热带雨林中的附生、寄生景观，既有郁郁葱葱的观叶植物，也有很多色彩绚丽的兰科、凤梨科以及众多的彩叶植物。英国爱丁堡皇家植物园仙人掌类展览温室则按生态环境布置，生石花（*Lithops pseudotruncatella*）周围铺了很多色泽、外形均颇相似的小卵石，游客饶有兴趣蹲下分辨真伪。高大的六棱柱（*Cereus hexagonus*）、仙人掌及各种多浆植物此起彼落，花朵大多极为艳丽、奇特。我国北京植物园的大温室、昆明世博园的大温室也都布置得很有特点。

3. 分隔与限定

某些有私密性要求的环境，为了交谈、看书、独乐等，都可用植物来分隔和限定空间形成一种局部的小环境。某些商业街内部，甚至动物园鸣禽馆中也可用植物进行分隔。

分隔：可运用花墙、花池、桶栽、盆栽等方法来划定界线，分隔成有一定透漏，又略有隐蔽的空间，似隔非隔、相互交融。但布置时一定要考虑到人行走及坐下时的视觉高度。

限定：花台、树木、水池、叠石等均可成为局部空间中的核心，形成相对独立的空向，供人们休息、停留、欣赏。英国斯蒂林超级市场电梯底层有一半圆形大鱼池，池中游着锦鲤鱼，池边植满各种观叶植物，吸引很多儿童及顾客停留池边欣赏。近旁就被分隔成另一种功能截然不同的空间，在数株高大的垂叶榕下设置餐桌、座椅，供顾客休息和饮食，在这熙熙攘攘的商业环境中辟出一块幽静的场所。而这两个邻近的空间，通过植物组织空间，互不干扰。

4. 提示与导向

在一些建筑空间灵活而复杂的公共娱乐场所，通过植物的景观设计可起到组织路线、疏导的作用。主要出入口的导向可以用观赏性强的或体量较大的植物引起人们的注意，也可用植物作屏障来阻止错误的导向，使之不自觉地随着植物布置的路线疏导。

(二) 改善空间感

1. 丰富与点缀

室内的视觉中心也是最具有观赏价值的焦点，通常以植物为主体，以其绚丽的色彩和优美的姿态吸引游人的视线。除活植物外，也可用大型的鲜切花或干花的插花作品。有时用多种植物布置成一组植物群体，或花台、或花池。也有更大的视觉中心，用植物、水、石，再借光影效果加强变化，组成有声有色的景观。

墙面也常被布置成视觉中心，最简单的方式是在墙前放置大型优美的盆栽植物或盆景，或在墙前辟出栽植池，栽上观赏植物，或将山墙有意凹入呈壁龛状，前面配置粉箪竹、黄金间碧玉竹或其他植物，犹如一幅壁画；或在墙上贴挂山石盆景、盆栽植物。

2. 衬托与对比

室内植物景观无论在色彩、体量上都要与家具陈设有所联系，有所协调，也要有衬托及对比。苏州园林常以窗格框以室外植物为景，在室内观赏。为了增添情趣，在室内窗框两边挂上两幅画面，或山水、或植物，与窗外活植物的画面对比，相映成趣。北方隆冬天气，室外白雪皑皑，室内暖气洋洋，再用观赏植物布置在窗台、角隅、桌面、家具顶部，显得室内春意盎然，对比强烈。

3. 遮挡、控制视线

室内某些有碍观瞻的局部，如家具侧面，夏日闲置不用的暖气管道、壁炉、角隅等都可用植物来遮挡。

(三) 渲染空间

不同室内空间的用途不一，植物景观的合理设计可给人以不同的感受。

1. 入口

公共建筑的入口及门厅是人们必经之处，逗留时间短但交通量大。植物景观应具有简洁鲜明的欢迎气氛，可选用较大型、姿态挺拔、叶片直上，不阻挡人们出入视线的盆栽植物。如棕榈、棕竹、苏铁、南洋杉等；也可用色彩艳丽、明快的盆花，盆器宜厚重、朴实，与入口体量相称。还可在突出的门廊上沿柱种植木香、凌霄等藤本观花植物。室内各入口，一般光线较暗，场地较窄，宜选用修长耐荫的植物，如棕竹、风车草等，给人以线条活泼和明朗的感觉。

2. 客厅

客厅是接待客人或家人聚会之处，讲究柔和、谦逊的环境气氛。植物配置时应力求朴素、美观大方，不宜复杂。色彩要求明快，晦暗会影响客人情绪。在客厅的角落及沙发旁，宜放置大型观叶植物，如南洋杉、垂叶榕、龟背竹、棕榈科植物等，也可利用花架来布置小型盆花，或垂吊或直上，如绿萝、吊兰、蟆叶海棠（*Begonia rex*）、四季海棠等，使客厅一角多姿多态，生机勃勃。角橱、茶几上可置小盆的兰花、彩叶草、球兰、万年青、风车草、仙客来等，或配以插花。橱顶、墙上配以垂吊植物，可增添室内装饰空间画面，更具立体感，又不占客厅面积，常用吊竹梅、白粉藤、蕨类、常春藤、绿萝等。如适当配上字画或壁画，环境则更为素雅。

3. 居室

居室为休息及安睡之用，要求具有令人感觉轻松、能松弛紧张情绪的气氛，但对不同性格者可有差异。对于喜欢宁静者，只需少许观叶植物，体态宜轻盈、纤细，如吊兰、文竹、波士顿蕨，也可选用非洲紫罗兰等花色素雅的应时花卉；角隅可布置巴西铁树、袖珍椰子等。对性格活泼开朗，充满青春活力者，除观叶植物外，还可增加些花色艳丽的火鹤花（*Anthurium andraeanum*）、天竺葵、仙客来（*Cyclamen persicum*）等盆花，但不宜选择大型或浓香的植物。儿童居室要特别注意安全性。以小型观叶植物为主，并可根据儿童好奇心强的特点，选择一些有趣的植物，如三色堇、蒲包花（*Calceolaria herbeohybrida*）、变叶木、猪笼草（*Nepenthes mirabilis*）、捕蝇草（*Dionaea muscipula*）、含羞草等，再配上有一定动物造型的容器，既有利于儿童思维能力的启迪，又可使环境增添欢乐的气氛。

4. 书房

作为研读、著述的书房，应创造清静雅致的气氛，以利聚精会神钻研攻读。室内布置宜简洁大方，用棕榈科等观叶植物较好。书架上可置垂蔓植物，案头上放置小型观叶植物。

5. 楼梯

楼梯常形成一个阴暗、不舒服的死角。配置植物既可遮住死角，又可增添美化的气氛。一些大型宾馆、饭店，为提高环境质量，对楼梯部分的植物配置极为重视。较宽的楼梯，可每隔数级置一盆花或观叶植物，在宽阔的转角平台上，可配置较大型的植物，如橡皮树、龟背竹、龙血树、棕竹等；扶手的栏杆也可用蔓性的常春藤等，任其缠绕，使周围环境的自然气氛倍增。

第三节　屋顶花园设计

从一般意义上讲，屋顶花园是指在一切建筑物、构筑物的顶部、天台、露台之上所进行的绿化装饰及造园活动的总称。它是根据屋顶的结构特点及屋顶上的生境条件，选择生态习性与之相适应的植物材料，通过一定的配置设计，从而达到丰富园林景观的一种形式。

随着城市的进步，用屋顶空间进行绿化美化得到更多重视，改善人们的工作和生活环境是屋顶花园迅速发展的主要原因。屋顶花园可以改善屋顶眩光、美化城市景观，增加绿色空间与建筑空间的相互渗透，并且具有隔热和保温效能、蓄雨水的作用。屋顶花园使建筑与植物更紧密地融成一体，丰富了建筑的美感，也便于居民就地游憩，减少市内大公园的压力。当然屋顶花园对建筑的结构在解决承重、漏水方面提出了要求。

公元前 604 年至公元前 562 年，新巴比伦国王尼布甲尼撒二世为博得王后赛米拉米斯的欢心，下令堆筑土山，在山上用石柱、石板、砖块、铅饼等垒起边长125m、高 25m 的台子，台上种植花草及高大的乔木，并将河水引上台子，筑成溪流和瀑布等，这就是被称为古代世界七大奇迹之一的"空中花园"，它是目前被公认的最早的屋顶花园。

现代屋顶花园的发展始于 1959 年，美国的一位风景建筑师，在奥克兰凯瑟办公大楼的楼顶上，建造了美丽的空中花园。从此，屋顶花园便在许多国家相继出现，并日臻完美。如美国华盛顿某停车场上的屋顶花园，植物配置同周围的建筑和地面的植物协调统一，使整个小区绿化融为一体；美国水门饭店的屋顶花园，在种植槽内种上色彩鲜艳的草本花卉，并设置喷泉及跌水，奏出了流动的乐章；韩国某饭店屋顶花园，利用低矮的彩叶植物，依建筑物的自然曲线修剪成形，结合天蓝色的园路铺装及块石点缀，塑造出一种海滨沙滩的意境。目前，屋顶花园在欧美国家尤其在德国、法国、美国、挪威等相当流行，澳大利亚和新西兰也很热衷，亚洲的日本、新加坡等国则将屋顶花园作为建筑设计的一部分，并制定了相关法规。

与西方发达国家相比，我国的屋顶花园由于受资金、技术、材料等多种因素的影响，发展较慢，20 世纪 80 年代初才开始尝试，但也出现了一批较为著名的屋顶花园，如北京长城饭店、北京首都宾馆、广州东方宾馆、成都饭店、兰州市园林局办公楼、上海金桥大厦等建筑物上的屋顶花园。

随着城市经济的发展和地产行业的兴起，我国屋顶花园建设也正在逐步兴起，一些经济发达城市已将屋顶花园建设列入城市规划之中。2004～2008 年《北京市城市环境建设规划》要求，北京市的高层建筑中 30% 要进行屋顶绿化，低层建筑中60% 要进行屋顶绿化。上海市至 2004 年底已建成屋顶花园近 12 万 m^2，并从 2005年将屋顶花园纳入绿化管理条例。随着全国卫生城市的评比及人们对城市居住环境要求不断提高，屋顶绿化必然被更多的城市纳入规划建设之中，发挥其巨大的优势。

一、屋顶花园的功能

(一) 丰富建筑和城市景观

屋顶花园的建造，能丰富城市建筑群体的轮廓线，充分展示城市中各局部建筑的面貌，使绿色空间与建筑空间相互渗透，从而使城市的俯视景观变得更加优美。同时，精心设计的屋顶花园能够与建筑物完美结合，并通过植物的季相变化，赋予建筑物以时间和空间的季候感。

(二) 调节人们的心理和视觉感受

屋顶花园把大自然的景色移到建筑物上，把植物的形态美、色彩美、芳香美、韵律美展示在人们面前，对减缓人们的紧张度、消除工作中的疲劳、缓解心理压力、保持正常的心态起到良好的作用。同时，屋顶花园中的绿色，代替了建筑材料的白、灰、黑色，减轻了阳光照射下反射的眩光，增加了人与自然的亲密感，调节人的神经系统，使紧张疲劳得到缓和消除，使激动情绪恢复平静。

当今，在经济高度发展，竞争激烈的社会，人们生活和工作处于极度紧张的环境，当人们逃避开喧嚷的街市或离开劳累的工作环境后，移身于静雅的屋顶花园树木花卉芳草环境中，脑神经系统就会从强刺激性的压抑中解放出来，在宁静安逸的气氛中得到休息和调整。而屋顶花园的绿化正满足了身居闹市环境中人们的这种需求。

(三) 生态环境功能

改善城镇的生态环境，增加城市的绿化面积是屋顶花园的环境效能。理想的现代化花园城市，要求有一定的绿地面积来确保城市生态环境的质量。而城镇的发展特征之一，就是大量工业与民用建筑的兴建，其不可避免的是侵占城市的绿地面积。屋顶花园能补偿建筑物占有的绿地面积，大大提高城市的绿化覆盖率。屋顶花园植物生长位置高，能在城市空间多层次净化空气，起到地面植物达不到的效果。

(四) 改善屋顶眩光

随着城市高层、超高层建筑的兴建，更多的人们将工作与生活在城市高空，不可避免地要经常俯视楼下的景物。除露地绿化带外，主要是道路、硬铺装场地和低层建筑物的屋顶。建筑屋顶的表面材料，常采用简瓦、水泥瓦、水泥板砖和黑色油毡沥青等防水卷材。无论使用哪种屋顶材料，其高空鸟瞰景观极差。在强烈的太阳光照射下反射刺目的眩光，将损害人们的视力。

人眼观看最舒适的颜色是绿色。在人的视野中，当绿色达到25%时，人的心情最舒畅，精神感觉最佳。在鳞次栉比的城市建筑中，屋顶花园和墙面垂直绿化，代替了不受人们欢迎的灰色混凝土、黑色沥青和各类墙面。对于身居高层的人们，无论是俯视大地还是仰视上空，如同置身于绿化环抱的园林美景之中。

北京长城饭店和国际饭店在其低层裙楼屋顶均建造屋顶花园，除避免了客房窗外天台面的眩光反射外，还起到在室内的借景功能；杭州黄龙饭店，在其裙房屋顶上，建造了屋顶花园，使住在饭店高层的客人俯视时，裙房上的花园与地面庭院联成一体，设计者还把屋顶花园的水体和庭院假山流水相连，形成人工高山流水景观，受到宾客的好评。

（五）隔热和保温效能

屋顶花园直接保护了建筑物顶端的防水层，起到隔热的作用，达到冬暖夏凉的目的。在炎热的夏季，照射在屋顶花园上的太阳辐射热，多被消耗在土壤水分蒸发之中或被植物吸收，有效地阻止了屋顶表面温度的升高。随着种植层的加厚，这种作用会愈加明显。在寒冷的冬季，外界的低温空气将由于种植层的作用而不能侵入室内，室内的热量也不会轻易通过屋顶散失。同时，屋顶花园也增强了建筑物顶层的减噪功能。

上海市某汽车库平屋顶上屋顶花园，采用地毯式地被植物。数据测定表明，夏季在开放系统中（房间门窗全部敞开，室内外空气自由流通）室内温度比室外气温降低 2 ~ 3℃。在封闭系统中（房间门窗全部关闭）室内温度比室外气温降低 5 ~ 6℃。最高可达 8℃，且气温越高，降温效果越明显。

北京市东城区园林局曾在某中学五层楼顶进行屋顶花园冬季保温测定。种植基质为 200mm 厚锯末，植物材料为草莓，12 月份的观测表明，屋顶有绿化的房间比无绿化覆盖的房间平均温度高 2.4℃。

（六）蓄雨水作用

建筑屋顶构造一般分为坡屋顶和平屋顶两大类。雨水流经坡屋顶时几乎全部通过屋面流入地下排水管道；未经绿化的平屋顶则有 80% 雨水排入地下管网。而屋顶花园中植物对雨水的截留和蒸发作用，以及具有较大吸水能力的人工种植土对雨水的吸收作用，使屋顶花园的雨水排放量明显减少。一般只有 30% 雨水通过屋顶花园排水系统排入地下管网。

屋顶花园对雨水的截流效应可以产生两方面的效果。首先，随着屋顶花园日益增多，大雨后通过屋顶花园排入城市下水道的水量将明显减少，城市排水管网直径可以适当缩小，从而节约市政设施投资。其次，屋顶花园中截流的 70% 雨水，将在雨后的一段时间内，储存在屋顶上，并逐渐地通过蒸发和植物蒸腾扩散到大气中去，从而改善了城市的空气与生态环境。

屋顶花园是城市园林绿化的一种新形式，为改善城市生态环境、创建花园城市开辟了新的途径。当然，屋顶花园所具有的各种功能，不可能在同一个屋顶花园中全部体现出来，但屋顶花园的积极作用是明显的，它为人们改善城市环境展示了美好的前景。

二、屋顶花园的生态因子

影响屋顶花园营建的生态因子包括土壤、温度、光照、空气湿度和风。与传统种植不同，这些生态因子具有自身独特的特点。

（一）土壤

土壤因子是屋顶花园与平地花园差异较大的一个因子。由于受建筑物结构的制约，一般屋顶花园的荷载只能控制在一定范围之内，土层厚度不能超出荷载的标准。较薄的种植土层，不仅极易干燥，使植物缺水，而且土壤养分含量较少，需定期添加土壤腐殖质。

（二）温度

由于建筑材料的热容量小，白天接受太阳辐射后迅速升温，晚上受气温变化的影响又迅速降温，致使屋顶上的最高温度高于地面最高温度，最低温度又低于地面的最低温度，日温差和年温差均比地面变化大。过高的温度会使植物的叶片焦灼、根系受损，过低的温度又给植物造成寒害和冻害。但是，一定范围内的温差变化也会促使植物生长。夏季昼夜温差大，土壤温度高，肥料容易分解，对植物生长有利。

（三）光照

屋顶上光照充足，光照强，接受日辐射较多，为植物光合作用提供了良好环境，利于阳性植物的生长发育。同时建筑物的屋顶上紫外线较多，日照长度比地面显著增加，这就为某些植物，尤其为沙生植物的生长提供了较好的环境。

（四）空气湿度

屋顶上空气湿度情况差异较大。一般而言，低层建筑上的空气湿度同地面差异很小，而高层建筑上的空气湿度由于受气流的影响大，往往明显低于地表。干燥的空气往往成为一些喜湿润植物生长的限制因子。

（五）风

屋顶上气候通畅，易产生较强的风，而屋顶花园的土层较薄，乔木的根系不能向纵深处生长，故选择植物时，应以浅根性、低矮而又抗强风的植物为主。

三、屋顶花园植物景观营造

屋顶花园的景观形式视其使用要求而定，但无论哪种使用要求和形式，都应该以绿色植物为主体。尽管可以布置假山、水池、雕塑、棚架等，但在屋顶有限的面积和空间内，各类草坪、花卉、树木所占的比例应在50%～70%以上。

（一）屋顶花园植物的选择

屋顶生态因子与地面不同，日照、温度、湿度、风力等都随着楼层的增加而变化。屋顶上的风力大、土层薄，选用根系太浅的植物容易被风吹倒；若加厚土层，便会增加重量。而且，乔木或深根系植物发达的根系还会影响防水层而造成渗漏。

因此，屋顶花园在选择植物时，应选用喜光、比较低矮健壮、耐干燥气候、浅根性、能抗风、耐寒、耐旱、耐移植、生长缓慢的植物种类和品种。

1. 灌木和小乔木

常用的灌木和小乔木有，鸡爪槭、红枫、南天竹、紫薇、木槿、贴梗海棠、蜡梅、月季、玫瑰、海棠、红瑞木、山茶、茶梅、桂花、牡丹、结香、八角金盘、金钟花、连翘、迎春、栀子、金丝桃、紫叶李、绣球、棣棠、枸杞、石榴、六月雪、福建茶、变叶木、石楠、黄金榕、一品红、龙爪槐、龙舌兰、假连翘、桃花、樱花、小叶女贞、合欢、夹竹桃、无花果、番石榴、珍珠梅、黄杨、雀舌黄杨，以及紫竹、箬竹、孝顺竹等多种竹类植物。

2. 草本花卉和草坪草、地被植物

草本花卉有天竺葵、球根秋海棠、菊花、石竹、金盏菊、一串红、风信子、郁金香、金盏菊、凤仙花、鸡冠花、大丽花、金鱼草、雏菊、羽衣甘蓝、翠菊、美女樱、马缨丹、太阳花（*Portulaca grandiflora*）、千日红、虞美人、美人蕉、萱草、鸢尾、芍药、葱莲等。草坪草与地被植物常用的有天鹅绒草、早熟禾、酢浆草、土麦冬、蟛蜞菊、吊竹梅、吉祥草等。水生花卉有荷花、睡莲、菱角、凤眼莲等。此外，仙人掌科也常用于屋顶花园。

3. 攀援植物

爬山虎、紫藤、常春藤、常春油麻藤、炮仗花、凌霄、扶芳藤、葡萄、薜荔、木香、蔷薇、金银花、西番莲、木通、牵牛花、茑萝、丝瓜、佛手瓜（*Sechium edule*）。

（二）屋顶花园的配置

1. 种植层的厚度

种植层的厚度一般依据所选用的植物种类而定：草坪和低矮的草花 15～30cm，小灌木 30～45cm，大灌木 45～60cm，小乔木 60～90cm，深根性大乔木 90～150cm（图8-7）。草坪和乔灌木之间以斜坡过渡。这是只能满足植物基本生存所需的最低土壤条件，所以，种植层的厚度应尽可能大于此最小值。

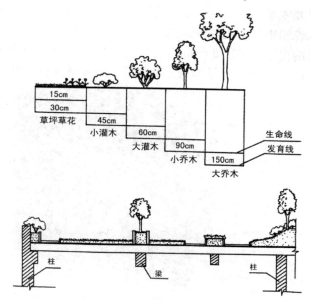

图8-7　种植层厚度示意图

2. 种植方式

主要有地栽、盆栽、桶栽、种植池栽和立体种植（栅架、垂吊、绿篱、花廊、攀援种植）等。选择种植方式时不仅要考虑功能及美观需要，而且要尽量减轻非植物重量（如花盆、种植池之重）。多用垂直绿化可以充分利用空间，增加绿量。绿篱和栅架不宜过高，且其每行的延伸方向应与常年风向平行。如果当地风力常大于20m/s，则应设防风篱架，以免遭风害。

3. 植物配置形式

根据植物造景的方式，屋顶花园可以分为以下几种形式。

地毯式：在承载力较小的屋顶上，以草坪、地被植物或其他低矮花卉、花灌木为主进行造园的一种形式。一般种植层厚度在 30cm 以下。除了草坪草、仙人掌类植物、迎春等低矮灌木以外，若采用五叶地锦、凌霄等攀援植物作地被，不但可以迅速覆盖屋顶，而且茎蔓延伸到屋檐下可以形成悬垂的植物景观。

群落式：对屋顶荷载要求较高，一般不低于 400kg/m²，种植层应厚达 70cm 以上。植物配置时考虑乔、灌、草的生态习性，按自然群落的形式营造成复层人工群落。由于乔灌木的遮阴作用，草本花卉和地被植物可以选择喜荫或耐荫的种类，如麦冬、葱莲、八角金盘、杜鹃花等。

中国古典园林式：把我国传统的写意山水园林加以取舍，建造屋顶花园，这种形式常见于一些宾馆的顶层之上。园中一般要构筑小巧的亭台楼阁，或堆山理水、筑桥设舫，以求曲径通幽。植物配置要从意境上着手，小中见大，如用一丛矮竹表示高风亮节，一株曲梅可写意"暗香浮动"。

(三)屋顶种植层的构造技术

屋顶花园必须考虑屋顶的安全和实用问题，这也是能否成功建造屋顶花园的两大因素，其中关键技术是如何解决承重和防水。

种植区是屋顶花园中最重要的组成部分之一，而它的合理构造是决定屋顶花园植物能否正常生长的保证。屋顶花园的种植区构造层由上至下分别由植被层、基质层、隔离过滤层、排(蓄)水层、保湿毯、根阻层、分离滑动层等组成(图 8-8)。

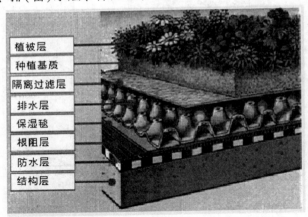

图 8-8 种植区的基本构造

1. 植被层

即适合屋顶栽植的各种植物，包括乔木、灌木、草坪、地被植物、攀援植物等。

2. 基质层

屋顶花园中的基质层是能满足植物良好生长要求的土壤层。应当具有较低的水饱和容重，除了能很好地满足植物的生长要求外，还需具有良好的渗透、蓄水性能和具有一定的空间稳定性。在经常降水的地区或每次降水量比较丰富的地区(如广州、深圳)，种植基质应粗糙些。

屋顶花园的静荷载中，以种植基质的荷重最大，所以要在满足植物生长的情况下，尽量减轻荷重，包括选择种植基质的厚度和材料，关键要选一些轻质材料如稻壳灰、锯木屑、蛭石、蚯蚓土、珍珠岩、炭渣、泥炭土、泡沫有机树脂制品等。

①稻壳灰：干重为100kg/m³，水饱和容重为230kg/m³，含钾肥较多，通气透水性能良好，可与腐殖土混用。

②锯木屑：水饱和容重为584kg/m³，比53号蛭石（水饱和容重1 054kg/m³）和一般菜园土（水饱和容重为1 600kg/m³）要轻许多，且木屑表面粗糙孔隙多，有一定的保水、保肥能力，富含有机质和微量元素，价格便宜，易取材。不足是木屑轻、易被风卷走，且浇水后会发酵，产生有机酸和热量，对植物生长不利。应在夏季堆放浇水加入少量石灰发酵腐熟后再用（石灰中和有机质酸和加快腐熟）。加入适量腐殖土效果更好。

③蛭石：水饱和容重为650kg/m³，疏松透气，保水排水性好，有一定保肥能力，但易风化，本身缺肥力，只能与腐殖土混用。

④珍珠岩：水饱和容重为290kg/m³，粒小而轻，结构稳定，不易破碎，颗粒间隙度大，故保水，排水性强，但本身肥力低，要与腐殖土混用。

⑤泥炭土：含有大量腐烂植物，肥力高，呈酸性，质地轻松，有团粒结构，保水力强，但缺点是含水力强，水饱和容重大，不能单独在楼顶花园上使用，应和其他轻质材料如蛭石、珍珠岩等混用，才能形成理想的轻质材料。在实践中，为同时达到轻质、肥效、保水、排水等良好的效果，通常是几种基质或和腐殖土混用。

在屋顶花园的设计建造中，应在荷载允许的前提下，根据设计种植的植物种类不同，尽量提供最适合其生长所需的土层厚度，以保证绿化的效果。不同类型植物对适合其生长要求的土壤厚度有很大的不同，在屋顶花园设计中应根据实际情况来配置合理的土层厚度和适宜生长植物。

3. 隔离过滤层

隔离过滤层是为了防止种植基质中较细的土壤颗粒随雨水冲刷流失，并堵塞蓄/排水板和排水管道系统，因此必须在基质层下设置隔离过滤层用于阻止基质进入排水系统。

现多用既能透水又能起过滤作用的聚醋纤维无纺布（俗称土工布）作为隔离过滤层材料。隔离过滤层铺设在基质层下，铺设时搭接缝的有效宽度应达到10～20cm，并向建筑侧墙面延伸至基质表层下方5cm处。

4. 排水层

排水层铺设在防水层之上，隔离过滤层之下。用于改善种植基质的通气状况，快速排出土中多余的滞水，有效缓解瞬时压力。

传统的屋顶花园施工做法中常采用砾石或陶粒层来作为排水层材料。这在一些荷载较充分的游憩型屋顶花园中应用较多，特别是在一些地下停车库屋顶花园中。因其覆土厚、建筑荷载预留较大，加之造价相对低廉且施工又方便，所以在我国至今仍有大量应用。

而对于覆被型屋顶花园和一些建筑荷载相对较小的屋顶花园来说，采用纤维多孔网或蓄/排水板来充当排水层材料是较好的选择。它们一般多采用高抗冲聚苯乙烯为材料制成，耐久、轻便而且可抗高压，运用它替代原来的砾石和陶粒可以大大减轻屋面的荷载。以蓄/排水板为例，它具有贮水和排水双重功能，尤其适用于覆被型屋顶花园工程中。现在我国相当部分的屋顶花园也已开始大量采用这种蓄/排水板来施工。这种产品的设计特点是：质量轻、抗高压、透气；能起到良好顺畅的排水作用，同时还可储存一定量的水分供植物生长之用。针对具体的需要可以选择不同蓄/排水量、不同抗压强度的型号产品，施工也相当简易。

5. 保湿毯

从种植基质渗透到下面的水分，可通过保湿毯的吸收作用而保留一定量的水分，当上层的种植基质缺水时，它附含的水分便可以反向蒸发到土壤里面，增加土壤的湿润度和氧气饱和度，以供植物生长之需；另一方面保湿毯又可以保护下面的根阻层和屋面防水层。保湿毯施工铺设时无需搭接，相邻排列紧密即可。

6. 根阻层

（1）根阻层的作用

防止植物根系穿透防水层而造成屋面防水系统功能失效。植物的根系有朝着有水的地方生长的特性，在屋顶花园中植物的根系随着不断的生长会穿透土工布，然后从蓄/排水板的接缝中继续向下生长，甚至还会继续向下穿透防水层的接缝，所以需要用根阻层来阻挡植物根系对防水层的破坏。在人工基盘上进行园林建设，由于排水、蓄水、过滤等功能的需要，其种植结构层远比普通自然种植的结构复杂，而防水层一般处于屋顶花园系统的最下面一层。如果一旦防水层被穿透而进行维修时，将导致运作良好的其他各层被同时翻起，增加不必要的直接维修费用。

防止植物根系穿透结构层而造成更为严重的结构破坏。在没有阻拦措施的情况下，屋顶所种植物的根系会扎入屋面突出物（如电梯井、通风孔等）的结构层、女儿墙而造成结构破坏。这种破坏不仅比第一种情况会增加更多的维修费用，而且如不及时补救，将会危及整个建筑物的使用安全。

因此，从经济和安全角度考虑，植物根阻层的设置对于屋顶花园的建设是不可或缺的。如果忽略植物根阻层的设置，将造成因小失大的严重后果。

（2）根阻层的材料选择和铺设

根阻层材料一般有合金、橡胶、PE（聚乙烯）和 HDPE（高密度聚乙烯）等类型。根阻层铺设在蓄/排水层下，搭接宽度不小于 100cm，并向建筑侧墙面延伸 15 ~ 20cm。对于刚性防水屋面或采用具有隔根作用的柔性防水屋面，根阻层可以省略。

7. 分离滑动层

分离滑动层用于防止根阻层与防水层材料之间产生粘连现象。

分离滑动层铺设在根阻层下，一般采用玻纤布或无纺布等材料。搭接缝的有效宽度应达到 10 ~ 20cm，并向建筑侧墙面延伸 15 ~ 20cm。柔性防水层表面应设置分离滑动层；刚性防水层或有刚性保护层的柔性防水层表面，分离滑动层可省略不铺。

8. 防水层

屋顶花园防水施工做法和材料有很多种，宜优先选择耐植物根系穿刺的施工做法和防水材料。

（1）柔性防水

由油毡或 PEC 高分子防水卷材粘贴而成的防水层，铺设防水材料应向建筑侧墙面延伸，应高于基质表面 15cm 以上。市面常见的高聚物改性沥青防水卷材有 SBS 改性沥青等防水卷材、APP 改性沥青等防水卷材；合成高分子防水卷材有三元乙丙橡胶防水卷材、聚氯乙烯防水卷材等。

（2）刚性防水

常用的刚性防水层的做法是在原屋面上整浇 50mm 厚细石钢筋硅，内配 ¢ 4@ 200 双向单层钢筋网，并按规范设置浮筑层和分格缝。在所用混凝土中可加入适量微膨胀剂、减水剂、防水剂等，以提高其抗裂、抗渗性能。这种防水层比较坚硬，能有效防止根系发达的乔灌木根系穿刺，而且整体性好，使用寿命也较长，缺点是荷载较大。

以前这种做法常用于一些大型的游憩型屋顶花园中，如类似地下车库屋顶绿化等，现在常采用在 SBS 改性沥青等防水卷材上设置刚性保护层，这种钢柔结合的替代做法效果也不错。

（四）养护

屋顶花园地点特殊、气候较差、土层较薄，因管理不善，已建好的屋顶花园又废弃的例子很多，所以说养护管理尤为重要。应加强日常工作，建立完善的、切实可行的管理措施和体制，责任到人。要提高居民、工作人员和游客的参与意识和责任。

（1）浇水。浇水要适宜，既不能过多，也不能过少，要本着少浇和勤浇的原则。

（2）施肥。要根据不同植物和植物的不同生长发育阶段来进行施肥。

（3）补充种植基质。由于自然流失、老化，需及时更新种植基质，以便给植物以充足的营养。

（4）防寒、防日灼、防风。北方冬季气候寒冷，要熟悉植物的抗寒性。特别是对一些新栽的植物，冬季要及时防寒，比如用防风布、稻草、土培植物根茎，或者用防冻剂对植物进行喷洒都可以取得较好的效果。屋顶花园的光照较强，日照时间又较长，要注意夏季光线的日灼，可以临时搭置一些遮阴棚，注意尽量不要妨碍景观效果；栽植的时候注意将树木主干成组组合、绑扎支撑或者将植物用三角形支撑棍进行支撑，以防止树木被风吹倒。

（5）防止病虫害。注意及时用一些无公害、低毒、低残留的药剂对各种植物病虫害进行防治。

（6）给排水。对已建成的屋顶花园的给排水和渗漏情况要及时进行检查和维修，防患于未然。

思考题

1. 举例说明植物对建筑的景观作用。

2. 查阅有关资料，分析古典园林中不同建筑类型的植物配置特点。

3. 简述屋顶花园的功能和设计要点。

4. 室内植物造景中对植物材料有何要求？总结当地用于室内植物造景的主要植物种类。

第九章　水体与植物造景

水是植物生活必不可少的生态因子，植物又是水景的重要依托。只有利用植物变化多姿、色彩丰富的观赏特性，才能使水体的美得到充分的体现和发挥。水岸石壁、悬葛垂萝可以形成令人神往的绿幕，经挂山花野草，曲涧幽溪可增添人工园林的野趣与亲切感；"疏影横斜水清浅，暗香浮动月黄昏"最形象地说明了植物、水体、动感、月色所构成地一幅优雅、宁静的图画。在水中栽种荷花，即使没有影，但荷花的姿韵，也能散发出诗意般的幽香，而在水中配置香蒲、凤眼莲，也可产生一种恬淡、质朴的田园风光。

第一节　园林植物与水体的景观关系

水是园林的灵魂，水体给人以明净、清澈、近人、开怀的感受。古今中外的园林，都非常重视水的运用，在各种风格的园林中，水体均占有重要位置。《山泉高致·山水训》云："水，活物也，其形欲深静、欲柔滑、欲汪洋、欲回环、欲肥腻、欲喷薄、欲激射、欲多泉、欲远流、欲瀑布插天、欲溅扑入池、欲渔钓怡怡、欲草木欣欣、欲挟烟而秀媚、欲照溪谷而光辉，此水之活体也。"堪称对水体绝妙的刻画。

园林中的各类水体，无论面积大小、形状如何，无论在园林中是主景、配景或小景，无一不借助植物来丰富水体的景观。水生植物对水景起着重要的作用，清澈透明的水色、平静如镜的水面是园林植物的底色，与绿色互相调和，与鲜花衬托对比，相映成趣、景色宜人。植物以其洒脱的姿态、优美的线条、绚丽的色彩点缀水面和岸边；水中的植物倒影也加强了水体的美感，使水面和物体都变得生动活泼。

我国古典园林几乎无园不水，无论是气势恢宏、富丽堂皇的北方皇家园林，还是精巧雅致的江南私家园林，对园林水景中水生植物的造景都极为重视，不仅充分利用水生植物本身的形态、色彩，而且注重利用植物的文化内涵来创造诗情画意的园林意境。承德避暑山庄著名的七十二景中，以水生植物命名的景点就有"曲水荷香"、"香远益清"、"采菱渡"、"观莲所"等；杭州西湖的"曲院风荷"种植大面积荷花，盛夏时节创造出"接天荷叶无穷碧，映日荷花别样红"的壮丽景观，建筑更具意境；苏州私家园林无一不注重水体的造景，以水生植物点景的景点就有远香堂、留听阁等。

西方园林同样重视水景的创造。无论是规则式园林还是自然式园林，都常常选用包括水生植物在内的各种植物进行装饰和美化。与中国园林中常用水生植物创造富于想象空间的意境的造园手法不同，西方园林多以展现水生植物自身的形体美为主，通过水生植物对水体的点缀而使人产生回归自然的感觉，并注意水生植物生态功能的发挥，特别在自然式园林中，对池沼、小溪、河流、湖面等水体除用水生植物布置水面外，十分重视选用耐湿植物在岸边及浅水处栽植，同时注意岸边乔木树种及建筑物对水体的衬托作用。如英国谢菲尔德公园的一个湖面，以巨杉和松柏类的绿色为背景，前面配置杜鹃花、红枫、北美唐棣、卫矛、金叶美洲花柏等，水边配置落新妇、黄花鸢尾、观音莲(*Lysichiton americanus*)，水中点缀红睡莲和白睡莲，倒影及湖边植物色彩绚丽夺目。

第二节　各类水体的植物配置

一、水体植物配置的原则

水体的植物配置，必须符合生态性、艺术性和多样性的原则。

(1)生态性原则：种植在水边或水中的植物在生态习性上有其特殊性，植物应耐水湿，或是各类水生植物(图9-1)，自然驳岸更应注意。

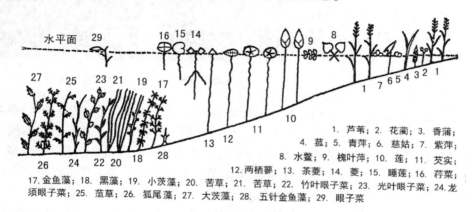

1. 芦苇；2. 花蔺；3. 香蒲；4. 菰；5. 青萍；6. 慈姑；7. 紫萍；8. 水鳖；9. 槐叶萍；10. 莲；11. 芡实；12. 两栖蓼；13. 茶菱；14. 菱；15. 睡莲；16. 荇菜；17. 金鱼藻；18. 黑藻；19. 小茨藻；20. 苦草；21. 苦草；22. 竹叶眼子菜；23. 光叶眼子菜；24. 龙须眼子菜；25. 菹草；26. 狐尾藻；27. 大茨藻；28. 五针金鱼藻；29. 眼子菜

图9-1　水生植物生态示意图(引自严素珠《中国水生高等植物图说》)

(2)艺术性原则：水给人以亲切、柔和的感觉，水边配置植物时宜选树冠圆浑、枝条柔软下垂或枝条水平开展的植物，如垂枝形、拱枝形、伞形等。宁静、幽静环境的水体周围，宜以浅绿色为主，色彩不宜太丰富或过于喧闹；水上开展活动的水体周围，则以色彩喧闹为主。

(3)多样性原则：根据水体面积大小，选择不同种类、不同形体和色彩的植物，形成景观的多样化和物种的多样化。

二、各类水体的植物配置

园林中的水体根据其静、动态，大体上可分为两类，即静水和动水。静态的水面给人以安静、稳定感，令人退想沉思，是适于独处思考和亲密交往的场所，其艺术构图常以影子为主。静态的水面包括池、塘、湖等形式，或柔媚，或静温，或深远。

动态的水则活泼、多变、跳动，令人激昂、雀跃，加上种种不同的水声，更加引人注意，可以更好地活跃气氛，增添乐趣。常见的动态水景包括河、溪、瀑、泉、跌水、壁泉、水帘等，其中以喷泉的形式最为多变、丰富。

此外，水体依形状有规则式和自然式，还有大小和深浅之分。

（一）湖

湖是园林中常见的水体景观，一般水面辽阔，视野宽广，多较宁静，如杭州西湖（图9-2）、济南大明湖、南京玄武湖、武汉东湖、北京颐和园昆明湖等。

湖的驳岸线常采用自由曲线，或石砌，或堆土，沿岸种植耐水湿植物，高低错落，远近不同，与水中的倒影内呼外应。进行湖面总体规划时，常利用堤、岛、桥等来划分水面，增加层次，并组织游览路线；在较开阔的湖面上，还常布置一些划船、滑水等游乐项目，满足人们亲水的愿望。水岸种植时以群植为主，注重群落林冠线的丰富和色彩的搭配。

图9-2　杭州西湖长桥附近的植物配置

杭州西湖，湖面辽阔，视野宽广。沿湖景点突出了季相景观，如苏堤春晓、曲院风荷、平湖秋月等。春季，桃花柳绿，垂柳、悬铃木、枫香、水杉、池杉等树木一片嫩绿；迎春、日本樱花、碧桃、垂丝海棠、流苏先后吐艳，与嫩绿的叶色交相辉映。西湖之秋更是绚丽多彩，红、黄、紫应有尽有，色叶树种丰富，诸如无患子、银杏、鸡爪槭、枫香、乌桕、三角枫、柿树、油柿、重阳木、水杉等。

广州华南植物园的内湖岸有几处很优美的植物景观，采用群植的方式，种植有大片的落羽杉林、假槟榔林、散尾葵树群等；西双版纳植物园内湖边的大王椰子及丛生竹也是湖边植物配置引人入胜的景观。

（二）池

在较小的园林中常建池，为了获得"小中见大"的效果，水边植物配置一般突出个体姿态或色彩，多以孤植为主，创造宁静的气氛；或利用植物分隔水面空间，增加层次，同时也可创造活泼和宁静的景观。水面则常种植萍蓬草、睡莲、千屈菜等小型水生植物，并控制其任意蔓延。

中国传统园林中常建池，如苏州留园、网师园，颐和园中的谐趣园等。如网师园的池面仅410m²，水面集中，略呈方形。池边植柳、碧桃、玉兰、黑松、侧柏、白皮松等，疏密有致，既不挡视线，又增加了植物层次。池边一株苍劲、古拙的黑松，树冠及虬枝深向水面，倒影生动，颇有画意。在叠石驳岸上配置了云南黄馨、紫藤、薜荔、爬山虎等，使得高于水面的驳岸略显悬崖野趣（图9-3）。杭州植物园百草园中的水池四周，植以水杉、枫香等高大乔木，岸边点缀鱼腥草、蝴蝶花、石菖蒲、鸢尾等水生、湿生植物，在面积仅168m²的水面上布满了树木倒影，水面空间的意境非常幽静。

现代园林中，在规则式的区域，池的形状多为几何形式，外缘线多硬朗而分明，池边的植物配置常以花坛或修剪成圆球形整形灌木为主。

（三）溪流

溪流是发源于山区的小河流，受流域面积的制约，其长度、水体差异很大（图9-4）。溪流是自然山涧中的一种流水形式，其形态、声响、流量与坡度、沟宽度及沟底的质地有很大关系。宽而滑的沟水流比较

图9-3　苏州网师园水中倒影

稳定，沟底粗糙不平，则水流会有高低缓急的变化，产生种种不同的景观。

溪是一种动态景观，但往往处理成动中取静的效果。两侧多植以密林或群植树木，溪流在林中若隐若现。为了与溪水的动态相呼应，可以布置成落花景观，将李属、梨属、苹果属等单个花瓣下落的植物配于溪旁，秋色叶植物也是很好的选择。林下溪边常配喜阴湿的植物以及小型挺水植物，如蕨类、天南星科、虎耳草、冷水花、千屈菜、风车草（*Cyperus alternifolius*）等，颇具有乡村野趣（图9-5）。

图9-4　崂山北九水的山涧小溪

图9-5　杭州西湖附近一条小溪的植物配置

现代园林中多为人工形成的溪流。杭州玉泉溪位于玉泉观鱼东侧，为一条人工开凿的弯曲小溪涧。引玉泉水东流入植物园的山水园，溪长60m余，宽仅1m左右，两旁散植樱花、玉兰、女贞、云南黄馨、杜鹃花、山茶、贴梗海棠等花草树木，溪边砌以湖石、铺以草皮，溪流从树丛中涓涓流出，春季花影婆娑，成为一条蜿蜒美丽的花溪。

（四）河

河分为天然河流和人工河流两大类，其本质是流动着的水。相对河宽来说，若河岸的建筑物和树林较高，产生的是被包围的景观；反之，则产生开放感的景观。河流景观的特点之一是映照在水面上的河岸景观。园林中的河流多为经过人工改造

的自然河流。对于水位变化不大的相对静止的河流而言，两边植以高大的植物形成群落，丰富的林冠线和季相变化可以形成美丽的倒影；而以防汛为主的河流，则宜选择固土护坡能力强的地被植物，如多种禾草、薹草、蟛蜞菊等。

在园林中直接运用河流的形式并不多见。颐和园的后湖实为六收六放的河流，其两岸种植高大的乔木，形成了"两岸夹青山，一江流碧玉"的图画。在全长约1 000m的河道上，夹峙两岸的峡口、石矶形成了高低起伏的河岸，同时也把河道障隔、收放成六个段落，在收窄的河边种植树冠庞大的槲树，分隔效果明显。沿岸还有柳树、白蜡，山坡上有油松、栾树、元宝枫、侧柏，加之散植的榆树、刺槐，形成了一条绿色的长廊，山桃、山杏点缀其间，行舟漫游，真有山重水复、柳暗花明之乐趣。从后湖桥凭栏眺望，巨树参天，湖光倒影，正是"两岸青山夹碧水"的最好写照。

(五)泉

泉是地下水的天然露头。由于泉水喷吐跳跃，吸引了人们的视线，可作为景点的主题，再配置合适的植物加以烘托、陪衬，效果更佳。

杭州西泠印社的"印泉"，面积仅1m²，水深不过1m，池边叠石间隙夹以沿阶草，边上种植孝顺竹，梅花一株探向水面，形成疏影横斜、暗香浮动、雅致宁静的景观。以泉城著称的济南，更是家家泉水，户户垂柳，趵突泉、珍珠泉等各名泉的水底摇曳着晶莹碧绿的各种水草，更显泉水清澈。

日本明治神宫的花园布置既艳丽又雅致，花园中有一天然的泉眼，并以此为起点，挖成一长条蜿蜒曲折的花溪，种满从全国各地收集来的石菖蒲。开花时节，游客蜂拥而至，赏花饮泉，十分舒畅。英国塞翁公园中，在小地形高处设置人工泉，泉水顺着曲折小溪流下，溪涧、溪旁种植各种矮生匍地的色叶裸子植物以及各种宿根、球根花卉，与缀花草坪相接，谓之花地，景观宜人。

(六)喷泉、跌水和瀑布

喷泉、跌水多置于规则式园林中。喷泉是利用水压，使水自管孔中喷向空中，又落到下面的一种景观。大多数喷泉设于静态的水如池、潭中，可以更显其动态魅力。喷泉是现代城市中最富变化与吸引力的水景之一，造型丰富，依喷嘴构造、方向、水压及与水面的关系，可分为喷雾状、扇形、柱形、弧线形、蒲公英球形等多种形式。喷泉既可作主景，也可用来作配景，常设于城市广场、街头、公园、公共庭院中。

跌水指水由上而下分层连续流出或呈阶梯状流出，可根据地形情况设计跌水的长度和层数，每个跌水的流量、台阶高低、层数多少不同，可以产生形态万千、水声各异的跌水。

喷泉和跌水本身不需配置植物，但其周围常配以花坛、草坪、花台或圆球形灌木等，并应选择合适的背景，例如杭州曲院风荷内的喷泉，以水杉片林为背景，既起衬托作用，水杉的树形与喷泉的外形又协调一致。

瀑布在园林造景中通常指人造的立体落水。由瀑布造成的水景有着丰富的性格或表状，有小水珠的悄然滴流，也有大瀑布的轰然怒吼。瀑布的形态及声响因其流量、流速、高度差及落坡材质的不同而不同。在城市景观中，瀑布常依建筑物或假山石而建。模拟自然界的瀑布风光，将其微缩，可置于室内、庭园或街头、广场，为城市中的人们带来大自然的灵气。

第三节 堤、岛的植物配置

水体中设置堤、岛是划分水面空间的重要手段，堤、岛上的植物配置不仅增添了水面空间的层次，而且丰富了水面空间的色彩，倒影成为重要的景观。

一、堤

堤在园林中虽不多见，但杭州的苏堤、白堤（图9-6），北京颐和园的西堤都很著名。广州流花湖公园及南宁南湖公园也都有长短不同的堤。堤常与桥相连，故也是重要的游览路线之一。苏堤、白堤除红桃、绿柳、碧草的景色之外，各桥头配置不同的植物，以打破单调和沉闷。长度较长的苏堤上植物种类尤为丰富，仅就其道路两侧而言，就有重阳木、三角枫、无患子、樟树等，两侧

图9-6 杭州西湖白堤

还种植了大量的垂柳、碧桃、桂花、海棠等，树下则配置了大吴风草、金叶六道木、八角金盘、臭牡丹等地被植物，堤上还设置有花坛。北京颐和园西堤以杨、柳为主，玉带桥以浓郁的树林为背景，更衬出自身洁白。在广州流花湖公园，湖堤两旁，各植两排蒲葵，水中反射光强，蒲葵的趋光性导致朝向水面倾斜生长，富有动势。

南宁南湖公园堤上各处架桥，最佳的植物配置是在桥的两端简洁地种植数株假槟榔，潇洒秀丽。水中三孔桥与假槟榔的倒影清晰可见。

二、岛

岛的类型众多，大小各异。有可游的半岛及湖中岛（图9-7），也有仅供远眺或观赏的湖中岛。前者远、近距离均可观赏，多设树林以供游人活动或休息，临水边或透或封、若隐若现，种植密度不能太大，应能透出视线去观景。且在植物配置时要考虑导游路线，不能有碍交通；后者则不考虑导游，人一般不入内活动，只远距离欣赏，可选择多层次的群落结构形成封闭空间，以树形、叶色造景为主，注意季相的变化和天际线的起伏，但要协调好植物间的各种关系，以形成相对稳定的植物群落景观。

北京北海琼花岛面积达 $5.9 \ hm^2$，孤悬水面东南隅。古人以"堆云"、"叠翠"之词来概括琼花岛的景象，其中"叠翠"就是形容岛上青翠欲滴的古松柏犹如珠矶翡

翠。全岛植物种类丰富，以柳为主，间植刺槐、侧柏、合欢、紫藤等植物。四季常青的松柏不但将岛上的亭、台、楼、阁掩映其中，并以其浓重的色彩烘托出白塔的洁白。

杭州三潭印月可谓是湖岛的佳例。全岛面积约 7 hm^2，岛内东西、南北两条湖堤将全岛划分为四个空间。湖堤上植有大叶柳、樟树、木芙蓉、紫藤、紫薇等乔灌木，疏密有致、高低有序，增强了湖岛的层次和

图 9-7 南京玄武湖小岛的植物配置

景深，也丰富了林冠线，并形成了整个西湖的湖中有岛、岛中套湖的奇景。而这种虚实对比、交替变化的园林空间，在巧妙的植物配置下表现得淋漓尽致。综观三潭印月这一庞大湖岛，在比例上与西湖体量极为相称。

一般公园的水体中不乏小岛屿，植物配置多以耐湿的柳树、池杉、黄菖蒲、芦竹等为主。

第四节 水边和驳岸的植物配置

水边的植物种植设计，是水面空间的重要组成部分，它与其他园林要素的组合构成了水面景观的重要组成部分。

淡绿透明的水色，是调和各种园林景物色彩的底色，如水边碧草、绿叶，水中蓝天、白云，并对绚丽的开花乔灌木、草本花卉或秋色具衬托的作用。而且，平直的水面通过配置各种树形及线条的植物，可丰富线条构图，如线条柔垂的垂柳，树形向上的落羽松、池杉、水杉，具有下垂气根的小叶榕等，均能起到线条构图的作用。

水边植物种植要选择耐水湿的植物材料，而且要符合植物的生态要求，这样才能创造出理想的景观效果。

一、水边的植物配置

(一) 水边植物配置的艺术手法

从水边植物配置的艺术构图来看，应注意以下几点：

(1) 林冠线。即植物群落配置后的立体轮廓线，要与水景的风格相协调。如"水边宜柳"是中国园林水旁植物配置的一种传统程式。《长物志》云：垂柳"更须临池种之，柔条拂水，弄绿搓黄，大有逸致"。但水边植树也并不完全局限于这一种形式，如杭州三潭印月、曲院风荷的水池旁，都种植了高耸向上的水杉、落羽松、水松等树木，也产生了较好的艺术效果。究其原因，是由于水杉等树种直立向上，与水平

面一竖一横，符合了艺术构图上的对比规律。特别是水杉群植所形成的林冠线与水面对比所形成的效果比较协调，如果只是将一二株水杉孤植于岸边，那就不太协调了。这种与水面形成对比的配置方式，宜群植，不宜孤植，但同时还要注意与园林风格及周围环境相协调。如三潭印月以树形开展、姿态苍劲的大叶柳为主要树种，与园林风格非常融合。

（2）透景线。水边植物配置需要有疏有密，切忌等距种植及整形式修剪，以免失去画意。原因之一是在有景可观之处疏种，留出透景线。但是水边的透视景与园路的透视景有所不同，它的景并不限于一个亭子、一株树木或一个山峰，而是一个景面。配置植物时，可选用高大乔木，加宽株距，用树冠来构成透景面。如颐和园昆明湖边利用侧柏林的透景线，框万寿山佛香阁这组景观。

一些姿态优美的树种，其倾向水面的枝干也可被用作框架，以远处的景色为画，构成一幅自然的画面，如南宁南湖公园水边植有很多枝干斜向水面、弯曲有致的台湾相思，透过其枝干，正好框住远处的多孔桥，画面优美而自然。

（3）季相色彩。植物因春夏秋冬四季的气候变化而有不同形态与色彩的变化，映于水中，则可产生十分丰富的季相水景。一片杏林可构成繁花烂漫、活泼多姿的春景；粉红色的合欢、满树黄花的栾树可以表现夏景；各种色叶树种如枫香、槭类可大大地丰富秋季的水边色彩；冬季则可利用摆设耐寒的盆栽小菊以弥补季相之不足。

南京白鹭洲公园水池旁种植了落羽松和蔷薇，春季落羽松嫩绿色的枝叶像一片绿色屏障衬托出粉红色的蔷薇，绿水与其倒影的色彩非常调和；秋季棕褐色的秋色叶丰富了水中色彩。

（二）水边的植物景观类型

1. 开敞植被带

开敞植被带是指由地被和草坪覆盖的大面积平坦地或缓坡地。场地上基本无乔木、灌木，或仅有少量的孤植景观树，空间开阔明快，通透感强，构成了岸线景观的虚空间，方便了水域与陆地空气的对流，可以改善陆地空气质量、调节陆地气温。另外，这种开敞的空间也是欣赏风景的透景线，对滨水沿线景观的塑造和组织起到重要作用。

图 9-8　开敞植被带

由于空间开阔，适于游人聚集，所以开敞植被带往往成为滨河游憩中的集中活动场所，满足集会、户外游玩、日光浴等活动的需要（图9-8）。

2. 稀疏型林地

稀疏型林地是由稀疏乔、灌木组成的半开敞型绿地。乔、灌木的种植方式可多种多样，或多株组合形成树丛式景观，或小片群植形成分散于绿地上的小型林地斑块。在景观上，稀疏型林地可构成岸线景观半虚半实的空间(图9-9)。

稀疏型林地具有水陆交流功能和透景作用，但其通透性较开敞植被带稍差。不过，正因为如此，在虚实之间，创造了一种似断似续，隐约迷离的特殊效果。稀疏型林地空间通透，有少量遮阴树，尤其适合于炎热地区开展游憩、日光浴等户外活动。

图9-9　水边的稀疏型林地

3. 郁闭型密林地

郁闭型密林地是由乔、灌、草组成的结构紧密的林地，郁闭度在0.7以上。这种林地结构稳定，有一定的林相外貌，往往成为滨水绿带中重要的风景林。在景观上，构成岸线景观的实空间，保证了水体空间的相对独立性。密林具有优美的自然景观效果，是林间漫步、寻幽探险、享受自然野趣的场所。在生态上，郁闭型密林具有保持水土、改善环境、提供野生生物栖息地等作用(图9-10)。

4. 湿地植被带

湿地是指介于陆地和水体之间，水位接近或处于地表，或有浅层积水的过渡性地带。湿地具有保护生物多样性、蓄洪防旱、保持水土、调节气候等作用。其丰富的动植物资源和独特景观会吸引大量游客观光、游憩，或科学考察。湿地上的植物类型和种类多样，如海滨的红树林及湖泊带的水松林、落羽杉林、芦苇丛等(图9-11)。

图9-10　水边的郁闭型密林

图9-11　杭州西湖水边的湿地植被带

二、驳岸的植物配置

岸边的植物配置很重要，既能使山和水融成一体，又对水面空间的景观起重要作用。驳岸有土岸、石岸、混凝土岸等，或自然式，或规则式。自然式的土驳岸常在岸边打入树桩加固。我国园林中采用石驳岸及混凝土驳岸居多，线条显得生硬而枯燥，更需要在岸边配置合适的植物，借其枝叶来遮挡枯燥之处，从而使线条变得柔和。驳岸植物可与水面点缀的水生植物一起组成丰富的岸边景色（图9-12、图9-13、图9-14）。

图9-12　土质驳岸植物配置

图9-13　留园的石质驳岸（配置薜荔）

(一)土岸

自然式土岸曲折婉蜒，线条优美，植物配置最忌选用同一树种、同一规格的等距离配置。应结合地形、道路、岸线配置，有近有远，有疏有密，有断有续，弯弯曲曲，富有自然情调。英国园林中自然式土岸边的植物配置，多半以草坪为底色，为引导游人到水边赏花，常种植大批宿根、球根花卉，如落新妇、围裙水仙、雪钟花、绵枣儿、报春花属以及蓼科、天南星科、鸢尾属、毛茛属

图9-14　自然式石质驳岸（配置云南黄馨等）

植物，五彩缤纷、高低错落；为形成优美倒影，则在岸边植以大量花灌木、树丛及姿态优美的孤立树，尤其是变色叶树种，一年四季具有色彩。

土岸常少许高出最高水面，站在岸边伸手可触及水面，便于游人亲水、戏水，给人以朴实、亲切之感，但要考虑到儿童的安全问题，设置明显的标志。杭州植物园山水园的土岸边，一组树丛配置具有四个层次，高低错落，春有山茶、云南黄馨、黄菖蒲和毛白杜鹃，夏有合欢，秋有桂花、枫香、鸡爪槭，冬有马尾松、杜英，四季有景，色、香、形俱备。

(二)石岸

规则式的石岸线条生硬、枯燥，柔软多变的植物枝条可补其拙。自然式的石岸

线条丰富，优美的植物线条及色彩可增添景色与趣味。苏州拙政园规则式的石岸边多种植垂柳和云南黄馨，细长柔和的柳枝、圆拱形的云南黄馨枝条沿着笔直的石岸壁下垂至水面，遮挡了石岸的丑陋，石壁上还攀附着薜荔、爬山虎、络石等吸附类攀援植物，也增加了活泼气氛；杭州西泠印社竹阁、柏堂前的莲池，规则的石岸池壁也爬满了络石、薜荔，使僵硬的石壁有了自然生气。但大水面规则式石岸很难处理，一般只能采用花灌木和藤本植物进行美化，如夹竹桃、云南黄馨、迎春、探春、连翘、爬山虎、薜荔、络石等，其中枝条柔垂的花灌木类效果尤好。

自然式石岸具有丰富的自然线条和优美的石景，点缀色彩和线条优美的植物与自然山石头相配，可使景色富于变化，配置的植物应有掩有露，遮丑露美。忌不分美丑，全面覆盖，失去了岸石的魅力。

三、水边绿化树种选择

水面是一个形体与色彩都很简单的平面。为了丰富水体景观，水边植物的配置在平面上，不宜与水体边线等距离，其立面轮廓线要高低错落，富于变化；植物色彩可以丰富一些，使之掩映于淡绿色的水中。

图 9-15 水边有柳

水边绿化树种首先要具备一定的耐水湿能力，另外还要符合设计意图中美化的要求，宜选择枝条柔软、分枝自然的树种（图 9-15、图 9-16）。我国各地常见应用的树种有：椰子、蒲葵、蒲桃、小叶榕、高山榕、水翁、紫花羊蹄甲、木麻黄、广玉兰、水松、落羽杉、池杉、水杉、垂柳、旱柳、大叶柳（*Salix magnifica*）、重阳木、水冬瓜（*Alnus cremastogyne*）、乌桕、苦楝、枫香、无患

图 9-16 平湖秋月附近水边的樟树

子、枫杨、三角枫、珊瑚朴、柿树、榔榆、白榆、桑、柘、柽柳、海棠、樟树、棕榈、芭蕉、蔷薇、云南黄馨、紫藤、连翘、迎春、棣棠、夹竹桃、圆柏、丝棉木等。

第五节　水面的植物配置

水面包括湖、池、河、溪等的水面，大小不同，形状各异，既有自然式的，也有规则式的。水面具有开敞的空间效果，特别是面积较大的水面常给人空旷感。用水生植物点缀水面，可以增加水面的色彩，丰富水面的层次，使寂静的水面得到装饰和衬托，显得生机勃勃。水面因低于人的视线，与水边景观呼应而构成欣赏的主题。对于面积较小的水面而言，常以欣赏水中倒影为主。在不影响其倒影景观的前提下，视水的深度可适当点缀一些水生花卉，栽植不宜过密和拥挤，而且要与水面的功能分区相结合，在有限的空间中留出充足的开阔水面用来展现倒影和水中游鱼。

根据水面性质和水生植物的习性，因地制宜选择植物种类，注重观赏、经济和水质改良三方面的结合。可以采用单一种类配置，如建立荷花水景区；也可以采用几种水生植物混合配置，但要讲究搭配，考虑主次关系，以及形体、高矮、姿态、叶形、叶色、花期、花色的对比和调和。不同的植物材料和配置方式可形成不同的景观效果。在广阔的湖面上大面积种植荷花，碧波荡漾，浮光掠影，轻风吹过泛起阵阵涟漪，景色十分壮观；在小水池中点缀几丛睡莲，却显得清新秀丽，生机盎然（图 9-17）。王莲由于具有硕大如盘的叶片，在较大的水面种植才能显示其粗犷雄壮的气势（图 9-18、图 9-19）；繁殖力极强的凤眼莲则常在水面形成群丛的群体景观。

从平面上，水面的植物配置要充分考虑水面的景观效果和水体周围的环境状况。清澈明净的水面，或在岸边有亭、台、楼、树等园林建筑，或植

图 9-17　水面布置的睡莲

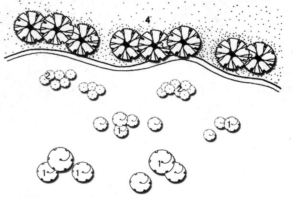

1. 王莲；2. 睡莲；3. 垂柳；4. 草坪

**图 9-18　深圳洪湖公园映日潭水边
和水面植物配置**（引自李尚志）

有树姿优美、色彩艳丽的观赏树木时，一定要注意水面的植物不能过分拥挤，一般不要超过水面面积的1/3，并严格控制植物材料的蔓延，以便人们观赏水中优美的倒影，以扩大空间感，将远山、近树、建筑物等组成一幅"水中画"。控制植物材料蔓延可以采用设置隔离带或盆栽的方式。对污染严重、具有臭味或观赏价值不高的水面，则宜使水生植物布满水面，形成一片绿色景观，如可选用凤眼莲、大薸（*Pistia stratiotes*）、莲子草。

图 9-19 西双版纳植物园水面的王莲

在竖向设计上，可以通过选择不同的水生植物种类形成高低错落、层次丰富的景观，尤其是面积较大时。具有竖线条的水生植物有荷花、风车草、香蒲、千屈菜、黄菖蒲、石菖蒲、花菖蒲、水葱等，高的可达 2m；水平的有睡莲、荇菜、凤眼莲、台湾萍蓬草（*Nuphar shimadai*）、萍蓬草、白睡莲、王莲等。将横向和纵向的植物材料按照它们的生态习性选择适宜的深度进行栽植，是科学和艺术的完美结合，可构筑成美丽的水上花园（图 9-20）。

图 9-20 杭州植物园水生植物区

杭州植物园裸子植物区旁的湖中，水面上有控制地种植了一片萍蓬草，金黄色的花朵挺立水面，与水中水杉倒影相映，犹如一幅优美的水面画。西双版纳植物园湖中种植的王莲、睡莲则过于拥挤，岸边大王椰子的优美树姿以及蓝天、白云的倒影无法展望。北京北海公园东南部的一片湖面，遍植荷花，体现了"接天莲叶无穷碧，映日荷花别样红"的意境，但却不能展现出白塔美丽的倒影。

另外，西方一些国家的园林中提倡野趣园。野趣最宜以水面植物配置来体现，通过种植野生的水生植物，如芦苇、香蒲、慈菇、荇菜、浮萍、槐叶萍，水底植些眼子菜、茨藻（*Najas major*）、黑藻（*Hydrilla verticillata*）等，则水景野趣横生。

此外，水体边缘是水面和堤岸的分界线，水体边缘的植物配置既能对水面起装饰作用，又能实现从水向堤岸的自然过渡，尤其在自然水体景观中应用较多。一般选用适宜在浅水生长的挺水植物，如菖蒲、黄菖蒲、千屈菜、水葱、风车草、水蓼等。这些植物本身具有很高的观赏价值，对驳岸也有很好的装饰遮挡作用。

常用于水体造景的植物见表9-1。

表9-1　园林中常见的水生植物

中　名	科别	挺水	浮叶	漂浮	沉水	观赏特性
菖蒲 *Acorus calamus*	天南星科	√				高50~90cm，全株具香气。花黄绿色
石菖蒲 *A. tatarinowii*	天南星科	√				高20~40cm，全株具香气。花黄绿色。有花叶品种
泽泻 *Alisma plantago-aqutica*	泽泻科	√				高60~100cm。花白色，花期6~8月
满江红 *Azolla imbricata*	满江红科			√		叶在早春和秋季紫红色，成片生长，非常壮观
水毛茛 *Batrachium bungei*	毛茛科				√	沉水叶丝状，深绿色。花白色
水筛 *Blyxa japonica*	水鳖科				√	高10~20cm，叶披针形。株型、叶色美丽。花白色
莼菜 *Brasenia schreberi*	莼菜科		√			花暗紫色，花期6~9月。叶亮绿色，背面带紫色
花蔺 *Butomus umbellatus*	花蔺科	√				高50~80cm。花粉红色，后变红色。花期7~9月
粗梗水蕨 *Ceratopteris pteroides*	水蕨科			√		高40~60cm。叶鲜绿色，叶形奇特
水蕨 *C. thalictroides*	水蕨科	√				高20~40cm。叶细裂，鹿角状，非常别致
金鱼藻 *Ceratophyllum demersum*	金鱼藻科				√	绿叶轮生，丝状。适于静水区，也可用于鱼缸装饰
野芋 *Colocasia antiquorum*	天南星科	√				高60~100cm。叶带紫色
风车草 *Cyperus involucratus*	莎草科	√				高50~150cm。株丛优美。花淡紫色
纸莎草 *C. papyrus*	莎草科	√				高100~200cm，株型优美，茎三棱状
凤眼莲 *Echhornia crassipes*	雨久花科			√		高20~30cm。花堇紫、粉紫、黄色，花期7~9月
芡实 *Euryale ferox*	睡莲科		√			花紫色，花期7~8月。叶大型，径120~250cm
杉叶藻 *Hippuris vulgaris*	杉叶藻科				√	株丛优美。叶轮生，圆柱形
黑藻 *Hydrilla verticillata*	水鳖科				√	叶轮生，两面有红褐色斑点。株丛美丽。观叶植物
水鳖 *Hydrocharis dubia*	水鳖科		√			叶圆心形，上面绿色，下面有隆起气囊。花白色
燕子花 *Iris laevigata*	鸢尾科	√				高50~60cm。花白或蓝紫色，径12cm，花期5~6月
黄菖蒲 *I. pseudocorus*	鸢尾科	√				高60~100cm。花黄色至乳白色，径8cm，花期4~6月
溪荪 *I. sanguinea*	鸢尾科	√				高40~60cm。花深紫色，径7cm，花期5~6月

（续）

中　名	科别	类别				观赏特性
		挺水	浮叶	漂浮	沉水	
浮萍 Lemna minor	浮萍科			√		小型草本，植物体为一叶状体，常成片分布，喜静水
黄花蔺 Limnocharis flava	泽泻科	√				高 60～80cm。叶黄绿色。花淡黄色，花期夏秋
石龙尾 Limnophila sessillflora	玄参科	√			√	丛生，沉水叶细裂，排列成优美的株丛。花紫红色
千屈菜 Lythrum salicaria	千屈菜科	√				高 100～150cm。花紫红、桃红色，花期 7～9 月
雨久花 Monochoria korsgkowii	雨久花科	√				高 50～90cm。花蓝紫色或稍白色，花期 7～9 月
鸭舌草 Monochoria vaginalis	雨久花科	√				高 30～40cm。花蓝色或带紫色，花期 7～9 月
狐尾藻 Myriophyllum verticillatum	狐尾藻科	√			√	叶丝状细裂，深绿色，株丛优美，部分叶挺出水面
穗花狐尾藻 M. spicatum	狐尾藻科				√	叶丝状细裂，株丛优美。穗状花序伸出水面
小茨藻 Najas minor	茨藻科				√	二叉状分枝，叶纤细、线形，边缘有刺齿
荷花 Nelumbo nucifera	睡莲科	√				花白、粉、红等色。花期 6～9 月
睡莲 Nymphaea tetragona	睡莲科		√			花白色，径 3～7.5cm，午后开放。花期 6～9 月
香睡莲 N. odorata	睡莲科		√			花白、红等色，径 8～13cm，午前开放，浓香
白睡莲 N. alba	睡莲科		√			花白、粉、黄等色，径 12～15cm，白天开放
块茎睡莲 N. tuberosa	睡莲科		√			花白色，径 10～22cm，午后开放。幼叶紫色
埃及蓝睡莲 N. caerulea	睡莲科		√			花浅蓝色，径 7～15cm，白天开放
埃及白睡莲 N. lotus	睡莲科		√			花白色，径 12～25cm，傍晚开放，午前闭合
印度红睡莲 N. rubra	睡莲科		√			花深紫红色，径 15～25cm，夜间开放
墨西哥黄睡莲 N. mexicana	睡莲科		√			花浅黄色，径 10～15cm，白天开放。叶有褐斑
荇菜 Nymphoides peltata	龙胆科		√			花鲜黄色，径 3～3.5cm。花期 5～10 月
萍蓬草 Nuphar pumilum	睡莲科		√			花金黄色，径 2～3cm。花期 4～7 月
水芹 Oenanthe javanica	伞形科	√				1～2 回羽状复叶。花白色，复伞形花序
海菜花 Ottelia acuminata	水鳖科				√	叶披针形。花白色，花形特别。喜微酸性静水
芦苇 Phragmites communis	禾本科	√				高 200～300cm，可形成大片芦苇荡，也可生于旱地
大薸 Pistia stratiotes	天南星科			√		植物体为莲座状，灰绿色，外形颇似一朵花
梭鱼草 Pontederia cordata	雨久花科	√				高 80cm。花淡蓝紫色，花序长 20cm。花期 5～10 月
菹草 Potamogeton crispus	眼子菜科				√	长达 100cm，叶色、株丛优美
马来眼子菜 P. malainus	眼子菜科				√	植株长达数米，可形成优势群落。观叶
慈姑 Sagittaria sagittifolia	泽泻科	√				高 70～120cm。花白色，花期 7～9 月。叶戟形

（续）

中　名	科别	类别				观赏特性
		挺水	浮叶	漂浮	沉水	
小白菜 Samolus parviflorus	报春花科	√				高20～30cm。可短期淹入水中，叶淡黄绿色。花白色
槐叶萍 Salvinia molesta	槐叶萍科			√		叶形奇特，浮于水面如槐叶状
水葱 Schoenoplectus tabernaemontani	莎草科	√				高100～200cm。秆粉绿色，有花叶品种，绿白相间
菱 Trapa bispinosa	菱科		√			叶阔卵形，背面紫红色。花白色。果实元宝形
茶菱 Trapella sinensis	胡麻科		√			株丛浮水，优美。花白、粉红色。叶卵状三角形，对生
香蒲 Typha angustata	香蒲科	√				高150～350cm。叶带形，长达180cm。花序奇特
水烛 T. angustifolia	香蒲科	√				高100～200cm。叶长达100cm。花序奇特
再力花 Thalia dealbata	竹芋科	√				高100～200cm，植株被白粉。花紫色，夏秋开花
黄花狸藻 Utricularia aurea	狸藻科				√	食虫植物，能捕食水中细小动物。水中丝状叶密布，有捕虫囊，花黄色，伸出水面，形成特殊景观。花期7月
细叶狸藻 U. minor	狸藻科				√	
王莲 Victoria amazonica	睡莲科		√			叶大而圆，叶缘直立。花白色并变红色，花期6～10月
苦草 Vallisneria natans	水鳖科				√	叶条形，长达20～200cm，带状、绿色。观叶
菰 Zizania latifolia	禾本科	√				高100～200cm，基部寄生真菌而变肥厚。能清洁水质

思考题

1. 简述园林水体的植物配置原则。
2. 结合水生植物的生态类型，为不同深度的水体选择合适的植物种类。
3. 水边的植物景观主要可以分为哪些类型？简述各自的特点。
4. 通过实地调查或查阅资料，了解当地主要水体（湖、池、景观河等）植物景观的类型和特点，并根据所学知识进行评价。

参考文献

[1] Norman K B. Basic elements of landscape architectural design. Elservier science Publishing Co., Inc. 1983.

[2] 包满珠. 花卉学(第2版). 北京：中国农业出版社，2003.

[3] 陈 植. 园冶注释. 北京：中国建筑工业出版社，1979.

[4] 陈 植，张公弛. 中国历代名园记选注. 合肥：安徽科技出版社，1983.

[5] 陈淏子(清). 1688. 花镜. 北京：中国农业出版社，1962.

[6] 陈俊愉. 中国花经. 上海：上海文化出版社，1990.

[7] 陈英瑾，赵仲贵. 西方现代景观植栽设计. 北京：中国建筑工业出版社，2006.

[8] 陈有民. 园林树木学. 北京：中国林业出版社，1990.

[9] 刁慧琴. 花卉布置艺术. 南京：东南大学出版社，2001.

[10] 胡长龙. 园林规划设计(上册). 北京：中国农业出版社，2002.

[11] 黄东兵，魏春海. 园林规划设计. 中国科学技术出版社，2003.

[12] 蒋中秋，姚时章. 城市绿化设计. 重庆：重庆大学出版社，2000.

[13] 金 煜. 园林植物景观设计. 沈阳：辽宁科学技术出版社，2008.

[14] 克莱尔·库珀·马库斯，卡罗琳·弗朗西斯. 人性场所——开放空间设计导则. 北京：中国建筑工业出版社，2001.

[15] 李尚志. 水生植物造景艺术. 北京：中国林业出版社，2000.

[16] 理查德·L·奥斯汀. 植物景观设计元素. 罗爱军译. 北京：中国建筑工业出版社，2005.

[17] 卢 圣. 植物造景. 北京：气象出版社，2004.

[18] 苏雪痕. 植物造景. 北京：中国林业出版社，1994.

[19] 吴涤新. 花卉应用与设计. 北京：中国农业出版社，1994.

[20] 许冲勇，翁殊斐，吴文松. 城市道路绿地景观. 乌鲁木齐：新疆科学技术出版社，2005.

[21] 颜素珠. 中国水生高等植物图说. 北京：科学出版社，1983.

[22] 杨赉丽. 城市绿地系统规划. 北京：中国林业出版社，2006.

[23] 殷丽峰. 日本屋顶花园技术. 中国园林，5：62-66，2005.

[24] 余树勋. 植物园规划与设计. 天津：天津大学出版社，2000.

[25] 臧德奎. 攀援植物造景艺术. 北京：中国林业出版社，2002.

[26] 臧德奎. 园林树木学. 北京：中国建筑工业出版社，2007.

[27] 臧德奎，金荷仙，徐莎. 植物专类园. 北京：中国建筑工业出版社，2010.

[28] 中国农业百科全书编辑部. 中国农业百科全书(观赏园艺卷). 北京：中国农业出版社，1996.

[29] 周维权. 中国古典园林史(第2版). 北京：清华大学出版社，1999.

［30］周武忠. 东方园艺丛书—园林植物配置. 北京：中国农业出版社，1999.

［31］朱钧珍. 中国园林植物景观艺术. 北京：中国建筑工业出版社，2004.

［32］朱仁元，金涛. 城市道路、广场植物造景. 沈阳：辽宁科学技术出版社，2003.